水中目标前向散射声场
特征及其应用
（第二版）

雷　波　何兆阳　著

科学出版社
北京

内 容 简 介

本书以比较简明的方式介绍水中物体前向声散射所涉及的基本理论、规律以及一些有实际应用价值的成果。全书共 8 章，主要讲述了自由空间典型目标体前向声散射模型及其特征、水声信道中目标穿越收发连线时前向散射引起的声场幅度和相位等的异常变化特征和规律，针对直达波对前向散射波的强干扰，重点阐述了基于信道响应规律和直达波抑制原理的前向散射特征检测方法，进一步介绍了前向散射声场特征在目标距离估计中的应用，并讨论了源致内波声场变异特征与检测方法。本书以作者所在课题组多年来对水中目标前向散射的研究成果为主，同时包含国内外研究成果。

本书是专门针对水中目标前向声散射物理问题的著作，注重理论与实验相结合，可供海洋科学、水声工程、声呐技术等领域的教学与科研工作人员及研究生参考。

图书在版编目（CIP）数据

水中目标前向散射声场特征及其应用 / 雷波，何兆阳著. -- 2 版. -- 北京：科学出版社，2025.3. -- ISBN 978-7-03-079664-6

I. O427.2

中国国家版本馆 CIP 数据核字第 20240M2D25 号

责任编辑：祝　洁／责任校对：崔向琳
责任印制：徐晓晨／封面设计：陈　敬

科 学 出 版 社 出版

北京东黄城根北街 16 号
邮政编码：100717
http://www.sciencep.com

北京建宏印刷有限公司印刷
科学出版社发行　各地新华书店经销
*

2018 年 6 月第 一 版	开本：720×1000　1/16
2025 年 3 月第 二 版	印张：16 1/4
2025 年 3 月第一次印刷	字数：323 000

定价：198.00 元

第二版前言

海洋蕴藏着丰富的自然资源，是支撑国家战略安全和国际经济贸易的重要载体。我国是拥有广袤海洋领土的海洋大国，维护海洋权益的能力仍有待提高。提高水下安防能力，保障领海主权，是实现海洋强国目标的重要一环。海洋中声波的传播能力远优于电磁波，声呐预警探测技术尤为重要。随着潜艇声隐身技术的迅速发展，目标辐射噪声与回波强度显著降低，传统的主被动探测变得愈发困难，需要深入挖掘更多的目标声场特征。

本书第一版于 2018 年出版，为了更全面地反映近年来前向散射声场特征与应用的新成果，第二版一方面围绕源致内波这一难以消除的目标特征，将第 8 章改为"源致内波声场变异特征及其检测方法"，建立典型海洋环境下源致内波声探测模型，分析源致内波声探测基本原理，针对微弱变异特征提取问题提出几种特征提取方法。另一方面，在第 4 章补充"湖上实验"，在第 6 章补充"基于频域子空间投影的恒虚警检测方法"和"基于无监督机器学习的前向散射目标检测方法"，在第 7 章增加"基于迁移学习的前向散射目标定位方法"。

本书第二版由雷波统稿，何兆阳撰写 6.4 节、7.5 节和第 8 章。

本书研究工作得到了国家自然科学基金面上项目（61571366，61101192，12174311）、陕西省自然科学基础研究计划杰出青年项目（2023-JC-JQ-07）、山东省泰山学者项目和山东省重点研发项目（2023CXPT051）的支持，在此深表感谢。

作者深感学术水平不足，书中可能存在疏漏之处，敬请读者批评指正。

第一版前言

物体的前向散射是波传播过程中的一种自然现象。在光学和电磁学领域中，关于前向散射现象的研究已取得了大量的基础成果，而且已有所应用。对于水中物体而言，声波是否也存在着类似的现象和规律，人们对此尚未有深入的理解和掌握。尽管 20 世纪 80 年代开始就有水中目标前向声散射的相关研究，但并未引起水声科研人员对水声目标前向散射现象的重视。直至 20 世纪末期，潜艇降噪和吸波技术得到了迅速的发展，使得水中隐身目标的探测变得越来越困难，水声探测的紧迫需求使得水声科研人员重新去认识水声目标散射声场的精细特征。

正是这些迫切需求推动了前向散射声场特征这一研究方向的发展。一些基于前向散射特征探测的新概念、新原理呼之欲出。近年来，以美国加州大学圣地亚哥分校海洋物理实验室、俄罗斯科学院应用物理研究所为代表的水声研究团队也积极投身到这一方向的研究中。

本书介绍的研究内容得到了两项国家自然科学基金项目（61571366，61101192）以及博士后科学基金项目等的资助。本书试图以比较简明的方式，向读者介绍水中物体前向声散射所涉及的基本理论、规律以及一些有实际应用价值的成果，内容以作者所在课题组的多年科研积累为主，同时介绍了前向散射研究取得的代表性成果。

全书共 8 章内容。第 1 章阐述了前向声散射的内涵，总结了与水中目标前向声散射密切相关的研究现状，如自由空间和水声信道目标前向声散射建模理论、声散射特征提取方法等。第 2 章在基本散射理论模型基础上介绍了自由空间中典型物体的前向散射特征，分析了表面吸声材料对散射波的影响机理，给出了前向目标强度的实验室测量方法和结果。第 3 章在对国内外文献总结的基础上，将声传播理论与散射理论相结合，论述了目前水声信道中目标声散射建模的波数积分散射函数耦合模型、简正波散射函数耦合模型和波数积分-虚源耦合模型等三种经典方法的基本原理和典型仿真计算结果。第 4 章基于声场模型分析了前向散射能量分布规律，比较详尽地阐述了水中运动目标穿越收发连线时前向声散射引起的声场扰动机理，揭示了简正波模态耦合、声场垂直到达结构等声场特征，通过实验详细分析了在不同深度上前向散射引起的声场异常与物体位置的内在规律。第 5 章针对前向散射在直达波干扰下引起的接收能量变化微弱问题，通过与水中声场响应特征相结合，介绍了基于时域累积的前向散射声场包络变化特征检测方法和不同方向上声场相位突变特征的检测方法等，并采用垂直阵列声场处理，阐述了双波束形成技术提取方法和时反散焦处理的基本原理。第 6 章针对前向散射的直达波强干扰抑制问题，结合湖上实验，详细阐述了基于空域滤波与主分量分析的联合处理方法和基于自适应相消原理的直达波抑制方法，并给出了直达波的抑制结果，介绍了双基地处理的一般方法，如匹配场空域抑制方法和脉冲压缩低旁瓣处理等。前向散射声场包含目标的位置信息，第 7 章基于前向散射信号传输时延特征，探讨了前向散射声场特征在目标距离估计中的初步应用问题，阐述了基于扰动声场时间差和基于目标信号相对时延的定位方法，介绍了基于变异声线交叉的定位方法。对于水中小目标体，也存在着类似的声散射现象，第 8 章基于波数积分 – 散射函数耦合模型和虚源耦合模型，进一步分析讨论了掩埋小目标散射声场特征和信道小目标的前向声散射对时反聚焦的影响。

深切感谢马远良院士对本书相关研究的指导与帮助；西北工业大学航海学院的杨益新教授、杨坤德教授对本书的相关研究和撰写也提出了宝贵意见和建议，在此表示衷心感谢；同时感谢何传林博士对本书 2.5 节、4.3 节和 6.4 节的撰写给予的大力支持。

限于作者水平，书中不足之处在所难免，敬请读者批评指正。

目　　录

第 1 章 概 述

1.1 前向散射的含义

在电磁和天文领域中，前向散射是指相对于声源位于物体的另一侧，且比入射波波长尺度大，而比入射波照射面尺度小的物体引起的波场衍射、非均匀折射或者非镜像方向上的反射，导致波场相位发生 90° 以上偏转的现象。已经证明，在高频情况下，前向散射几乎不受目标吸波能力的影响。实际上，前向散射可理解为在目标体前向方向上对波场的一种扰动。当整个波场消失时 (即产生阴影)，散射场与入射场场强相等，相位相反。在产生前向散射的情况下，按照光学中的巴比涅原理 (Babinet's principle)(Guenther, 2005; Jiménez et al.,2001)，即在高频情况下，不透光目标体与同等侧影形状的 "洞" 形成的前向散射相同。基于此原理，可对目标前向散射强度进行估计。在电磁场中，前向散射具有目标强度大、几乎不受吸波能力影响等一系列优势，这推动了前向散射雷达的发展 (Abdullah et al., 2007; Cherniakov et al., 2005; Gould et al., 2002; Blyakhman et al., 1999)。

尽管从 20 世纪 80 年代开始就开展了水中目标前向声散射的相关研究工作 (Ingenito, 1987)，但并未引起科研人员对水声目标前向散射的重视。直至 20 世纪末期，潜艇降噪和吸波技术得到了巨大的发展，60 年代以后的 30 多年中潜艇的辐射噪声级大约降低了 35dB，潜艇的反射也由于消声瓦的使用大约降低了 10dB(某些频段)，使得水中隐身目标的探测变得越来越困难，水声探测的紧迫使得科研人员必须重新去认识水声目标散射声场的精细特征。

对于水中目标体的前向声散射，也应该满足类似光学中的巴比涅原理。在经典的前向散射目标强度估计理论中 (Urick, 1983)，在高频情况下，目标前向散射本领取决于目标在入射波方向的横向投影截面积 A 与入射波长 λ 之比，目标强度近似满足：

$$\mathrm{TS} = 10 \lg \left(\frac{A}{\lambda} \right)^2 \tag{1.1}$$

根据式 (1.1)，对于水下潜艇这类典型目标，采用合适的频率照射时，其前向散射目标强度可达到 40～60dB，能够高出反向目标强度 20dB 以上。

鉴于前向散射有如此巨大的优势，国外在 21 世纪初开始对水中目标前向

声散射探测重视起来。著名的《2000—2035 年美国海军技术》报告 (Council,
1997) 提出将前向声散射探测作为主动声呐的四种工作模式之一，用于探测靠
近双基地收发连线的目标，如图 1.1 所示。前向散射探测是与收发合置和收发
分置探测不同的一种特殊探测方式。后两者都是利用从目标反向散射的声能来
探测目标，而前向散射探测利用了目标靠近发射源和接收基阵之间的连接线时
引起的声场变化来探测目标。该报告指出采用这种探测方式的优点是可以大大
降低发射功率，并增加通过降低目标强度进行水声对抗的难度。利用许多小功
率发射源和接收基阵就能构成一个监视网，在潜艇穿过发射源和接收基阵的连
接线时对其进行跟踪。前向散射水声探测系统可提高对较大海区的可靠搜索能
力，有效应对敌方潜艇所采取的大多数对抗措施。由此可见，前向散射探测在
军事上具有重要的应用前景。

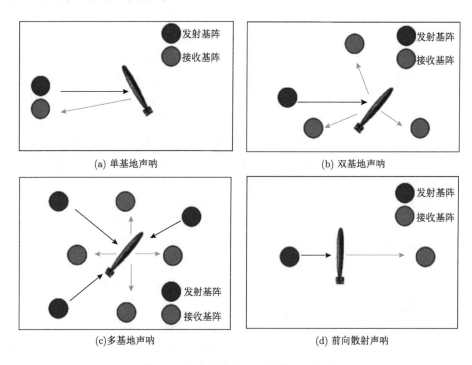

图 1.1　水声主动探测工作模式示意图

　　声波在海洋里传播受到水体和信道边界的影响，存在着多途、频散等声传播
效应，海洋波导中的声传播远比空气中的电磁波传播复杂得多。为了充分发挥前
向散射探测的优势，需要解决两方面的基础问题：一个是水中目标体前向散射声
场特征表征研究；另一个是水声信道中直达波强干扰下的声场特征提取方法。

1.2 自由空间目标声散射模型

对自由空间中的目标体声散射研究由来已久。由于水声探测的需求，主要关注于单基地和小分置角的散射特征，少有专门针对目标大分置角或前向声散射的建模方法。目前，一些基于波动方程理论的声散射模型并未对散射角度进行严格限制，因此经改进后可用于前向散射声场特征分析。故此，本节将散射建模的一般方法作为前向散射模型一并总结介绍。

众所周知，水中目标的声散射特征研究具有极其重要的科学理论价值和广泛的实际应用意义。国内外围绕这个问题在声散射理论、声散射计算方法、实验验模等方面进行了广泛而细致的研究，提出了一系列声散射严格理论和近似解法，不仅对水中目标声散射特征有了深入的掌握，还从工程应用角度建立了若干散射特征的预报模型。

对目标散射声场的建模计算，理论上是解一个数学物理问题，在数学上被归纳为在特定的边界条件下求解波动方程问题。对水中物体声散射的建模，主要是对亥姆霍兹 – 基尔霍夫 (Helmholtz-Kirchhoff) 积分方程表达式进行数学变换和数值离散化，从而使得复杂情况下的散射变得容易计算。美国物理学家 Waterman(1971,1969) 基于 Helmholtz-Kirchhoff 积分方程首先提出了计算声散射的 T 矩阵法。此外，还进一步发展出了多层散射体和不同形状散射体的 T 矩阵法，其基本原理是以散射体表面为界，取一个内切球和一个外切球，将直达波声场、散射波声场和格林函数都在相应的区域按球面波本征函数展开。他用一组完备正交的基本函数族的组合来表示矢量形式的内部和外部 Helmholtz-Kirchhoff 积分方程，利用该方程及位移矢量和张力矢量满足的边界条件，分别用内切球面和外切球面上本征函数积分的正交性，从而得到联系入射波与散射波的展开系数的 T 矩阵表达式，最终得到散射声场。T 矩阵只依赖于散射体的形状和材料性质，在解决弹性体的声散射问题上，特别是对于近球形物体的声散射问题，是比较有效的。T 矩阵法适应条件窄，要求散射体表面光滑，并且基本是凸的。理论上应将 T 矩阵计算到无穷阶叠加，因而在计算中一般要进行截取，存在截断误差。对于一些目标长度比很大的散射体 (如长径比为 10:1 的椭球体)，用球函数展开式描述结构表面应力和位移收敛较慢，所需展开式阶数急剧增加，致使 T 矩阵法所涉及的线性方程组的系数矩阵病态化，求解遇到困难。Hackman 等 (1988, 1985, 1984) 提出了用椭球函数作为基函数展开的 T 矩阵法，虽然从理论上可以解决上述问题，但在实际运用中椭球函数的运算量非常大，因而也没有太大优越性。

有限元法 (Ihlenburg, 1998) 基本思想是使用有限个元素上的声特征量的线性叠加代替 Helmholtz-Kirchhoff 积分方程中的求积计算，该方法采用了吸收边界条件对无限大空间进行截取。在实际应用中，往往把散射问题分成目标本身的受激振动和刚性体的散射两部分进行处理。前一部分按有限元思想进行离散处理，用数值方法进行求解。后一部分按 Helmholtz-Kirchhoff 积分方程用解析方法求解。目标的散射场可以看作二者的结合。从原理上讲，这种方法对于外形和结构的要求不严，适应能力较强。研究人员开发出了可靠的水中物体散射声场有限元计算软件，可以方便地计算复杂环境下的近距离散射声场 (Burnett et al., 2007, 2006; Zampolli et al., 2004)。Shirron 等 (2005) 通过引入完美匹配层，提出了可计算海底附近目标声散射的有限元方法。

边界积分方法 (Boubendir et al., 2002; Wu et al., 1992, 1991a, 1991b; Seybert et al., 1987; Reut, 1985; Burton et al., 1971) 对边值积分方程问题进行了离散化处理，在解决辐射和散射问题时受到了很大的关注。它对物体的形状和结构要求更宽，在大多数情况下对于边界的积分可以用数值积分进行处理。边界元法将所讨论的边界区域分割为很多微小的单元 (边界元) 的组合，和通常的有限元法一样进行离散化处理。只要分割适当，这种数值方法会取得更好的效果。由于在某些特征频率下，边界元法不能给出唯一解，在一般使用时，需要和组合亥姆霍兹积分方程公式法 (combined Helmholtz integral equation formulation, CHIEF)(Wu et al., 1991b; Seybert et al., 1987) 或者该方程的法向求导公式 (Burton et al., 1971) 相结合，避免特征频率下求解的奇异现象。该方法的缺点是当频率比较高时，需要很细的网格划分，计算量非常大，容易引起方法的不收敛，因此主要致力于解决算法的稳健性问题。例如，Wu 等 (1991a) 提出用柯西积分方程解决方法的不稳健性问题。Hwang(1997) 提出用全局物体表面替代边界元解决散射的积分问题，减少了计算量。Boubendir 等 (2002) 针对有限元和边界元不完全耦合提出了区域分解法。

对于壳体的散射问题，采用有限元 – 边界元耦合方法，可以充分利用有限元在分析结构响应时的有效性和边界元在分析外场时的快捷性，在解决复杂问题时获得了应用。频域的耦合方法已经广泛使用。例如，研究人员用有限元 – 边界元耦合方法分析了三维流/固耦合问题，求解了球壳的辐射声场 (Jeans et al., 1990; Mathews, 1986)；Zeng 等 (1995) 用有限元和边界积分方程方法对柱壳的散射问题进行了求解。耦合方法的时域模型也开始得到关注和研究 (Gong et al., 2006; Remis, 2000)。上海交通大学对壳体的单基地目标回波特性进行了研究，并建立了能预报目标强度的板块元模型，采用有限元 – 边界元耦合方法分析了弹性目标的声散射问题 (卓琳凯等, 2009, 2007; 范军等, 2001)。中国科学院声学研究所徐海亭等 (1995) 利用边界元和有限元方法，研究了平顶有肋柱壳和部分充水有隔板弹性复杂球壳的声散射，得到了基本结论。

由于有限元和边界元方法的缺点，无限元方法 (Hohage et al., 2009; Autrique

et al., 2007; Gerdes, 1998; Burnett, 1994) 的研究受到了重视，它可以用来对声散射问题进行建模。无限元方法截取声场的多极点表达式，经过近似和离散化后变为包含稀疏矩阵的线性表达式，研究证明无限元方法比有限元方法更适合解决外部的声散射问题。具有代表性的是 Burnett 等 (2007) 利用椭球坐标系的多极点表达式来解析散射声场，取得了一定的效果。

边界元 – 特征波函数展开法作为 T 矩阵法的改进，对外部声场采用特征波函数展开，对弹性结构体则采用边界元法。Su 等 (1980) 用这种方法计算了带球帽有限长薄壳柱在声波正入射时水中目标的散射特性，计算所用时间比 T 矩阵法少，且结果更准确。有限元 – 特征波函数展开法先在电磁波散射问题中采用，称为单一矩法 (谭红波, 2002; 鲁述等, 1993)。其基本思想是用假想的球面包围散射体，球内部分用有限元离散化近似。球外区域的声场采用球面波函数展开，使问题变得比较简单。用这种方法可以计算弹性圆盘、有限长有棱角的弹性圆柱、无限长有棱角的刚性柱等目标的散射。由于球面波函数在球面上正交，入射波各球面波分量的散射是相互独立的，可逐个计算，故不存在用有限元 – 积分方程法计算时声介质阻抗矩阵破坏有限元矩阵窄带性质的困难，球面内包括部分流体和弹性体，通常选用声压和位移两种不同的物理量为自变量，需要通过耦合矩阵在边界上将两者耦合起来。这种方法用有限元方程描述弹性结构的部分邻近流体，在球面外区域采用球面波函数展开，对弹性结构和复杂外形都有较强的适应能力，是一种能稳定地得到较好结果的解法。

作者所在课题组依据变形柱方法计算了有限长不锈钢圆柱壳的前向散射和反向散射声场，并设计开展了消声水池实验 (Lei et al., 2010)，获得了首个关于前向散射和反向散射目标强度对比的实验结果。

1.3 水声信道中目标的前向散射模型

对于水声信道中的目标，作用到目标的入射声场远比自由空间中的入射平面波复杂，而且散射波也不再简单按照球面扩展规律衰减，信道对声散射的影响显著。根据信道中目标散射的声传播—散射耦合—传播这一过程描述，信道中的目标散射建模方法可以分为如下几类：简正波 – 散射形态函数耦合方法、抛物方程方法、虚源方法、波数积分 – 散射形态函数耦合方法等。

1. 简正波 – 散射形态函数耦合方法

Hackman(1984) 将 T 矩阵法与简正波声传播模型结合，建立了波导中弹性椭球体的散射声场计算模型。在模型中利用椭球函数正交基展开式来表征目标表面的声压和格林函数，并引入旋转变换实现椭球坐标系与圆柱坐标系的转换。总声场由两部分组成：第一部分对应了入射声场 (无目标时的声场)；第二部分对应了目标的散射声场，散射声场的强度与强度系数有关，而强度系数需要单独计算。整个模型的求解过程相当烦琐，而且 T 矩阵法的计算量非常大。此外，模型中使用了自由空间中的格林函数而非信道中的格林函数。

与 Hackman 的建模思想类似，Ingenito(1987) 建立了等声速波导中刚性球的散射声场模型。该模型以 Helmholtz-Kirchhoff 积分方程为基础，将入射声波和格林函数分别表示为声场模态的级数形式；在目标表面上将入射波和格林函数用球谐函数展开，忽略目标和边界之间的多次散射，再结合球体表面的刚性边界条件得到散射声场的表达式。该表达式同时包含了入射模态、散射模态以及目标在自由空间的散射形态函数。该模型的最大贡献在于指出了信道中目标声散射的物理本质：目标会引起散射和入射模态之间的耦合，耦合强度和形式取决于目标的散射形态函数。这一散射模型可以推广到非均匀声速波导以及非刚性、非球形的散射体，并且得到了广泛应用。

2. 抛物方程方法

Collins 等 (1989) 充分利用匹配渐近极限条件，建立了信道中目标声散射的抛物方程模型。该模型将信道中的声散射问题分解为内域和外域问题。在内域中利用 T 矩阵法计算目标在均匀半空间中的指向性函数和散射声场，在外域中用抛物方程方法将内域的散射声场 "传播" 出去，最后将散射声场表示为入射声场、目标散射指向性函数及目标表面到场点的格林函数三者乘积的形式。该模型的特点在于充分利用小掠射角渐近条件并计入了目标和界面之间的多次散射，能够实现时域声场计算和三维声场计算。该方法在低频、小掠射角、远距离接收条件下，能够简化目标声散射问题并实现快速计算。Levy 等 (1998,1996) 利用有限差分方法求解二维条件下的三对角矩阵和三维条件下的稀疏矩阵，分别建立了二维和三维条件下复杂目标的散射声场模型。

3. 虚源方法

虚源方法又称波叠加法，该方法的核心思想在于用一系列分布于目标内部封闭曲面上的虚拟点声源产生的叠加声场来近似目标的实际散射声场，其关键点在于虚源强度的计算。Sarkissian(1994a,1994b) 利用该原理计算了加有半球形端盖的刚性圆柱体在等声速波导中的散射声场，采用多个点源和表面上的节点，利用自由空间中的格林函数计算点源在节点上产生的法向振速。依据刚性边界条件，点源产生的法向振速与入射声场在节点上产生的法向振速之和为零，从而得到线性方程组，然后通过最小二乘法求得点源的强度。散射声场等效于这些点源形成辐射声场的线性叠加。当目标表面为非刚性时，可以通过其他方法预先获得表面的法向振速分布，然后再求解点源的强度。Stepanishen(1997) 利用虚源方法建立了自由空间中具有旋转对称性的三维目标的散射声场模型，将一系列圆环状声源沿着散射体的旋转对称轴排列，然后将散射体表面的声场用一系列的环绕谐波表征，每一阶谐波对应的声场强度与这些圆环声源的强度有关，通过奇异值分解方法得到所有圆环声源的强度。模型中用到的边界条件为理想的狄利克雷和纽曼边界条件。Schmidt(2004) 进一步发展了该理论，将虚源方法与波数积分模型结合，建立了可计算信道中全掩埋或半掩埋物体等更复杂情况的波数积分 — 虚源耦合三维声散射计算模型。他将散射体表面上声压与法向位移之间的关系用表征散射体结构的固有频率特性的刚度矩阵表示，从而得到虚源的复数强度。球形物体的刚度矩阵可以用球谐函数表示，对于结构复杂的目标，可以通过有限元等数值方法预先获得刚度矩阵。可通过傅里叶 — 贝塞尔波数积分计算每一个虚源产生的声场，总声场等于虚源声场的叠加求和。该方法包含了目标与边界之间的多次散射效应，因此非常适用于解决信道中掩埋物体的跨界面声散射问题。作者所在的课题组利用虚源思想研究了掩埋物体和大分置角情况下的物体散射问题，获得了掩埋目标的等效目标强度 (雷波等, 2008；杨坤德等, 2007)。

4. 波数积分 — 散射形态函数耦合方法

Makris(1998) 将波数积分声传播模型与目标的散射形态函数结合，建立了水平分层信道中球体的三维散射模型。该模型用一维波数积分表征球体的三维散射声场，散射声场与信道中下行和上行平面波的幅度、目标在自由空间的散射形态函数等因素有关，极大简化了计算流程。此外，该模型的另一个优势在于能够较准确计算目标的散射近场。如果忽略目标和信道边界之间的多次散射效应，该方法也同样适用于声源和接收点到目标的距离都充分远的情形。

我国的水声工作者对于信道中的目标散射模型也做了相关研究 (范威等,2012a, 2012b；王桂波等, 2005)，主要是将不同计算方法得到的目标散射形态函数与简正波模型进行耦合，获得了水声信道中目标散射的部分特征和规律。

1.4 目标前向散射声场特征的检测方法

当物体靠近双基地收发连线时，在目标体对声波的前向散射作用下，接收端会几乎同时收到来自声源的直达波信号和目标的前向散射信号。从理论上来说，当发射信号具有很高的距离分辨率时，可通过脉冲压缩技术分离两个信号。但是，由于信道的多途和频散效应，接收信号产生时延扩展，从而使得直达波和前向散射信号时间上产生重叠。一般情况下，直达波信号比前向散射信号可高出 20dB 以上，对需要检测的前向散射信号产生很强的干扰。因此，在远距离情况下，目标前向散射导致的声场异常变化相对微弱。为了实现对目标的前向散射探测，就需要掌握目标的前向散射特征。前向散射特征表征及其检测方法主要基于以下几种原理。

1. 基于接收信号包络检测原理

运动物体的前向散射信号和直达波干涉叠加后，会导致接收信号的包络发生起伏变化。在第 23 届国际声成像会议上，Gillespie 等 (1997) 提出了前向散射导致的接收信号包络变化检测方法。他首先利用一组带通滤波器和幅度检测器得到采集信号的包络，并经过一组带通滤波器消除内波引起的信号幅度起伏；然后利用匹配滤波器得到各个阵元的输出，叠加求和后作为该检测方法的输出。Kuz'kin(2003, 2002, 2000, 1997) 分析了海洋波导中目标产生的衍射声波信号的强度、长度和频谱宽度等特性，提出了利用多通道相关累积方法检测衍射声波信号。Zverev 等 (2001,1995) 利用匹配滤波处理和垂直线阵非相干累积方法观测运动目标穿越收发连线引起的接收声场扰动，并开展了湖上实验验证。Matveev 针对前向声散射问题开展了大量的研究工作，提出了多种前向散射信号提取方法，如复数匹配滤波法 (Matveev,2000)、空 – 时声全息法 (Matveev, 2005; Matveev et al., 2002, 2001) 及空域局部相干处理方法 (Matveev et al., 2007; Zverev et al., 2001) 等，并利用提取出的前向散射信号估计目标穿越收发连线的时刻、速度及尺寸等参数。这些方法的核心思想是匹配滤波和声全息重构。

2. 基于声场结构变化原理

时反镜 (time reversal mirror, TRM) 在环境稳定的情况下可实现聚焦，且聚焦深度位置的声强比其他深度高出 15～20dB。21 世纪初，著名的美国海洋物理实验室 (MPL)(Tesei et al., 2004; Song et al., 2004, 2003) 通过仿真和时反镜海上实验发现，当水下收发连线附近存在一定尺度的目标时，水中目标的前向散射导致时反镜声场结构的变化，时反聚焦的平衡将被破坏，聚焦区域能量下降，而阴影区域的能量将增强。时反镜海上实验结果表明，物体入侵后可引起明显的时反散焦现象，但时反聚焦要求接收阵要同时具有接收和发射功能，系统较为复杂。

2010 年，Sabra 等提出了用主分量分析方法提取目标前向散射引起的声场强度变化特征，在一定程度上能增强物体引起的声扰动。其方法是发射宽带脉冲信号，当目标进入信道后，对传播的多途信号产生遮挡，使得接收声场发生微弱变化，在信噪比较高时采用主分量分析方法提取出声场变化的特征向量，实验中清楚地获得了目标穿过收发连线的时间。

3. 基于到达声线提取原理

由声线传播来看，声线作用到目标上后，由于物体的散射作用，声线能量下降。Folegot 等 (2008) 提出了利用声射线对入侵收发连线的目标进行探测和定位的算法，该算法基于这样一种假设：物体的前向声散射波与直达波在近场发生相消干涉，使得接收声场的强度减弱。如果采用垂直发射阵和接收阵，那么发射阵元和接收阵元之间的特征声线就组成了覆盖收发之间区域的声线绊网。当目标入侵绊网时对声

线形成 "遮挡"，必然导致途经目标位置的特征声线的强度减弱。在垂直阵上做延迟求和波束形成，可以提取出每条声线的能量。依据高斯声线束模型，利用声线强度的衰减量作为权系数对每条声线进行加权求和，所有与发射阵元和接收阵元有关的声线绘制成了所谓的模糊图。这种处理之后，因为只有被目标遮挡的声线加权系数大，对模糊图有主要贡献，而未被目标遮挡的那些声线，其加权系数几乎为零，对模糊图的贡献小，所以依据模糊图上的 "亮点" 确定入侵目标。

研究人员利用双波束形成技术对垂直接收和发射线阵同时做波束形成处理，提取出所有连接声源和接收的特征声线，并用出射角和到达角标识这些特征声线；当物体位于收发连线之间时，部分特征声线被物体遮挡，导致波束输出的强度减弱，可通过对比有无目标时波束输出的强度来判断是否有物体入侵收发连线；将波束输出与敏感度核结合，提出了目标定位方法，并在超声波导条件下完成了验证实验 (Yildiz et al.,2014; Marandet et al.,2011; Roux et al., 2008)。Roux 等 (2013) 设计了超声尺度下敏感度核的测量实验，实验结果与理论结果一致。Yildiz 等 (2014) 进一步利用敏感度核实现了对目标的多基地定位。

4. 基于声场相位变化原理

当运动物体穿过基线时，前向散射可以使得接收波前产生弯曲，局部声强不为 0，声压与振速之间存在相位差。研究人员经过研究发现，采用声学矢量传感器对声强信号进行处理，可以用来检测前向散射引起的声场相位变化 (Naluai et al., 2007; Rapids et al., 2006, 2002)。实验结果表明，在前向散射距离目标中心较近的情况下，声压与某些方向上的振速的相位差可以达到 70°。Barton 等 (2011) 在此基础上研究了波长和物体尺寸相当时刚性球体的声强结构特征，用理论和实验证明了直接测量声强获取共振区域内散射场特征的可行性。

本书作者长期从事水中目标前向散射特征研究，通过理论模型和湖上实验，获得了目标前向散射声场异常规律与物体位置的关系 (Lei et al., 2012)，提出了基于波束形成和主分量分析的联合处理方法 (Lei et al., 2014)，与其他研究人员一起提出直达波自适应抑制方法 (Lei et al., 2022, 2017; He et al., 2015)，并提出了基于无监督机器学习的目标探测方法与基于迁移学习的定位方法 (雷波等, 2021; Lei et al., 2019)，有效实现了目标穿过收发连线时前向散射声场异常特征获取与探测；进一步研究了海洋内目标运动激发源致内波引起的透射声场异常特征，并提出了两种特征检测与优化方法 (何兆阳等,2023)。

1.5   本书主要内容

本书主要基于作者课题组对水中目标前向散射现象的研究成果，并总结国际上部分具有代表性的研究成果，介绍自由空间中典型物体的散射模型及其前向散射特征、水中信道目标前向散射建模的方法和前向散射现象、前向散射声场特征的提取方法以及散射模型的应用等。本书主要章节内容安排如下。

第 2 章通过基于声场的球谐波、柱面波等级数形式分解，并结合物体表面的边界方程，阐述球体目标、球壳体和椭球体目标散射声场模型及其数值计算方法，并通过理论解分析前向散射声场特征，建立系统频率响应函数与物体远场散射形态函数之间的关系，揭示物体的前向散射目标强度几乎不受黏弹性层影响的物理机理，阐述前向目标强度测量中的直达波抵消法，测量得到典型目标体的前向目标强度分布规律。

第 3 章在归纳总结文献的基础上，主要介绍波数积分 - 散射函数耦合模型、简正波 - 散射函数耦合模型和波数积分 - 虚源耦合模型，阐述几种模型的优缺点，并对水声信道前向散射声场进行仿真计算。

第 4 章从巴比涅原理出发，在理论上推导水中目标前向散射目标强度的计算公式，由声呐方程揭示前向散射信号强度的"眼"状分布规律；通过宽带散射声场的计算模型，揭示前向散射模态耦合现象以及在物体入侵后引起的声场抛物状到达结构的变异机理；基于波动方程，给出物体入侵引起声场起伏变化的物理机理，介绍前向散射的湖上实验测量方法，揭示前向散射随目标位置、深度变化的物理规律。

第 5 章基于浅海信道中的声波到达结构特点和前向散射声场扰动规律，介绍物体前向散射引起声场异常特征的检测方法，阐述物体入侵后前向散射引起的声场包络变化检测方法、相位变化检测方法等基本原理和测量结果，描述利用双波束形成提取出特定方向发射和接收的畸变声线的检测方法，介绍虚拟时反聚焦探测的数学表达式和处理方法，并给出前向散射声场特征检测方法的仿真实验结果以及国外典型实验的结果。

第 6 章针对前向散射直达波的抑制和分离方法，做出进一步总结和探讨，用于提高前向散射声场特征；阐述一种空域滤波和主分量分析相结合的直达波抑制方法，通过对湖上实验数据进行处理，获得增强的水下目标前向散射声场特征；基于广义匹配场的思想，介绍一种直达波广义空域滤波技术，仿真探讨方法的抑制效果；介绍一种基于自适应相消原理的直达波抑制方法，给出湖上实验的前向散射特征增强效果；提出一种基于广义似然比的恒虚警检测方法，并给出湖试数据验证；阐述一种低旁瓣脉冲压缩滤波器设计方法，实现对直达波旁瓣干扰下的前向散射信号检测；开发一种基于无监督机器学习的检测方法，实现基于神经网络的前向散射目标检测。

第 7 章在前向散射声场特征研究的基础上，阐述在水中目标定位中所做的一些工作，并介绍基于变异声线提取的目标定位方法；描述基于两个独立接收单元上的相对时间差进行距离估计的原理，给出两种典型湖试的应用结果；阐述一种干扰抑制方法，实现对目标信号相对时延的准确估计，进而获得目标位置；介绍基于声波到达时延曲线的目标跟踪定位方法，并给出实验测量结果；介绍基于波束形成技术的变异声线提取方法，以及基于匹配场处理思想的目标位置估计结果；介绍基于迁移学习的目标定位方法，并分析多种典型因素影响。

第 8 章在前向散射探测思路的基础上，进一步将探测对象由目标体扩展至目标运动激发的源致内波，结合流体动力学相关研究成果，介绍源致内波背景下的声场变异机理特征、典型影响因素和特征提取方法，为水下目标探测提供新特征、新方法。基于简单目标体源致内波解析解与声传播理论，建立信道内源致内波背景下的变异声场计算模型；针对源致内波的多种典型影响因素，通过数值仿真总结其对变异声场的影响规律；针对强背景干扰下的特征提取问题，基于源致内波引起的声场持续扰动，提出一种基于滑动窗主分量分析的特征增强提取方法，并给出湖试结果。针对单发单收的布放深度优化问题，基于信道先验信息建立探测性能评估模型与优化方法，获得声源与接收深度影响下的探测性能表面；通过全局最优统计分析优化系统布放深度，提升系统数据质量。

参 考 文 献

范军, 汤渭霖, 2001. 覆盖粘弹性层的水中双层弹性球壳的回声特性[J]. 声学学报, 26(4): 302-306.

范威, 范军, 陈燕, 2012a. 浅海波导中目标散射的边界元方法[J]. 声学学报, 37(2): 132-142.

范威, 范军, 陈燕, 2012b. 浅海波导中目标散射的简正波-Kirchhoff 近似混合方法[J]. 声学学报, 37(5): 475-483.

何兆阳, 雷波, 杨益新, 2023. 源致内波引起的声场扰动及其检测方法[J]. 物理学报, 72:137-151.

雷波, 何兆阳, 张瑞, 2021. 基于迁移学习的水下目标定位方法仿真研究[J]. 物理学报, 70:224302.

雷波, 杨坤德, 马远良, 2008. 海底掩埋物体的目标强度与信混比分析[J]. 系统仿真学报, 20: 3662-3665.

鲁述, 常梅, 1993. 单矩法计算方法研究[J]. 武汉大学学报 (理学版), 6: 59-64.

谭红波, 2002. 有限元方法研究结构弹性壳体和消声瓦的声散射特性[D]. 北京: 中国科学院声学研究所.

王桂波, 彭临慧, 2005. 浅海波导中刚性球声散射特性研究[J]. 中国海洋大学学报 (自然科学版), 35: 515-520.

徐海亭, 涂哲民, 1995. 积分方程法与求解谐振频率的声散射[J]. 声学学报, 20(1): 26-32.

杨坤德, 雷波, 马远良, 2007. 掩埋物体的小掠角散射声场与回波信混比[J]. 声学技术, 26: 1081-1088.

卓琳凯, 范军, 汤渭霖, 2007. 有吸收流体介质中典型弹性壳体的共振散射[J]. 声学学报, 32(5): 411-417.

卓琳凯, 范军, 汤渭霖, 2009. FEM-BEM 耦合方法分析弹性目标的声散射问题[J]. 上海交通大学学报, 43(8): 1258-1261.

ABDULLAH R S A R, RASID M F A, AZIS M W, et al., 2007. Target prediction in forward scattering radar[C]. Proceeding of 2007 IEEE Asia-Pacific Conf. Appl., Electromagn: 1-5.

AUTRIQUE J C, MAGOULÈS F, 2007. Analysis of a conjugated infinite element method for acoustic scattering[J]. Comput. Struct., 85: 518-525.

BARTON R J, SMITH K B, VINCENT H T, 2011. A characterization of the scattered acoustic intensity field in the resonance region for simple spheres[J]. J. Acoust. Soc. Am., 129: 2772-2784.

BLYAKHMAN A B, RUNOVA I A, 1999. Forward scattering radiolocation bistatic RCS and target detection[C]. Proceeding of 1999 IEEE Radar Conf. Radar into Next Millenn, Waltham: 203-208.

BOUBENDIR Y, BENDALI A, 2002. Domain decomposition methods for solving scattering problems by a boundary element method[C]. Proceeding of 13th International Conference on Domain Decomposition

Methods, Lyon: 321-328.

BURNETT D S, 1994. A three-dimensional acoustic infinite element based on a prolate spheroidal multipole expansion[J]. J. Acoust. Soc. Am., 96: 2798-2816.

BURNETT D S, LEE K H, SAMMELMANN G S, 2007. Finite-element modeling of acoustic scattering from objects in shallow water[R]. http://www.ncsc.navy.mil.

BURNETT D S, SAMMELMANN G S, LEE K H, et al., 2006. High-fidelity finite-element structural acoustics modeling of shallow-water target scattering[R]. http://www.ncsc.navy.mil.

BURTON A J, MILLER G F, 1971. The application of integral equation methods to the numerical solution of some exterior boundary-value problems[C]. Proc. R. Soc., London, 323: 201-210.

CHERNIAKOV M, SALOUS M, JANCOVIC P, et al., 2005. Forward scattering radar for ground targets detection and recognition[C]. Proc. of 2nd EMRS DTC Tech. Conf., Edinburgh, 150: 2-3.

COLLINS M D, WERBY M F, 1989. A parabolic equation model for scattering in the ocean[J]. J. Acoust. Soc. Am., 85: 1895-1902.

COUNCIL N R, 1997. Technology for the United States Navy and Marine Corps, 2000-2035: Vol. 7 Undersea warfare[M]. Washington D C: The National Academies Press.

FOLEGOT T, MARTINELLI G, GUERRINI P, et al., 2008. An active acoustic tripwire for simultaneous detection and localization of multiple underwater intruders[J]. J. Acoust. Soc. Am., 124: 2852-2860.

GERDES K, 1998. The conjugated vs. the unconjugated infinite element method for the Helmholtz equation in exterior domains[J]. Comput. Methods Appl. Mech. Eng., 152: 125-145.

GILLESPIE B, ROLT K, EDELSON G,et al., 1997. Littoral target forward scattering[C]//LEE S, FERRARI L A. Acoustical Imaging. Boston: Springer.

GONG Z, ZHU G, 2006. FDTD analysis of an anisotropically coated missile[J]. Prog. Electromagn. Res., 64: 69-80.

GOULD D M, ORTON R S, POLLARD R J E, 2002. Forward scatter radar detection[C]. IET Radar 2002, Edinburgh: 36-40.

GUENTHER B D, 2005. Babinet's principle[J]. Encycl. Mod. Opt., 18: 11-13.

HACKMAN R H, 1984. The transition matrix for acoustic and elastic wave scattering in prolate spheroidal coordinates[J]. J. Acoust. Soc. Am., 75: 35-45.

HACKMAN R H, 1988. Multiple-scattering analysis for a target in an oceanic waveguide[J]. J. Acoust. Soc. Am., 84: 1813-1825.

HACKMAN R H, TODOROFF D G, 1985. An application of the spheroidal-coordinate-based transition matrix: The acoustic scattering from high aspect ratio solids[J]. J. Acoust. Soc. Am., 78: S8.

HE C, YANG K D, LEI B,et al., 2015. Forward scattering detection of a submerged moving target based on adaptive filtering technique[J]. J. Acoust. Soc. Am., 138: EL293-EL298.

HOHAGE T, NANNEN L, 2009. Hardy space infinite elements for scattering and resonance problems[J]. SIAM J. Numer. Anal., 47: 972-996.

HWANG W S, 1997. A boundary integral method for acoustic radiation and scattering[J]. J. Acoust. Soc. Am., 101: 3330-3335.

IHLENBURG F, 1998. Finite Element Analysis of Acoustic Scattering[M]. New York: Appl. Math. Sci. Verlag.

INGENITO F, 1987. Scattering from an object in a stratified medium[J]. J. Acoust. Soc. Am., 82: 2051-2059.

JEANS R A, MATHEWS I C, 1990. Solution of fluid-structure interaction problems using a coupled finite element and variational boundary element technique[J]. J. Acoust. Soc. Am., 88: 2459-2466.

JIMÉNEZ J R, HITA E, 2001. Babinet's principle in scalar theory of diffraction[J]. Opt. Rev., 8: 495-497.

KUZ'KIN V M, 1997. Characteristics of diffracted acoustic signals in an oceanic waveguide[J]. Acoust. Phys., 43: 440-445.

KUZ'KIN V M, 2000. Correlation reception of a diffraction sound field in an oceanic waveguide[J]. Acoust. Phys., 46: 445-449.

KUZ'KIN V M, 2002. Sound diffraction by an inhomogeneity in an oceanic waveguide[J]. Acoust. Phys., 48: 69-75.

KUZ'KIN V M, 2003. Sound scattering by a body in a planar layered waveguide[J]. Acoust. Phys., 49: 68-74.

LEI B, HE Z Y, YANG Y Y, et al., 2022. Experimental demonstration of forward scattering barrier for AUV instruder[J]. Applied Acoustics, 190: 108635.

LEI B, YANG K D, MA Y L, 2010. Physical model of acoustic forward scattering by cylindrical shell and its experimental validation[J]. Chinese Phys. B, 19: 54301.

LEI B, YANG K D, MA Y L,et al., 2012. Forward acoustic scattering by moving objects: Theory and experiment[J]. Chinese Sci. Bull., 57: 313-319.

LEI B, YANG K D, MA Y L, 2014. Forward scattering detection of a submerged object by a vertical hydrophone array[J]. J. Acoust. Soc. Am., 136: 2998-3007.

LEI B, YANG Y Y, YANG K D,et al., 2017. Detection of forward scattering from an intruder in a dynamic littoral environment[J]. J. Acoust. Soc. Am., 141: 1704-1710.

LEI B, ZHANG Y, YANG Y Y, 2019. Detection of sound field aberrations caused by forward scattering from underwater intruders using unsupervised machine learning[J]. IEEE Access, 7:17608-17616.

LEVY M F, BORSBOOM P P, 1996. Radar cross-section computations using the parabolic equation method[J]. Electron. Lett., 32: 1234-1236.

LEVY M F, ZAPOROZHETS A A, 1998. Target scattering calculations with the parabolic equation method[J]. J. Acoust. Soc. Am., 103: 735-741.

MAKRIS N C, 1998. A spectral approach to 3-D object scattering in layered media applied to scattering from submerged spheres[J]. J. Acoust. Soc. Am., 104: 2105-2113.

MARANDET C, ROUX P, NICOLAS B, et al., 2011. Target detection and localization in shallow water: An experimental demonstration of the acoustic barrier problem at the laboratory scale[J]. J. Acoust. Soc. Am., 129: 85-97.

MATHEWS I C, 1986. Numerical techniques for three-dimensional steady-state fluid-structure interaction[J]. J. Acoust. Soc. Am., 79: 1317-1325.

MATVEEV A L, 2000. Complex matched filtering of diffraction sound signals received by a vertical array[J]. Acoust. Phys., 46: 80-86.

MATVEEV A L, 2005. Comparative analysis of tomographic methods for the observation of inhomogeneities in a shallow sea[J]. Acoust. Phys., 51: 218-229.

MATVEEV A L, MITYUGOV V V, 2002. Determination of the parameters of motion for an underwater object[J]. Acoust. Phys., 48: 576-583.

MATVEEV A L, MITYUGOV V V, POTAPOV A I, 2001. Space-time acoustic holography of moving inhomogeneities[J]. Acoust. Phys., 47: 202-207.

MATVEEV A L, SPINDEL R C, ROUSEFF D, 2007. Forward scattering observation with partially coherent spatial processing of vertical array signals in shallow water[J]. IEEE J. Ocean. Eng., 32: 626-639.

NALUAI N K, LAUCHLE G C, GABRIELSON T B, et al., 2007. Bi-static sonar applications of intensity processing[J]. J. Acoust. Soc. Am., 121: 1909-1915.

RAPIDS B R, LAUCHLE G C, 2002. Processing of forward scattered acoustic fields with intensity sensors[C]. Proceeding of IEEE/MTS Oceans'02, Biloxi: 1911-1914.

RAPIDS B R, LAUCHLE G C, 2006. Vector intensity field scattered by a rigid prolate spheroid[J]. J. Acoust. Soc. Am., 120: 38-48.

REMIS R F, 2000. On the stability of the finite-difference time-domain method[J]. J. Comput. Phys., 163:

249-261.

REUT Z, 1985. On the boundary integral methods for the exterior acoustic problem[J]. J. Sound Vib., 103: 297-298.

ROUX P, CORNUELLE B D, KUPERMAN W A, et al., 2008. The structure of raylike arrivals in a shallow-water waveguide[J]. J. Acoust. Soc. Am., 124: 3430-3439.

ROUX P, MARANDET C, NICOLAS B, et al., 2013. Experimental measurement of the acoustic sensitivity kernel[J]. J. Acoust. Soc. Am., 134: EL38-EL44.

SABRA K G, CONTI S, ROUX P, et al., 2010. Experimental demonstration of a high-frequency forward scattering acoustic barrier in a dynamic coastal environment[J]. J. Acoust. Soc. Am., 127: 3430-3439.

SARKISSIAN A, 1994a. Method of superposition applied to scattering from a target in shallow water[J]. J. Acoust. Soc. Am., 95: 2340-2345.

SARKISSIAN A, 1994b. Multiple scattering effects when scattering from a target in a bounded medium[J]. J. Acoust. Soc. Am., 96: 3137-3144.

SCHMIDT H, 2004. Virtual source approach to scattering from partially buried elastic targets[C]. High Freq. Ocean Acoust., La Jolla: 456-463.

SEYBERT A F, RENGARAJAN T K, 1987. The use of CHIEF to obtain unique solutions for acoustic radiation using boundary integral equations[J]. J. Acoust. Soc. Am., 81: 1299-1306.

SHIRRON J J, GIDDINGS T E, 2005. A finite element model for acoustic scattering from objects near the ocean bottom[C]. Proceeding of IEEE/MTS Oceans'05, Washington D C: 1644-1651.

SONG H C, KUPERMAN W A, HODGKISS W S, et al., 2003. Demonstration of a high frequency acoustic barrier with a time reversal mirror[J]. IEEE J. Ocean. Eng., 28: 246-249.

SONG H, ROUX P, AKAL T, 2004. Time reversal ocean acoustic experiments at 3.5 kHz: Applications to active sonar and undersea communications[C]. High Freq. Ocean Acoust., La Jolla: 522-529.

STEPANISHEN P R, 1997. A generalized internal source density method for the forward and backward projection of harmonic pressure fields from complex bodies[J]. J. Acoust. Soc. Am., 101: 3270-3277.

SU J, VARADAN V V, VARADAN V K, et al., 1980. Acoustic wave scattering by a finite elastic cylinder in water[J]. J. Acoust. Soc. Am., 68: 686-691.

TESEI A, SONG H C, GUERRINI P, et al., 2004. A high-frequency active underwater acoustic barrier experiment using a time reversal mirror: Model-data comparison[C]. High Freq. Ocean Acoust., La Jolla: 539-546.

URICK R J, 1983. Principles of Underwater Sound[M]. 3rd Ed. New York: McGraw-Hill Book Company.

WATERMAN P C, 1969. New formulation of acoustic scattering[J]. J. Acoust. Soc. Am., 45: 1417-1429.

WATERMAN P C, 1971. Symmetry, unitarity, and geometry in electromagnetic scattering[J]. Phys. Rev. D, 3: 825-839.

WU T W, SEYBERT A F, 1991a. A weighted residual formulation for the CHIEF method in acoustics[J]. J. Acoust. Soc. Am., 90: 1608-1614.

WU T W, SEYBERT A F, WAN G C, 1991b. On the numerical implementation of a Cauchy principal value integral to insure a unique solution for acoustic radiation and scattering[J]. J. Acoust. Soc. Am., 90: 554-560.

WU T W, WAN G C, 1992. Numerical modeling of acoustic radiation and scattering from thin bodies using a Cauchy principal integral equation[J]. J. Acoust. Soc. Am., 92: 2900-2906.

YILDIZ S, ROUX P, RAKOTONARIVO S T, et al., 2014. Target localization through a data-based sensitivity kernel: A perturbation approach applied to a multistatic configuration[J]. J. Acoust. Soc. Am., 135: 1800-1807.

ZAMPOLLI M, BURNETT D S, JENSEN F B, et al., 2004. A finite-element tool for scattering from localized inhomogeneities and submerged elastic structures[C]. Hign Freq. Ocean Acoust., La Jolla: 464-471.

ZENG X, BIELAK J, 1995. Stable symmetric finite element-boundary integral coupling methods for fluid-structure interface problems[J]. Eng. Anal. Bound. Elem., 15: 79-91.

ZVEREV V A, KOROTIN P I, MATVEEV A L, et al., 2001. Experimental studies of sound diffraction by moving inhomogeneities under shallow-water conditions[J]. Acoust. Phys., 47: 184-193.

ZVEREV V A, MATVEEV A L, MITYUGOV V V, 1995. Matched filtering of acoustic diffraction signals for incoherent accumulation with a vertical antenna[J]. Acoust. Phys., 41: 518-521.

第 2 章 自由空间典型目标体前向声散射模型及其特征

水中目标的声散射建模在过去的几十年中取得了长足发展，由简单几何形体目标如球体、无限长圆柱体等的理论解，逐渐发展为依赖于大型计算技术的有限元、边界元和无限元等数值模型，可对复杂目标体的部分散射声场和散射特征进行数值计算。简单几何形体的目标散射声场可通过球谐函数、柱函数等形式表示，通过声场的理论解可准确地描述目标的三维散射声场规律，具有清晰的物理图像，因此可以作为散射模型的标准解。2.1～2.3 节主要对水下球体和有限长柱体目标的散射函数进行理论分析，更多目标体的散射理论解可参见相关文献 (Bowman et al.,1987)。

对于复杂的水中目标体，其声场难以用理论解获得。尽管部分形状可以通过简单形体近似，但仅局限于高频情况和小分置角情况 (卓琳凯等，2007；汤渭霖，1993)。在前向方向上，散射声场受目标形状的影响显著，采用有限元等方法直接求解目标强度的计算量非常大，甚至模型可能会不收敛。为了对复杂目标体的前向散射声场特征进行准确求解，2.4 节基于虚拟球谐波分解的目标强度计算方法，采用有限元方法对近距离上目标的散射声场进行精细求解，通过对球面上的散射声场分布进行投影，将其映射到球谐函数坐标系上，从而获得目标强度分布。2.5 节以球壳体为目标，重点讨论目标吸声表面层对前向散射目标强度的影响。

此外，散射信号受到直达波的强干扰，对前向散射目标强度无法直接测量。2.6 节中，详细阐述一种前向散射目标强度测量方法及消声水池实验测量结果，揭示前向散射目标强度的物理规律。

2.1 球体的前向散射声场

对球形目标体而言，平面波入射声场和散射声场可通过球谐波的级数展开形式来表述，结合球体表面边界条件，可进一步确定出散射声场。本节通过介绍球体散射声场基本理论，分析前向散射声场分布特征，包括球体目标运动穿过收发连线时前向散射引起的接收声强和相位变化规律。

2.1.1 球体散射声场基本理论

设有平面波入射到半径为 a 的表面光滑刚性不动球上，如图 2.1 所示。考虑到对称性，这里采用球坐标，坐标原点与球心 O 重合，并取 X 轴与平面波入射方向一致，P_0 为声压幅度。这样，入射平面波声压可写为

$$p_1 = P_0 e^{j(kr\cos\theta - \omega t)} \tag{2.1}$$

为书写方便，可将时间因子 $e^{-j\omega t}$ 省略。

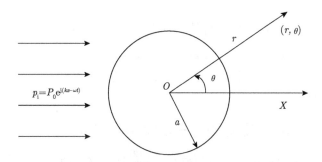

$$p_i = P_0 e^{j(kx - \omega t)}$$

图 2.1 刚性球体声散射示意图

设散射声压为 p_s，它满足球坐标系中的波动方程为

$$\frac{1}{r^2}\frac{\partial}{\partial r}\left(r^2\frac{\partial p_s}{\partial r}\right) + \frac{1}{r^2\sin\theta}\frac{\partial}{\partial\theta}\left(\sin\theta\frac{\partial p_s}{\partial\theta}\right) + \frac{1}{r^2\sin^2\theta}\frac{\partial^2 p_s}{\partial\varphi^2} + k^2 p_s = 0 \tag{2.2}$$

式中，r、θ 和 φ 是球坐标系中的坐标变量；k 是波数。考虑到入射波对 X 轴的对称性，散射波也应对 X 轴对称，它与变量 φ 无关，式 (2.2) 可化简为

$$\frac{1}{r^2}\frac{\partial}{\partial r}\left(r^2\frac{\partial p_s}{\partial r}\right) + \frac{1}{r^2\sin\theta}\frac{\partial}{\partial\theta}\left(\sin\theta\frac{\partial p_s}{\partial\theta}\right) + k^2 p_s = 0 \tag{2.3}$$

应用分离变量法求解式 (2.3)，得

$$p_s = R(r) \cdot Q(\theta) \tag{2.4}$$

式中，$R(r)$ 仅是变量 r 的函数；$Q(\theta)$ 仅是变量 θ 的函数。将式 (2.4) 代入式 (2.3) 并整理得

$$\frac{1}{R}\frac{\partial}{\partial r}\left(r^2\frac{\partial R}{\partial r}\right) + k^2 r^2 = -\frac{1}{Q\sin\theta}\frac{\partial}{\partial\theta}\left(\sin\theta\frac{\partial Q}{\partial\theta}\right) \tag{2.5}$$

式 (2.5) 等号的左端仅与变量 r 有关，而右端也只与变量 θ 有关。要使式 (2.5) 在

任何情况下都能成立，只能使方程等号两端均为常数，即

$$\frac{1}{Q\sin\theta}\frac{\partial}{\partial\theta}\left(\sin\theta\frac{\partial Q}{\partial\theta}\right) = -m \tag{2.6}$$

$$\frac{1}{R}\frac{\partial}{\partial r}\left(r^2\frac{\partial R}{\partial r}\right) + k^2 r^2 - m = 0 \tag{2.7}$$

式中，m 是分离变量时引入的常数。不难看出，式 (2.5) 就是勒让德方程，它的解为勒让德函数，表示为

$$Q_m(\theta) = a'_m \mathrm{P}_m(\cos\theta), \quad m = 0, 1, \cdots \tag{2.8}$$

由勒让德方程的性质可知，分离常数 m 必须是非负整数，取值为 $0, 1, \cdots$，式中的 $\mathrm{P}_m(\cos\theta)$ 是 m 阶勒让德函数，系数 a'_m 是待定常数。式 (2.7) 是球贝塞尔方程，它的解为

$$R_m(r) = b'_m \mathrm{h}_m^{(1)}(kr) + c'_m \mathrm{h}_m^{(2)}(kr), \quad m = 0, 1, \cdots \tag{2.9}$$

式中，b'_m 和 c'_m 是待定常数；$\mathrm{h}_m^{(1)}(kr)$ 和 $\mathrm{h}_m^{(2)}(kr)$ 分别是第一类和第二类 m 阶球汉克尔函数。注意到无穷远处的辐射条件，系数 c'_m 应为零。

综合以上讨论，得到式 (2.3) 的解为

$$p_\mathrm{s} = \sum_{m=0}^{\infty} a_m \mathrm{P}_m(\cos\theta)\,\mathrm{h}_m^{(1)}(kr) \tag{2.10}$$

式中，a_m 是待定常数，由边界条件确定。

对刚性球而言，其边界条件是球面上介质质点径向振速为零，即

$$u_r\bigg|_{r=a} = \frac{\mathrm{j}}{\rho_0\omega}\frac{\partial p}{\partial r}\bigg|_{r=a} = 0 \tag{2.11}$$

式中，p 是介质的总声压，它等于 p_i 和 p_s 之和；u_r 是介质质点振速的径向分量，为入射波引起的介质质点振速的径向分量 u_{ir} 和散射波引起的介质质点振速的径向分量 u_{sr} 之和，即

$$p = p_\mathrm{i} + p_\mathrm{s} \tag{2.12}$$

$$u_r = u_{ir} + u_{sr} \tag{2.13}$$

为了能够由边界条件式 (2.11) 得到待定系数 a_m，需要将入射波用勒让德函数 P_m 和球贝塞尔函数 j_m 表示，即

$$\mathrm{e}^{\mathrm{j}kr\cos\theta} = \sum_{m=0}^{\infty} (2m+1)\mathrm{j}^m \mathrm{j}_m(kr)\mathrm{P}_m(\cos\theta) \tag{2.14}$$

将式 (2.14) 代入式 (2.11)～式 (2.13) 就可以得到

$$a_m = \left[-j^m (2m+1) P_0 \frac{\partial}{\partial r} j_m (kr) \bigg/ \frac{\partial}{\partial r} h_m^{(1)} (kr) \right] \bigg|_{r=a} \tag{2.15}$$

式中，j_m 为 m 阶球贝塞尔函数。由 a_m 并考虑时间因子 $e^{-j\omega t}$，得到散射声压的最终表达式为

$$p_s = \sum_{m=0}^{\infty} -j^m (2m+1) P_0 \frac{\dfrac{d}{dka} j_m (ka)}{\dfrac{d}{dka} h_m^{(1)} (ka)} \cdot P_m (\cos\theta) h_m^{(1)} (kr) e^{-j\omega t} \tag{2.16}$$

考虑远场情况下，可应用球汉克尔函数在大宗量条件下的近似展开式表示为

$$h_m^{(1)} (kr) \underset{kr\to\infty}{\approx} \frac{1}{kr} e^{j\left(kr-\frac{m+1}{2}\pi\right)} \tag{2.17}$$

将式 (2.17) 代入式 (2.16)，得

$$p_s = -\frac{P_0}{kr} e^{j(kr-\omega t)} \sum_{m=0}^{\infty} j^m (2m+1) \frac{\dfrac{d}{dka} j_m (ka)}{\dfrac{d}{dka} h_m^{(1)} (ka)} \cdot e^{-j\frac{m+1}{2}\pi} \cdot P_m (\cos\theta), kr \gg 1 \tag{2.18}$$

记

$$b_m = j^m (2m+1) \frac{\dfrac{d}{dka} j_m (ka)}{\dfrac{d}{dka} h_m^{(1)} (ka)} \tag{2.19}$$

$$D (\theta) = \frac{1}{ka} \sum_{m=0}^{\infty} b_m e^{-j\frac{m+1}{2}\pi} P_m (\cos\theta) \tag{2.20}$$

则散射声压表达式简化为

$$p_s (r,\theta) = -P_0 a \frac{1}{r} D (\theta) e^{j(kr-\omega t)} \tag{2.21}$$

2.1.2　球体的前向散射声场特征分析

取刚性球体的半径为 5m，接收点到球体中心的距离取 200m，在前向方向上散射声强随频率的变化如图 2.2 所示。可以看出，分置角为 180° 时散射声强不随频率振荡，声强随频率的提高逐渐趋于恒定值。较大分置角散射声强随频率的起伏强度比较强，分置角为 160° 时可以达到 20dB。

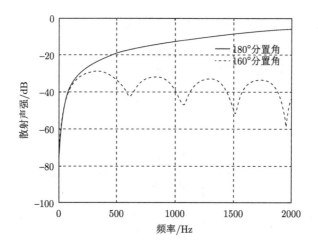

图 2.2　不同分置角散射声强随入射声波频率的变化

对于球体的散射区域，Nussenzveig(1965) 给出了详细的定义和解释，其散射区域如图 2.3 所示。在前向散射区域存在着泊松斑，也就是说在该区域由于前向散射波和直达波的干涉作用，产生了明暗相间的带状条纹。

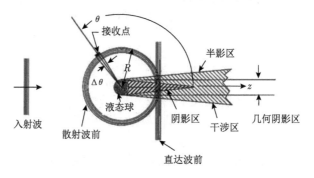

图 2.3　球体散射区域几何表示

ka 是波数与目标尺寸的乘积，取值越大表明目标尺寸比声波波长越大。利用自由空间中刚性球体的散射公式，取不同的 ka 值，分析声场沿声波入射方向的声强分布，结果见图 2.4。其中粗实线表示入射声强，虚线表示前向散射声强，细实线表示入射波和散射波叠加声强 (接收声强)。可以看出，当距离很近时，由于散射波和直达波的叠加，低频时产生绕射现象，高频情况下形成深度阴影区；随着距离增大，在 10 倍半径以内，前向散射波和直达波叠加形成了菲涅耳衍射区 (图 2.3 球体散射区域几何表示中的干涉区，由几何阴影区和半影区构成)，接收场随距离交替出现强度的 "亮区" 和 "暗区"，而整个叠加场则出现幅度的最大值，即形成了泊松衍射斑；当散射波传播距离远远大于球体半径，此时球体可以看作二次辐射的声源，散射波呈现球面扩展，前向散射声强随距离的平方衰减，叠加声强也衰减到接近入射平面声强。

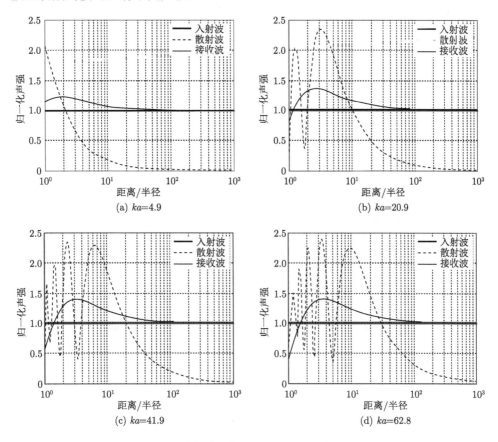

图 2.4 前向散射声强沿声波入射方向的分布

在前向方向上，由于前向散射占据了一定的扇区宽度，入射波叠加干涉以后，形成泊松斑，由此在入射声波传播方向上形成了泊松锥，该锥角和 ka 成反比。当物体沿声波入射的垂直方向运动时，由于泊松斑的存在，接收声强和相位均发生变化，如图 2.5 所示。在 10 倍半径水平距离 (与物体中心距离) 上，接收点处于近场区域，前向散射对入射声强的影响较大，在靠近主轴的位置上，接收点处于泊松锥角以内，声强和相位均发生明显变化。在 100 倍半径水平距离上，相位变化和声强变化变小，且由于泊松锥角的扩展，沿垂直径方向上的变化趋势变缓。到 1000 倍半径水平距离以后，前向散射引起的入射声强变化变得非常微弱，为入射声强的 1%~2%。

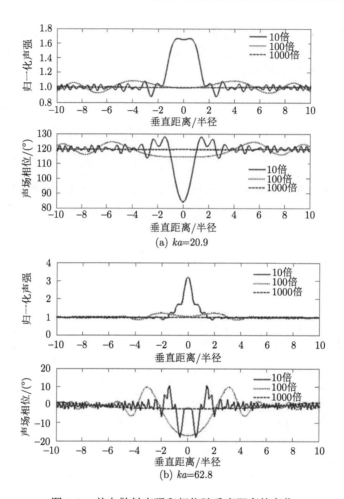

图 2.5　前向散射声强和相位随垂直距离的变化

　　由上述的仿真可以看出，在近距离情况下，接收点位于前向散射引起的声强明显减弱区域，即声影区中，对接收信号能量的直接检测就有可能获得前向散射引起的声强变异，而随着距离的增大，由于直达波的强干扰，声强变化变得非常微弱。也就是说，对远距离的前向散射信号检测，关键问题是对直达波干扰的抑制。在本书的第 5 章和第 6 章中，将重点对此进行阐述。

2.2　球壳体的前向散射声场

　　水中目标大部分为壳体目标，因此研究球壳体的前向声散射特征，对于实际情况更具有参考意义。本节主要介绍球壳体厚度对前向声散射的影响规律。

2.2.1 球壳声散射的基本理论

设有一个内部真空的弹性球壳,如图 2.6 所示,球壳的外半径为 a,内半径为 b。入射声压可以表示为

$$p_\mathrm{i} = \mathrm{e}^{\mathrm{j}k_1 r\cos\theta} = \sum_{m-0}^{\infty} \mathrm{j}^m\,(2m+1)\,\mathrm{P}_m\,(\cos\theta)\,\mathrm{j}_m\,(k_1 r) \tag{2.22}$$

球壳外部介质中的总声压表示为

$$p_1 = p_\mathrm{i} + p_\mathrm{s} = \sum_{m=0}^{\infty} \mathrm{j}^m\,(2m+1)\,\mathrm{P}_m\,(\cos\theta)\left[\mathrm{j}_m\,(k_1 r) + b_m\mathrm{h}_m^{(1)}\,(k_1 r)\right] \tag{2.23}$$

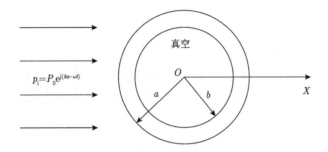

图 2.6　单层弹性球壳声散射示意图

弹性球壳体中的声压可以表示为

$$\Phi_2 = \sum_{m=0}^{\infty} \mathrm{j}^m\,(2m+1)\,\mathrm{P}_m\,(\cos\theta)\left[b_m\mathrm{j}_m\,(k_\mathrm{d} r) + c_m\mathrm{y}_m\,(k_\mathrm{d} r)\right] \tag{2.24}$$

$$\psi_2 = \sum_{m=0}^{\infty} \mathrm{j}^m\,(2m+1)\,\mathrm{P}_m\,(\cos\theta)\left[d_m\mathrm{j}_m\,(k_\mathrm{s} r) + e_m\mathrm{y}_m\,(k_\mathrm{s} r)\right] \tag{2.25}$$

球壳内部介质中的声压表示为

$$p_3 = \sum_{m=0}^{\infty} \mathrm{j}^m\,(2m+1)\,\mathrm{P}_m\,(\cos\theta)\,f_m\mathrm{j}_m\,(k_1 r) \tag{2.26}$$

式中,$k_\mathrm{d} = \omega/c_\mathrm{d}$,$k_\mathrm{s} = \omega/c_\mathrm{s}$,$c_\mathrm{d}$、$c_\mathrm{s}$ 分别是弹性球壳的纵波波速和横波波速;$\mathrm{h}_m^{(1)}\,(k_1 r)$ 是第一类球汉克尔函数;$\mathrm{y}_m\,(k_1 r)$ 是球诺依曼函数;b_m 是由边界条件确定的系数。在球壳内部真空条件下,可以忽略式 (2.26)。

在远场条件下 $(r \gg a)$,有

$$\mathrm{h}_m^{(1)}\,(k_1 r) \to (-\mathrm{j})^{m+1}\,\frac{\mathrm{e}^{\mathrm{j}k_1 r}}{k_1 r} \tag{2.27}$$

则散射声压可表示为

$$p_s = \frac{1}{k_1 r} e^{jk_1 r} \sum_{m=0}^{\infty} j^{2m+1} (-1)^{m+1} (2m+1) P_m (\cos\theta) b_m \qquad (2.28)$$

应用在 $r=a$ 和 $r=b$ 处声压和法向振速连续的边界条件，即

$$\begin{cases} T_{rr}^{(2)}|_{r=a} = -p_1, & u_r^{(1)}|_{r=a} = u_r^{(2)}|_{r=a}, & T_{r\theta}^{(2)}|_{r=a} = 0 \\ T_{rr}^{(2)}|_{r=b} = -p_3, & u_r^{(1)}|_{r=b} = u_r^{(2)}|_{r=b}, & T_{r\theta}^{(2)}|_{r=b} = 0 \end{cases} \qquad (2.29)$$

根据式 (2.29) 边界条件可以建立起矩阵运算，即

$$\begin{bmatrix} d_{11} & d_{12} & d_{13} & d_{14} & d_{15} & d_{16} \\ d_{21} & d_{22} & d_{23} & d_{24} & d_{25} & d_{26} \\ 0 & d_{32} & d_{33} & d_{34} & d_{35} & d_{36} \\ 0 & d_{42} & d_{43} & d_{44} & d_{45} & d_{46} \\ 0 & d_{52} & d_{53} & d_{54} & d_{55} & d_{56} \\ 0 & d_{62} & d_{63} & d_{64} & d_{65} & d_{66} \end{bmatrix} \begin{bmatrix} a_m \\ b_m \\ c_m \\ d_m \\ e_m \\ f_m \end{bmatrix} = \begin{bmatrix} A_1 \\ A_2 \\ 0 \\ 0 \\ 0 \\ 0 \end{bmatrix} \qquad (2.30)$$

用矩阵运算记为

$$\boldsymbol{D} \cdot \boldsymbol{X} = \boldsymbol{\alpha} \qquad (2.31)$$

$\boldsymbol{D}$、$\boldsymbol{\alpha}$ 中的元素参见相关文献 (Goodman et al., 1962)。

根据克拉默 (Cramer) 法则，有

$$b_m = \frac{\boldsymbol{B}_m}{\boldsymbol{D}_m} \qquad (2.32)$$

式中，

$$\boldsymbol{D}_m = \begin{vmatrix} d_{11} & d_{12} & d_{13} & d_{14} & d_{15} \\ d_{21} & d_{22} & d_{23} & d_{24} & d_{25} \\ 0 & d_{32} & d_{33} & d_{34} & d_{35} \\ 0 & d_{42} & d_{43} & d_{44} & d_{45} \\ 0 & d_{52} & d_{53} & d_{54} & d_{55} \end{vmatrix}, \quad \boldsymbol{B}_m = \begin{vmatrix} a_1 & d_{12} & d_{13} & d_{14} & d_{15} \\ a_2 & d_{22} & d_{23} & d_{24} & d_{25} \\ 0 & d_{32} & d_{33} & d_{34} & d_{35} \\ 0 & d_{42} & d_{43} & d_{44} & d_{45} \\ 0 & d_{52} & d_{53} & d_{54} & d_{55} \end{vmatrix} \qquad (2.33)$$

2.2.2　前向散射声场特征分析

以内部真空的钢球壳为例，外半径 $a=5\mathrm{m}$，钢质材料密度 $\rho_2 = 7700\mathrm{kg/m^3}$，杨氏模量 $Y = 1.95 \times 10^{10}\mathrm{Pa}$，泊松比 $\sigma = 0.28$，壳厚比分别取 $h = 0.02$、0.05、0.1；外部流体介质密度 $\rho_1 = 1026\mathrm{kg/m^3}$，介质中声速 $c_1 = 1500\mathrm{m/s}$。接收点到球体中心的距离取 $r = 200\mathrm{m}$，不同分置角散射声强随入射声波频率的变化如图 2.7～图 2.9 所示。当双基地分置角为 $180°$ 时，在低频声波作用下散射声强会有

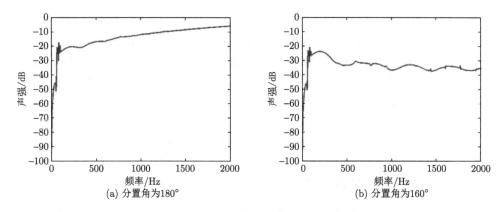

图 2.7　不同分置角散射声强随频率的变化 (壳厚比为 0.02)

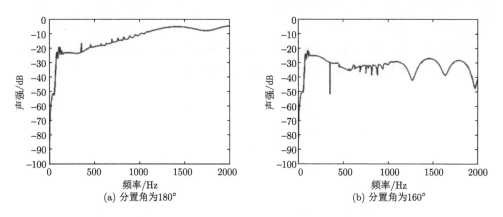

图 2.8　不同分置角散射声强随频率的变化 (壳厚比为 0.05)

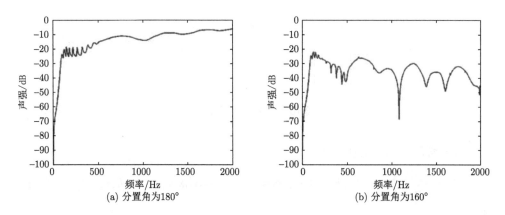

图 2.9　不同分置角散射声强随频率的变化 (壳厚比为 0.1)

明显起伏，该现象和刚性球体结果完全不同。随着频率升高，散射声强随频率的振荡现象基本消失，说明对于球壳体在低频段巴比涅原理不成立。在图 2.7 的薄壳情况下，分置角 180° 下前向散射声强起伏非常微弱，随着壳体厚度增大，起伏开始增大；在分置角 160° 下，声场起伏更加明显。也就是说，壳体越厚，双基地大分置角散射声强随频率的变化也越复杂。

2.3　椭球体的散射函数

2.3.1　等效柱方法的基本理论

等效柱方法 (张小凤等, 2002; Stanton, 1989; Ye, 1997a, 1997b) 可以用来计算细长物体的散射函数，其基本思想是将物体的散射视为多个有限长度的圆柱散射函数的叠加。假设椭球体的长半轴为 a，短半轴为 b，两者比值 $e = a/b$，如图 2.10 所示。根据变形柱原理，椭球体可以看作由一系列相互毗邻的半径变化的微圆柱组成，每一圆柱可以看成具有相同半径的无限长直圆柱的一部分。对于每一微圆柱，其圆柱半径 $b(z)$ 为 z 的函数，柱高为 $\mathrm{d}z$。

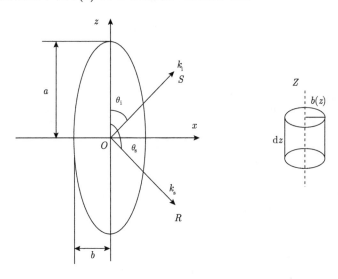

图 2.10　等效柱方法示意图

每一微圆柱的散射函数为

$$\mathrm{d}f = \frac{-\mathrm{j}\mathrm{d}z}{\pi} \sum B_n(z) F_n(z)(-\mathrm{j}) \cos\left[n\varphi(z)\right] \exp\left[\mathrm{j}\boldsymbol{k}_\mathrm{i}\boldsymbol{r}_\mathrm{i}(z) - \mathrm{j}\boldsymbol{k}_\mathrm{s}\boldsymbol{r}_\mathrm{s}(z)\right] \qquad (2.34)$$

式中，

$$\varphi(z) = \arccos \frac{[\boldsymbol{k}_i - (\boldsymbol{k}_i \cdot \mathrm{d}z)\mathrm{d}z] \cdot [\boldsymbol{k}_s - (\boldsymbol{k}_s \cdot \mathrm{d}z)\mathrm{d}z]}{|\boldsymbol{k}_i - (\boldsymbol{k}_i \cdot \mathrm{d}z)\mathrm{d}z| \, |\boldsymbol{k}_s - (\boldsymbol{k}_s \cdot \mathrm{d}z)\mathrm{d}z|} \tag{2.35}$$

$$F_n(z) = \frac{\pi}{2\mathrm{j}} \left[kb(z) \right] \left\{ \mathrm{H}_n^{(1)\prime} \left[kb(z) \sin \theta_i \right] \mathrm{J}_n \left[kb(z) \sin \theta_s \right] \sin \theta_s \right.$$

$$\left. - \mathrm{H}_n^{(1)} \left[kb(z) \sin \theta_i \right] \mathrm{J}_n' \left[kb(z) \sin \theta_s \right] \sin \theta_s \right\} \tag{2.36}$$

式中，$\boldsymbol{k}_i$ 为入射波矢量；$\boldsymbol{k}_s$ 为散射波矢量；$\boldsymbol{r}_i$ 和 $\boldsymbol{r}_s$ 为位置矢量；$\mathrm{H}_n^{(1)}$ 和 J_n 分别为 n 阶第一类汉克尔函数和贝塞尔函数；$\mathrm{H}_n^{(1)\prime}$ 和 J_n' 分别为对第一类汉克尔函数和贝塞尔函数求微分；k 为波数。

$B_n(z)$ 是由边界条件和目标特性所决定的参数。对于刚性目标，其表达式为

$$B_n(z) = -\frac{\mathrm{j}^n \varepsilon_n \mathrm{J}_n' \left[kb(z) \sin \theta_i \right]}{\mathrm{H}_n' \left[kb(z) \sin \theta_s \right]} \tag{2.37}$$

整个椭球体在空间一点所产生的总散射声场可以看作每一微圆柱在该点产生散射声场的叠加，即

$$f = \int \mathrm{d}f = \int_{-a}^{a} \mathrm{d}z \frac{-\mathrm{j}}{\pi} \sum_{n=0}^{\infty} B_n(z) F_n(z) (-\mathrm{j})^n \cos\left[n\varphi(z) \right] \exp\left[\mathrm{j}\boldsymbol{k}_i \boldsymbol{r}(z) - \mathrm{j}\boldsymbol{k}_s \boldsymbol{r}(z) \right] \tag{2.38}$$

式中，a 为椭球体的长半轴。对于椭球体，令 e 表示长轴和短轴之比，每一个微元圆的半径可表示为

$$b(z) = \sqrt{a^2 - z^2}/e \tag{2.39}$$

令 $z = at$，则 $\mathrm{d}z = a\mathrm{d}t$，代入式 (2.39) 为

$$b(z) = a\sqrt{1 - t^2}/e \tag{2.40}$$

$$\boldsymbol{k}_i \boldsymbol{r}(z) = ka \cos(\theta_i t) \tag{2.41}$$

$$\boldsymbol{k}_s \boldsymbol{r}(z) = ka \cos(\theta_s t) \tag{2.42}$$

将 $B_n(z)$ 和 $F_n(z)$ 代入式 (2.38)，可以得到椭球体散射函数的数学表达式为

$$f = \frac{-\mathrm{j}}{\pi} \int_{-1}^{1} \sum_{n=0}^{\infty} B_n(z) F_n(z) (-\mathrm{j})^n \cos\left[n\varphi(z) \right] \exp\left[\mathrm{j}kat(\cos\theta_i - \cos\theta_s) \right] a\mathrm{d}t \tag{2.43}$$

其目标强度的表达式为

$$\mathrm{TS} = 20\lg|f| \tag{2.44}$$

等效柱方法将细长物体等效为微圆柱进行处理，忽略了每段微圆柱之间的相互作用，使得目标强度计算结果仅在椭球体的正横方向附近有效，当入射或者散

射声波方向偏离正横方向较大时，目标强度估计误差增大。在正横方向附近的前向方向上，目标强度的计算误差是可以忽略的。

2.3.2　有限长圆柱壳体的散射模型

有限长圆柱壳体的散射示意图如图 2.11 所示，圆柱体的长度为 L，外半径为 a，内半径为 b。入射平面波和散射波与圆柱轴线的夹角分别为 θ_i 和 θ_s，柱体端射方向对应 0°。入射平面波声压可以分解为柱面波声压的叠加 (Fawcett, 1996)，即

$$p_i = e^{jkz\cos\theta_i} \sum_{n=0}^{\infty} j^n \varepsilon_n J_n(k_1 r \sin\theta_i) \cos(n\varphi) \tag{2.45}$$

式中，$\varepsilon_n = \begin{cases} 1, & n = 0 \\ 2, & n = 1, 2, \cdots \end{cases}$。圆柱体的散射声压可以表示为

$$p_s = e^{jkz\cos\theta_i} \sum_{n=0}^{\infty} B_n H_n(k_1 r \sin\theta_i) \cos(n\varphi) \tag{2.46}$$

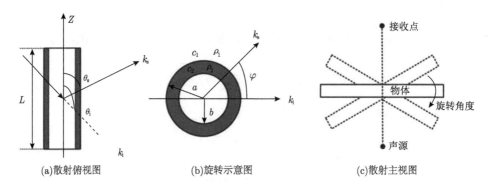

(a)散射俯视图　　　　　　　(b)旋转示意图　　　　　　　(c)散射主视图

图 2.11　有限长圆柱壳体的散射示意图

壳体壁厚部分内部的声压用解析解写为

$$p_{int} = e^{jkz\cos\theta_i} \sum_{n=0}^{\infty} [A_n J_n(k_2 r \sin\theta_i) + C_n H_n(k_2 r \sin\theta_i)] \cos(n\varphi) \tag{2.47}$$

式中，A_n、B_n 和 C_n 均为待求解的系数，可以根据边界条件求得；J_n 为柱贝塞尔函数；H_n 为汉克尔函数；k_1 和 k_2 分别为水体和壳体中对应的声波波数。

由于物体内部为空腔，在圆柱壳体的内表面上，可以近似看作绝对软边界条件，即在该表面上声压等于零，有

$$p_{\text{int}}|_{r=b} = \mathrm{e}^{\mathrm{j}kz\cos\theta_{\mathrm{i}}} \sum_{n=0}^{\infty} \left[A_n \mathrm{J}_n(k_2 r \sin\theta_{\mathrm{i}}) + C_n \mathrm{H}_n(k_2 r \sin\theta_{\mathrm{i}}) \right] \cos(n\varphi) \Bigg|_{r=b} = 0 \tag{2.48}$$

由式 (2.48) 可得

$$C_n = -\frac{\mathrm{J}_n(k_2 b \sin\theta_{\mathrm{i}})}{\mathrm{H}_n(k_2 b \sin\theta_{\mathrm{i}})} A_n \tag{2.49}$$

根据声压和振速在物体表面上连续的边界条件，令入射声场与散射声场之和在边界 $r = a$ 上的振速为 0，可得

$$B_n = D_{1n}/D_{2n} \tag{2.50}$$

式中，

$$D_{1n} = -\mathrm{j}^n \varepsilon_n \left\{ g\mathrm{J}'_n(k_1 a \sin\theta_{\mathrm{i}})\mathrm{J}_n(k_2 a \sin\theta_{\mathrm{i}}) - \mathrm{J}_n(k_1 a \sin\theta_{\mathrm{i}})\mathrm{J}'_n(k_2 a \sin\theta_{\mathrm{i}}) \right.$$
$$\left. - \beta \left[g\mathrm{J}'_n(k_1 a \sin\theta_{\mathrm{i}})\mathrm{H}_n(k_2 a \sin\theta_{\mathrm{i}}) - \mathrm{J}_n(k_1 a \sin\theta_{\mathrm{i}})\mathrm{H}'_n(k_2 a \sin\theta_{\mathrm{i}}) \right] \right\}$$
$$D_{2n} = g\mathrm{H}'_n(k_1 a \sin\theta_{\mathrm{i}})\mathrm{J}_n(k_2 a \sin\theta_{\mathrm{i}}) - \mathrm{H}_n(k_1 a \sin\theta_{\mathrm{i}})\mathrm{J}'_n(k_2 a \sin\theta_{\mathrm{i}})$$
$$- \beta \left[g\mathrm{H}'_n(k_1 a \sin\theta_{\mathrm{i}})\mathrm{H}_n(k_2 a \sin\theta_{\mathrm{i}}) - \mathrm{H}_n(k_1 a \sin\theta_{\mathrm{i}})\mathrm{H}'_n(k_2 a \sin\theta_{\mathrm{i}}) \right]$$

$$\beta = \frac{\mathrm{J}_n(k_2 b \sin\theta_{\mathrm{i}})}{\mathrm{H}_n(k_2 b \sin\theta_{\mathrm{i}})}, \quad g = \frac{k_1 \rho_2}{k_2 \rho_1}$$

有限长圆柱壳体正横方向上的散射函数可以根据 Helmholtz-Kirchhoff 积分方程近似求得 (Ye, 1997a)，表示为

$$f(\theta_{\mathrm{i}}, \theta_{\mathrm{s}}, \varphi) = \frac{-\mathrm{j}L}{\pi} A \sum_{n=0}^{\infty} B_n F_n (-\mathrm{j})^n \cos(n\varphi) \tag{2.51}$$

式中，

$$A = \frac{\sin\left[k_1 L(\cos\theta_{\mathrm{s}} - \cos\theta_{\mathrm{i}})/2 \right]}{k_1 L(\cos\theta_{\mathrm{s}} - \cos\theta_{\mathrm{i}})/2} \tag{2.52}$$

$$F_n = \frac{\pi}{2\mathrm{j}}(ka) \left[\mathrm{H}'_n(k_1 a \sin\theta_{\mathrm{i}})\mathrm{J}_n(k_1 a \sin\theta_{\mathrm{s}}) \sin\theta_{\mathrm{i}} - \mathrm{H}_n(k_1 a \sin\theta_{\mathrm{i}})\mathrm{J}'_n(k_1 a \sin\theta_{\mathrm{s}}) \sin\theta_{\mathrm{s}} \right] \tag{2.53}$$

由式 (2.50)～式 (2.53) 可以得到物体的三维目标强度计算公式为

$$\mathrm{TS} = 20\lg|f(\theta_{\mathrm{i}}, \theta_{\mathrm{s}}, \varphi)| \tag{2.54}$$

仿真中物体的长度为 70cm，外半径为 10.95cm，厚度为 0.6cm。水体的声速为 1500m/s，密度为 1000kg/m³。物体材料为钢，其声速为 4900m/s，密度为 7800kg/m³。物体内腔为真空。计算在 30kHz 声波频率照射下，物体的前向散射目标强度分布如图 2.12(a) 所示，横坐标表示物体的旋转角度。在前向方向上，物

体旋转 45°，目标强度下降 3dB。也就是说，物体在正横方向附近旋转时，目标强度变化保持在 3dB 以内。当旋转角度大于 45° 时，物体的旋转角度对前向目标强度影响较大。在反向散射上，如图 2.12(b) 所示，当水听器位于镜反射方向上时，目标强度也只能达到 −4dB；当在非镜反射方向上，目标强度迅速下降，物体的旋转角度对单基地目标强度影响大。

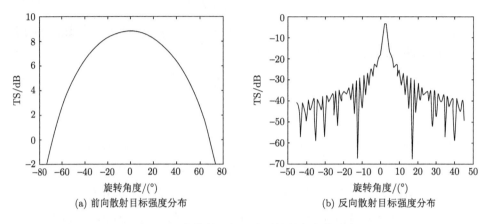

(a) 前向散射目标强度分布   (b) 反向散射目标强度分布

图 2.12 物体的目标强度随旋转角度的分布

圆柱壳体的前向散射函数如图 2.13 所示。在物体的正前方，散射函数具有最大值，目标强度最大，且占据着一定的扇区宽度，该宽度和波数与目标尺寸的乘积 $k_1 L$ 成反比。散射函数的相位随着前向散射的方位交替变化，不同位置时散射信号和直达信号的相位差是不一样的。散射声波和直达声波叠加干涉以后，在垂直于入射声波传播方向的平面上形成泊松斑，这和球体的散射非常相似。物体相对于收发连线运动，由于泊松斑的存在，接收信号的强度和相位均随物体运动发

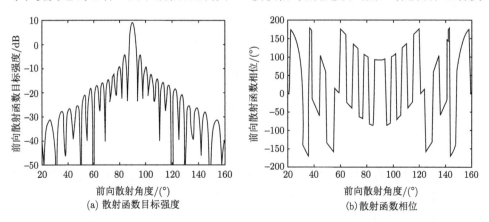

(a) 散射函数目标强度   (b) 散射函数相位

图 2.13 圆柱壳体的前向散射函数

生起伏变化。当物体位于收发连线上时，前向散射信号和直达信号在近场情况下相干抵消，形成声学阴影区。

图 2.14 实线给出了圆柱壳体垂直穿过收发连线时对接收信号幅度的影响。入射平面波的幅度为 1V。物体穿过收发连线时距离水听器 50m，物体的运动速度为 0.15m/s，运动时间为 40s，20s 时穿过收发连线。当物体位于收发连线附近，接收信号的起伏强烈，在远场条件下，散射波和直达波叠加，信号增强。物体偏离收发连线时，由于前向散射旁瓣的作用，接收信号仍存在起伏，但起伏幅度已经很小。物体换成 1m×1m 的刚性平板作为对比，如图 2.14 虚线所示，由于前向散射函数不同，接收信号起伏幅度存在显著差异，但同样在收发连线附近信号起伏最大。由于式 (2.51) 仅在远场情况下成立，对近场散射的计算需要采用有限元等基于波动方程的数值方法。

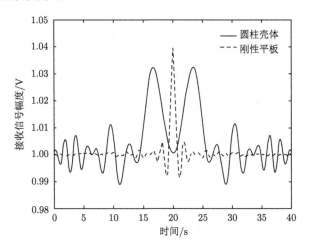

图 2.14　运动物体对接收信号起伏幅度的影响

2.4　复杂目标远场声散射模型

水中典型物体的双基地目标强度计算可以为目标隐身设计和目标探测提供重要的参考依据，但是由于水中目标的复杂性，双基地目标强度至今仍很难预报准确。采用有限元等方法虽可取得较好的结果，但对全空间计算量非常大。本节将包围着目标体的流体和目标体视为一个虚拟目标，对虚拟球面上的散射声压作球谐波分解，然后代入表面积分方程，给出空间中任意一点散射声场的虚拟球谐波表述形式以及弹性目标体的双基地目标强度计算方法。该方法的优点是只要通过有限元方法得到虚拟球面上的散射声场，就可以计算空间中任一点的声场响应。

2.4.1 虚拟球面声散射原理

自由空间中目标声散射可以看作声波激励下的二次辐射问题，只要能够获得物体表面上的散射声压和法向振速，空间中的散射场便可迎刃而解。采用有限元方法的基本思路是，将包围结构的无限流体空间用一个人工边界 Γ 截断，形成有界计算域 Ω 和外部半无限域 D，如图 2.15 所示。将结构和有界流体域都用有限元离散，考虑结构与流体的耦合，解出结构和流体单元中的位移和压力。无限空间中的外声场可以描述成下面的数学问题。

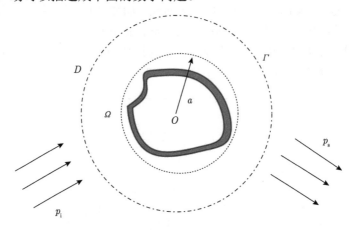

图 2.15 物体散射声场的虚拟球谐波方法示意图

流体中满足：

$$\boldsymbol{\nabla}^2\varphi + k^2\varphi = 0 \tag{2.55}$$

目标表面上满足：

$$\frac{\partial\varphi}{\partial\boldsymbol{n}} + \beta = g \tag{2.56}$$

式 (2.56) 表示物体表面的边界条件；φ 是计算空间中的速度势；$\boldsymbol{n}$ 是物体表面的单位外法线向量。索末菲 (Sommerfeld) 辐射条件为

$$\lim_{r\to\infty} r\left(\frac{\partial\varphi}{\partial r} - \mathrm{j}k\varphi\right) = 0 \tag{2.57}$$

引入人工边界 Γ 后，原始的无界空间分成两个区域：一个有界的可以用有限元方法离散的区域 Ω 和一个半无界的外部区域 D。在 Γ 面上，采用吸收边界条件，无限远处的辐射条件用边界条件表述为

$$\frac{\partial\varphi}{\partial\boldsymbol{n}} = B\varphi \tag{2.58}$$

式中, 线性算子 B 称为狄利克雷 (Dirichlet) 对诺伊曼 (Neumann)(DtN) 变换算子, 它将 Γ 上的 φ(Dirichlet 数据) 与外法向导数 $\partial\varphi/\partial\boldsymbol{n}$(Neumann 数据) 联系起来。算子 B 的物理意义是, 在边界 Γ 上联系声压 p(Dirichlet 数据) 与法向速度 $\boldsymbol{v}_{\mathrm{n}}$(Neumann 数据) 的辐射导纳 $\mathrm{j}\omega\rho_0 B^{-1} = p/|\boldsymbol{v}_{\mathrm{n}}|$。

有界区域 Ω 中结构部分用结构有限元离散, 流体部分用流体有限元离散。Ω 越小, 有限元的数目越少, 计算量就越小。对目标体和流体中采用有限元方法离散后, 可以求解得到半径为 a 的虚拟球面上的散射声压分布。

2.4.2 球谐波展开模型

对于任何一个只要在单位球上平方可积的函数 $f(\theta,\varphi)$, $0 \leqslant \theta \leqslant \pi$, $0 \leqslant \varphi \leqslant 2\pi$, 可以用球谐函数展开为

$$f(\theta,\varphi) = \sqrt{4\pi}\sum_{n=0}^{\infty}\sum_{m=-n}^{n} f_{mn}\mathrm{Y}_n^m(\theta,\varphi) \tag{2.59}$$

式中, Y_n^m 表示球谐函数。由于球谐函数的完备性, 可得到系数 f_{mn} 为

$$f_{mn} = \frac{1}{\sqrt{4\pi}}\int_0^{2\pi}\int_0^{\pi} f(\theta,\varphi)\mathrm{Y}_n^m(\theta,\varphi)^* \sin\theta\mathrm{d}\theta\mathrm{d}\varphi \tag{2.60}$$

在以往的虚源方法研究中, 均是用一系列分布的点声源来代替物体, 这样做的优点是可以方便地与波导中的声传播模型结合起来。但是, 对于结构比较复杂的物体的目标强度计算, 其内部的虚源分布形式与等效散射场的计算结果准确性密切相关。在自由空间中, 可以通过引入虚拟球谐波的方法对虚源方法进行简化, 从而避免虚源分布引起的计算误差, 其思想如下所述。

对于水中任意形状和结构的物体, 将包围着物体的一部分水体看作物体的一部分, 那么这个新的虚拟物体为实际物体与周围水体的组合, 但是其散射声场的分布是保持不变的。为了简化计算, 将这个新的虚拟物体看作包含着实际物体的一个球体, 如图 2.15 所示, 在半径为 a 的球面中, 包含了目标体和部分流体。球体内部和表面上的散射声场可以通过边界元和有限元的方法得到, 球面以外的散射声场可以通过 Helmholtz-Kirchhoff 积分公式得到, 即

$$p_{\mathrm{s}}(\boldsymbol{x}) = \int_{\partial D}\left[p(\boldsymbol{x}')\frac{\partial G(\boldsymbol{x}',\boldsymbol{x})}{\partial\boldsymbol{n}'} - \frac{\partial p(\boldsymbol{x}')}{\partial\boldsymbol{n}'}G(\boldsymbol{x}',\boldsymbol{x}) \right]\mathrm{d}S(\boldsymbol{x}') \tag{2.61}$$

式中, $\boldsymbol{x}'$ 表示半径为 a 的虚拟球面上任意一点; $\boldsymbol{x}$ 表示球面外任意一点。在自由空间中, 格林函数可以由球谐函数表示为

$$G(\boldsymbol{x}',\boldsymbol{x}) = \frac{1}{4\pi}\frac{\mathrm{e}^{\mathrm{j}k}}{|\boldsymbol{x}-\boldsymbol{x}'|} = \mathrm{j}k\sum_{n=0}^{\infty}\sum_{m=-n}^{n} \mathrm{h}_n^{(1)}(k\,|\boldsymbol{x}|)\mathrm{j}_n(k\,|\boldsymbol{x}'|)\mathrm{Y}_n^m(\hat{\boldsymbol{x}})\overline{\mathrm{Y}_n^m(\hat{\boldsymbol{x}}')} \tag{2.62}$$

式中，$\hat{\boldsymbol{x}}'$ 和 $\hat{\boldsymbol{x}}$ 分别表示球面上和球面外任意一点的方向向量；$\mathrm{h}_n^{(1)}$ 表示 n 阶第一类球汉克尔函数；j_n 表示 n 阶球贝塞尔函数。

根据球谐波级数展开方法，虚拟球面上的散射声压可以表示为

$$p_\mathrm{s}(a, \hat{\boldsymbol{x}}') = \sum_{n=0}^{\infty} \sum_{m=-n}^{n} a_{mn} \mathrm{h}_n^{(1)}(ka) \mathrm{Y}_n^m(\hat{\boldsymbol{x}}') \tag{2.63}$$

将式 (2.62) 和式 (2.63) 代入式 (2.61)，应用球谐函数的正交性以及关系式：

$$\mathrm{h}_n^{(1)'}(z)\mathrm{j}_n(z) - \mathrm{h}_n^{(1)}(z)\mathrm{j}_n'(z) = \mathrm{j}/z^2 \tag{2.64}$$

得到虚拟球面外任意一点的散射声压为

$$
\begin{aligned}
p_\mathrm{s}(\boldsymbol{x}) &= \int_{\partial D} \left[p(\boldsymbol{x}') \frac{\partial G(\boldsymbol{x}', \boldsymbol{x})}{\partial \boldsymbol{n}'} - \frac{\partial p(\boldsymbol{x}')}{\partial \boldsymbol{n}'} G(\boldsymbol{x}', \boldsymbol{x}) \right] \mathrm{d}S(\boldsymbol{x}') \\
&= \mathrm{j}(ka)^2 \sum_{n=0}^{\infty} \sum_{m=-n}^{n} a_{mn} \left[\mathrm{h}_n^{(1)}(ka)\mathrm{j}_n'(ka) - \mathrm{h}_n^{(1)'}(ka)\mathrm{j}_n(ka) \right] \mathrm{h}_n^{(1)}(k\,|\boldsymbol{x}|) \mathrm{Y}_n^m(\hat{\boldsymbol{x}}) \\
&= \sum_{n=0}^{\infty} \sum_{m=-n}^{n} a_{mn} \mathrm{h}_n^{(1)}(k\,|\boldsymbol{x}|) \mathrm{Y}_n^m(\hat{\boldsymbol{x}})
\end{aligned}
\tag{2.65}
$$

由式 (2.65) 可以看出，对于虚拟球面外空间中任意一点，散射声压均可以表示成球谐函数叠加的形式，且球谐系数 a_{mn} 与虚拟球面上的球谐系数一致。也就是说，只要获得虚拟球面上的球谐系数，就可以得到任意点的散射声压。

当 $k\,|\boldsymbol{x}| \to \infty$ 时，球汉克尔函数可以采用近似解表示，$\mathrm{h}_n^{(1)}(k\,|\boldsymbol{x}|) \approx (-\mathrm{j})^{n+1} \cdot \mathrm{e}^{\mathrm{j}k|\boldsymbol{x}|}/(k\,|\boldsymbol{x}|)$，那么按照远场目标强度的定义，双基地探测目标强度分布为

$$\mathrm{TS}(\hat{\boldsymbol{x}}) = 20\lg\left[\left|\frac{p_\mathrm{s}(\boldsymbol{x})}{\mathrm{e}^{\mathrm{j}k|\boldsymbol{x}|}/|\boldsymbol{x}|}\right|\right] = 20\lg\left[\left|\sum_{n=0}^{\infty} \sum_{m=-n}^{n} (-\mathrm{j})^{n+1} \frac{a_{mn}}{k} \mathrm{Y}_n^m(\hat{\boldsymbol{x}})\right|\right] \tag{2.66}$$

在计算中，需要对无穷项叠加求和的计算过程进行截断，球谐波阶次越高，计算得到的结果越准确，但也增加了计算量。因此，在计算散射场时，球谐波阶次根据计算精度要求确定。

2.4.3　球心位置对计算结果的影响

以水中典型弹性球壳声散射为例，分析虚拟球面的球心位于不同位置时计算散射目标强度的准确性，如图 2.16 所示。假设球壳的外半径为 1m，球壳厚度为 1cm，腔体为真空，壳体为钢，密度为 7700kg/m³，杨氏模量 E 为 1.95×10^{11}Pa，泊松比为 0.28，入射平面声波频率为 1500Hz。

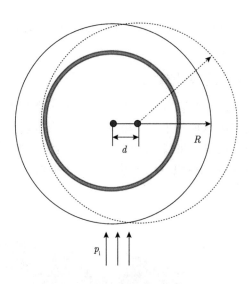

图 2.16   球壳散射与虚拟球面波中心

虚拟球面的半径为 2m，将虚拟球面中心放在不同位置，如图 2.16 所示，d 为虚拟球中心与球壳中心的距离。当球谐波的阶数为 10 阶时，根据虚拟球谐波方法得到的散射目标强度分布如图 2.17(a) 所示。可以看出，当虚拟球中心和球壳的中心偏离不大时，对球壳的目标强度计算结果与理论解吻合较好，在虚拟球中心偏离球壳中心 75cm 情况下，计算误差接近 2dB。图 2.17(b) 中的球谐波阶数为 25 阶。在中心偏离 50cm 时，结果与理论解完全重合。即使偏离距离达到 75cm，计算得到的目标强度仍能与理论解较好地吻合，图中大部分方位角上的计算结果几乎无法区分。也就是说，如果取较大的球谐波阶数，即使虚拟球中心偏离目标

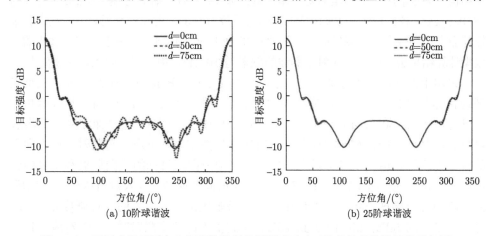

(a) 10阶球谐波   (b) 25阶球谐波

图 2.17   不同虚拟球面中心得到的散射目标强度分布 (线条的部分计算结果相同)

的外包球中心，仍可以比较准确地预报物体的双基地目标强度，这对于不规则物体的目标强度计算非常重要。

2.4.4　Benchmark 模型计算结果

如图 2.18 所示，模型采用 1/20 的缩比 BeTSSi 潜艇模型 (Nell, 2003)，模型艇艏部分采用旋转半椭球替代了通用模型的半球形结构，增加了水平舵，并调整了各个模块的大小和位置。在精细结构模型中，为了更加接近实际围壳的曲率，围壳后半部分分为 3 个精细模块，尾部锥分为 2 个模块。

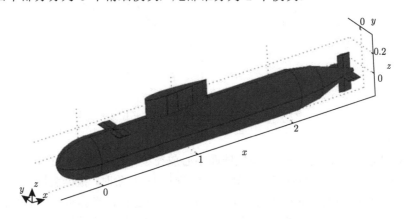

图 2.18　BeTSSi 潜艇 1/20 缩比模型 (单位：m)

全尺寸的 BeTSSi 潜艇采用半径为 3.5m 的柱壳，在上方 ±45° 的方向上向上延伸 0.5m，形成甲板和到围壳的过渡区。主壳体的宽度为 7m，高度为 7.5m，呈对称结构。假设潜艇头部和尾部为实体，艇身部分为钢质壳体，厚度为 6mm，密度为 7850kg/m³，杨氏模量为 $2×10^{11}$Pa，泊松系数为 0.33。考虑到有限元方法在计算虚拟球面上声场分布的计算量问题，仿真中采用 1/20 的基准 (Benchmark) 潜艇缩比模型计算结果进行展示，入射平面波的频率为 10kHz，由不同方向入射到模型上。

采用上面提出的虚拟球谐波方法，计算 1/20 的 Benchmark 缩比模型三维双基地目标强度分布的结果，如图 2.19 所示，图 2.19(a)～(f) 分别表示入射角为 0°(艇艏方向)、30°、45°、90°、135° 和 180°(艇尾方向)。当平面波照射到潜艇目标后，其散射场分布非常复杂。沿着声波传播方向上出现前向散射，该方向上的目标强度可以达到 10dB 以上，要高于其他方向。目标的反向散射和艇身的镜反射也非常明显，但反射波束的宽度明显比前向散射窄。当入射角达到 45° 以后，由于艇艏部分椭球形状的反射作用，靠近潜艇头部方向位置的目标强度相比 30° 时增强了大约 5dB，90° 时达到 7dB。声波由不同角度照射时，90° 对应的目标横截面投影面积最大，前向散射目标强度达到最大值，约为 13dB。以 45° 入射为例，艇身的镜反射方向目标强度约为 1dB，艇艉的镜反射目标强度约为 −12dB，即在 90° 收发分置角时，目标旋转一周，艇身的 90° 收发分置目标强度要高出艇艉 13dB。同样，由 135° 入射的计算结果可以得到，艇身的 90° 收发分置目标强度高于艇尾目标强度 12dB。

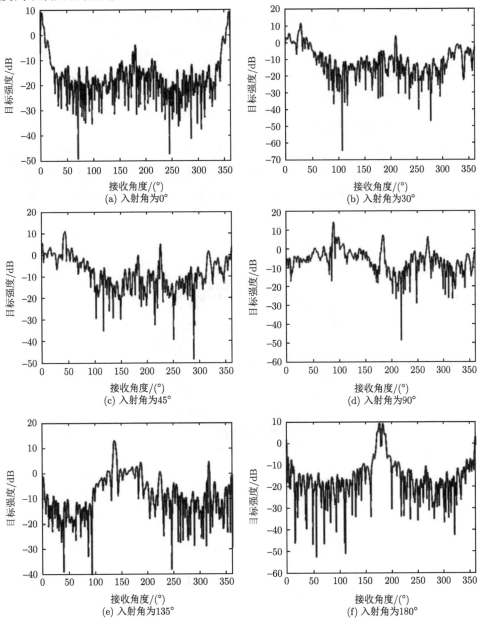

图 2.19 Benchmark 潜艇缩比模型散射场与目标强度 (10kHz)

类似地，由图 2.19(b) 可以得到在 60° 收发分置角时，目标旋转一周，艇身的 60° 收发分置最大目标强度约为 -1dB，艇艏的 60° 收发分置最大目标强度约为 -11dB，两者相差 10dB。

2.5 材料性能对球体散射声场的影响

水中目标吸声材料的使用，使得水中目标反向目标强度越来越低，导致主动声呐作用距离急剧下降，本节将通过球壳目标声散射的理论解，仿真分析吸声材料对球壳体前向散射的影响。

2.5.1 黏弹性层的散射模型

以覆盖黏弹性层的单层弹性球壳为例，考虑图 2.20 所示的黏弹性层对目标散射的影响。球壳的内半径和外半径分别用 a 和 b 表示，黏弹性层的厚度 $h = c - b$。球壳内部填充空气。将外部流体介质、黏弹性层、壳体及内部填充区域依次标记为区域 1、2、3、4。

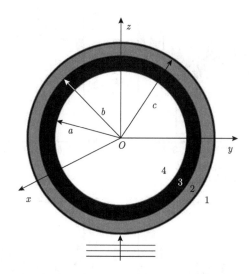

图 2.20 覆盖黏弹性层的单层球壳示意图

平面波入射声压和散射声压用球谐波可表示为

$$p_{\text{i}}(r, \theta, \omega) = \sum_{n=0}^{+\infty} \text{j}^n (2n+1) \text{j}_n(kr) \text{P}_n(\cos\theta) \tag{2.67}$$

$$p_{\text{s}}(r, \theta, \omega) = \sum_{n=0}^{+\infty} \text{j}^n (2n+1) b_n \text{h}_n^{(1)}(kr) \text{P}_n(\cos\theta) \tag{2.68}$$

式中，b_n 为待定系数，需要通过边界条件确定。

在远场条件下，利用 $\mathrm{h}_n^{(1)}(x)$ 的渐近公式，可将散射声压表示为

$$p_{\mathrm{sc}}(r,\theta,\omega) = \frac{\mathrm{e}^{\mathrm{j}kr}}{r}f_\infty(\theta,x) \tag{2.69}$$

式中，$x = kb$，为量纲一频率；$f_\infty(\theta,x)$ 为远场散射形态函数，即

$$f_\infty(\theta,x) = \frac{1}{\mathrm{j}k}\sum_{n=0}^{+\infty}(2n+1)b_n\mathrm{P}_n(\cos\theta) \tag{2.70}$$

通常可将散射体视为一个线性时不变系统，利用线性系统关系，在距离球中心 (r,θ) 处，系统响应可写成

$$H(\omega) = \frac{\mathrm{e}^{-\mathrm{j}kr}}{r}f_\infty(\theta,x_0) \tag{2.71}$$

可见，系统频率响应函数与目标的远场散射形态函数有关，求得目标的远场散射形态函数，就可以得到系统频率响应函数。散射信号的频谱可以表示为入射信号频谱与频率响应函数 $H(\omega)$ 的乘积，再进一步利用傅里叶逆变换即可计算散射信号的时域波形。

2.5.2 黏弹性层中的波动方程

依据开尔文 – 沃伊特 (Kelvin-Voigt) 黏弹性模型，黏弹性层中的位移场可以表示为 (Gaunaurd et al., 1982)

$$\left(1+\frac{\mu_{\mathrm{v}}}{\mu_{\mathrm{e}}}\frac{\partial}{\partial t}\right)\Delta u + \left(\frac{\lambda_{\mathrm{e}}+\mu_{\mathrm{e}}}{\mu_{\mathrm{e}}}\right)\left(1+\frac{\lambda_{\mathrm{v}}+\mu_{\mathrm{v}}}{\lambda_{\mathrm{e}}+\mu_{\mathrm{e}}}\right)\frac{\partial}{\partial t}\boldsymbol{\nabla}(\boldsymbol{\nabla}\cdot u) = \frac{1}{c_{\mathrm{s}}^2}\frac{\partial^2 u}{\partial t^2} \tag{2.72}$$

式中，λ_{e}、μ_{e} 为黏弹性层的第一和第二弹性拉梅常数；λ_{v}、μ_{v} 为黏弹性层的第一和第二黏性拉梅常数。从而有复拉梅常数表达式为

$$\lambda(\mathrm{j}\omega) = \lambda_{\mathrm{e}} - \mathrm{j}\omega\lambda_{\mathrm{v}}, \quad \mu(\mathrm{j}\omega) = \mu_{\mathrm{e}} - \mathrm{j}\omega\mu_{\mathrm{v}} \tag{2.73}$$

黏弹性层中的剪切波速和压缩波速为

$$c_{\mathrm{s}} = \sqrt{\frac{\mu_{\mathrm{e}}}{\rho}}, \qquad c_{\mathrm{d}} = \sqrt{\frac{\lambda_{\mathrm{e}}+2\mu_{\mathrm{e}}}{\rho}} \tag{2.74}$$

黏弹性层中的复剪切波数和复压缩波数为

$$k_{\mathrm{s}}^2 = \frac{\rho\omega^2}{\mu_{\mathrm{e}} - \mathrm{j}\omega\mu_{\mathrm{v}}}, \qquad k_{\mathrm{d}}^2 = \frac{\omega^2}{c_{\mathrm{d}}^2(1-\mathrm{j}\omega M)}, \qquad M = \frac{\lambda_{\mathrm{v}}+2\mu_{\mathrm{v}}}{\lambda_{\mathrm{e}}+2\mu_{\mathrm{e}}} \tag{2.75}$$

在 $r = a$、$r = b$ 和 $r = c$ 三个边界上利用声压连续和法向振速连续条件进而得到系统频率响应函数。

2.5.3　数值算例

假设球壳的内半径 $a=0.995\mathrm{m}$，外半径 $b=1.0\mathrm{m}$，黏弹性层外半径 $c=1.05\mathrm{m}$。数值计算中采用的各区域参数见表 2.1。采用单频脉冲作为入射信号，中心频率 $f_0=5\mathrm{kHz}$，脉宽为 1ms，幅度为 1V。前向散射和反向散射接收场点到目标中心的水平距离均为 1km。由图 2.21(a) 可知，覆盖黏弹性层之后的前向散射信号波形与覆盖黏弹性层之前的波形相比并无太大差异。如图 2.21(b) 所示，反向散射信号波形计算结果在覆盖黏弹性层前后发生了较显著的变化。覆盖黏弹性层之前的反射波由镜反射波和弹性环绕波组成，但是当覆盖黏弹性层之后，反射波形中除了镜反射波之外还出现了黏弹性层的反射波，而且球壳的环绕波发生了不同程度的消散。该结果说明，在这个入射频率下，黏弹性层对总的反向散射声场有贡献。

表 2.1　各区域参数

区域代号	名称	参数
1	外部流体	$\rho_1 = 1.0 \times 10^3 \mathrm{kg/m^3}$、$c_1 = 1.5 \times 10^3 \mathrm{m/s}$
2	黏弹性层	$\rho_2 = 1.143 \times 10^3 \mathrm{kg/m^3}$、$\lambda_{e2} = 1.78 \times 10^9 \mathrm{Pa}$、$\mu_{e2} = 1.97 \times 10^8 \mathrm{Pa}$ $\lambda_{v2} = 3.10 \times 10^3 \mathrm{Pa}$、$\mu_{v2} = 9.03 \times 10^1 \mathrm{Pa}$
3	球壳体	$\rho_3 = 7.8 \times 10^3 \mathrm{kg/m^3}$、$\lambda_{e3} = 1.13 \times 10^{11} \mathrm{Pa}$、$\mu_{e3} = 7.54 \times 10^{10} \mathrm{Pa}$
4	内部填充物	$\rho_4 = 1.21 \mathrm{kg/m^3}$、$c_4 = 344 \mathrm{m/s}$

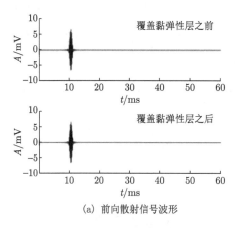

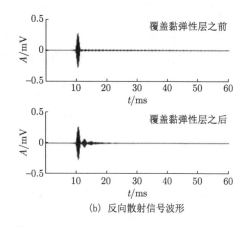

(a) 前向散射信号波形　　　　　　　　　　(b) 反向散射信号波形

图 2.21　覆盖黏弹性层前后的散射信号波形仿真结果
(单频脉冲信号，$f_0 = 5\mathrm{kHz}$；A 为声压幅度)

采用中心频率 $f_0 = 20\mathrm{kHz}$ 的单频脉冲信号作为发射信号，脉冲宽度为 1ms，幅度为 1V。前向散射和反向散射波形计算结果分别如图 2.22(a) 和 (b) 所示。图 2.22(a) 的结果表明，在高频入射条件下覆盖黏弹性层之后的前向散射信号波形与覆盖黏弹性层之前的波形并无太大差异。在图 2.22(b) 中，覆盖黏弹性层之前的反向散射波形也同样是由镜反射波和弹性环绕波组成的。但是，在覆盖黏弹性层之后，反向散射波形中只剩下了镜反射波，弹性环绕波消失；而且，镜反射波的幅度比覆盖黏弹性层之前的幅度减小很多。

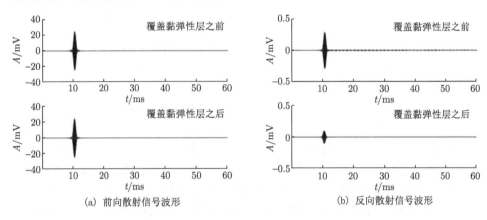

图 2.22 覆盖黏弹性层前后的散射信号波形仿真结果 (单频脉冲信号，$f_0 = 20\text{kHz}$)

图 2.21 和图 2.22 的计算结果说明，对反向散射而言，入射频率较低时黏弹性层对反向散射波有贡献，入射频率较高时黏弹性层具有吸声作用，使得反向散射波的能量降低 (范军等，2001)；但是对于前向散射，不论是低频还是高频入射情形，前向散射信号波形几乎不受黏弹性层的影响。

2.5.4 机理解释

图 2.23(a) 给出了覆盖黏弹性层前后前向散射目标强度与量纲一频率 x 的变化曲线，其中点线表示覆盖黏弹性层之前，实线表示覆盖黏弹性层之后。由图可知，尽管在低频段两条曲线存在一定的差异，但是两条曲线的整体形状和变化趋势几乎保持一致，也就是说黏弹性层并不影响物体的前向散射目标强度。此外，当 $x > 50$ 之后，覆盖黏弹性层之后的前向散射目标强度略大于覆盖黏弹性层之前的前向散射目标强度。由于黏弹性层具有一定的厚度，覆盖黏弹性层之后的球壳在入射波方向的横向投影截面积比覆盖黏弹性层之前的截面积略大。当入射频率较高时，由投影截面增大引起的目标强度增强开始突显。与图 2.21 和图 2.22 对应的计算频段在图 2.23 中用条形虚线框标出。可以看出，在虚线框所标出的两处频段内，黏弹性层对前向散射目标强度的影响几乎是可以忽略的。

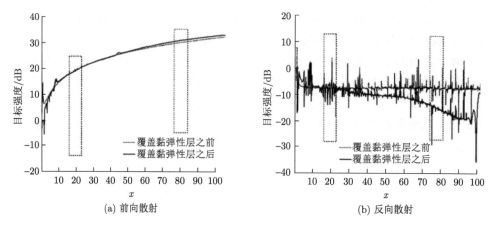

(a) 前向散射　　　　　　　　　　(b) 反向散射

图 2.23　　覆盖黏弹性层前后前反向散射的目标强度曲线

图 2.23(b) 给出了反向散射目标强度与量纲一频率 x 的变化关系。当 $x \leqslant$ 30 时，覆盖黏弹性层之后的目标强度出现了比较剧烈的振荡现象。该振荡应该是源自黏弹性层的散射，即此时的黏弹性层对总的反向散射声场有贡献。当 $x > 30$ 之后，不仅反向散射目标强度的量级开始递减，而且部分谐振峰也逐渐消失。这些现象说明，此时的黏弹性层的作用相当于一个吸声层。当 $x > 100$ 时出现的振荡是由级数表达式的项数不够导致的，并不影响这里的结果分析。

由以上计算结果及分析可以得出结论：尽管在高频条件下黏弹性层能够吸收声能量使得反向散射目标强度降低，物体的前向散射目标强度几乎不受黏弹性层的影响，尤其在高频入射条件下，前向散射目标强度不会因为黏弹性层的存在而减小。

2.6　前向散射目标强度测量方法

对简单几何形体的前向散射理论计算结果已经表明，前向散射目标强度要远远高于反向散射目标强度，但在目标强度的实验测量中，单基地测量方法及结果已有较多研究 (Hollett et al., 2006; Sarangapani et al., 2005; Zverev et al., 2003; 安俊英等, 2000; Stepnowski, 2000; Ona, 1999; Love, 1977; Nakken et al., 1977)，而前向散射信号受直达波的干扰，实验测量难度较大，研究相对较少 (马黎黎等, 2009; Bucaro et al., 2008; Ding, 1998, 1997)。本节介绍一种消声水池实验的测量方法来获得物体的前向目标强度分布规律 (Soubsol et al., 2017; Lei et al., 2010)。

2.6.1 前向目标强度测量原理

由于对水中大目标体很难直接进行测量，实验中采用了缩比模型。具有 6 面消声功能的水池实验系统配置如图 2.24(a) 所示，波束宽度为 20°(−3dB) 的声源刚性固定于水池中，深度为水下 2m，波束中心对准物体的中心，声源的工作频率为 30kHz，测量得到水中的声速为 1483m/s。实验中，声源、接收水听器均放到水下 2m 深，由于水池壁的消声和发射波束的抑制作用，界面的反射回波非常弱。

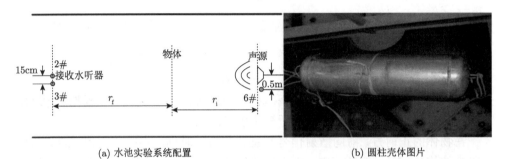

(a) 水池实验系统配置   (b) 圆柱壳体图片

图 2.24 水池实验示意图

带通滤波器的带宽为 2kHz，中心频率为 30kHz。物体采用不锈钢加工而成的圆柱壳体，中间为空气，如图 2.24(b) 所示。其厚度为 0.6cm，长度为 70cm，柱体的外半径为 10.95cm。物体的两端为略带有弧度的球盖。实验中用柔绳将物体吊放在刚性转台上，从而减少固定支架对测量的影响。转台上的角度最小刻度为 1°。注意到转台转动的过程中，由于齿轮之间的间隙，物体的深度下降了约 3cm，但远小于物体的尺寸，可认为对测量结果影响不大。

在前向散射实验中，前向散射的第一菲涅耳区半径 (Ding, 1998) 为

$$a = \sqrt{\lambda r_i r_f / r_d} \tag{2.76}$$

式中，λ 为波长；r_i 和 r_f 分别为物体距离声源和前向接收水听器的距离；$r_d = r_i + r_f$，为声源到接收水听器的距离。如果物体没有完全处于第一菲涅耳区内，处于第一和第二菲涅耳区的散射波会发生干涉相消现象。在实验中，$r_i = 5.3m$，$r_f = 8.8m$，$r_d = 14.1m$，那么在频率 30kHz 的情况下，$a = 0.41m$，菲涅耳区比实际的物体长度 70cm 要大。也就是说，在声波 30kHz 的情况下，物体完全处于第一菲涅耳区内。照射到物体表面的声波可以近似看作以一定角度入射的平面波。

由于物体的中心处于声源声轴上，到达物体位置的入射声压 p_i 和到达水听器的直达声压 p_d 分别表示为

$$p_i = P_0/r_i \cdot e^{-jkr_i}, \quad p_d = P_0/r_d \cdot e^{-jkr_d} \tag{2.77}$$

远场情况下的前向散射信号声压 p_f 为

$$p_f = p_i/r_f \cdot e^{-jkr_f} \cdot F = P_0/(r_i r_f) \cdot F \cdot e^{-jk(r_i+r_f)} = P_0/(r_i r_f) \cdot F \cdot e^{-jkr_d} \qquad (2.78)$$

式中，P_0 为在声轴上距离声源 1m 处的声强；F 为物体的前向散射函数。由式 (2.77) 和式 (2.78) 可以得到

$$p_f = p_d \frac{r_d}{r_i r_f} \cdot F \qquad (2.79)$$

可以看出，前向散射信号和直达信号之间存在相位差。前向散射函数的幅度表示为

$$|F| = \frac{p_f}{p_d} \cdot \frac{r_i r_f}{r_d} \qquad (2.80)$$

式中，p_f 和 p_d 分别为前向散射信号和直达信号的幅度。由此可见，根据式 (2.80) 测量出的前向散射函数不受接收水听器灵敏度影响。

在物体的正前方，前向散射信号和直达信号同时到达接收水听器，因此需要剔除直达信号。在水池环境中，由于环境保持不变，没有物体和有物体两种情况下可以认为直达信号的相位和幅度响应是一样的。因此，利用脉冲压缩技术 (朱埜, 2014) 将有无物体时的发射信号源输出脉冲时间调整一致，那么接收信号的到达时间则随之调整一致，从而求得有无物体时接收信号之差，即为前向散射信号。上面的推导是接收水听器位于声源的声轴上时，如果水听器偏离声轴线，那么式 (2.79) 不再成立，即不能由式 (2.79) 得到前向散射的相位信息，只能根据式 (2.80) 得到前向散射的幅度。

根据目标强度的定义 (汪德昭等, 2013)，物体的前向目标强度为

$$\mathrm{TS} = 20\lg(p_f/p_i)\Big|_{r_{\mathrm{ref}}=1\mathrm{m}} = 20\lg|F|\Big|_{r_{\mathrm{ref}}=1\mathrm{m}} \qquad (2.81)$$

如果物体没有位于声轴方向上，那么式 (2.80) 需要进行修正，即对式 (2.80) 除以声源的方向性函数 $D(\theta)$，其中 θ 为物体偏离声源声轴的角度。

对于单基地测量，如果物体的长度为 L，入射声波与圆柱轴线的夹角为 θ，水中声速为 c，那么产生贡献的脉冲长度 (Urick, 1983) 为

$$\tau_0 = 2L\cos\theta/c \qquad (2.82)$$

当发射脉冲长度 $\tau \geqslant \tau_0$ 时，脉冲声波在夹角为 θ 条件下可以将圆柱体完全覆盖，即圆柱轴线与入射声波的夹角大于角度：

$$\theta_0 = \arccos(c\tau/2L) \qquad (2.83)$$

此时测量得到的目标强度被认为是正确的。

2.6.2 测量结果

1. 反向散射目标强度分布

物体处在深度 1.5m 时,发射单频 (CW) 信号长度分别为 5 个和 20 个正弦周期,中心频率为 30kHz。旋转壳体 180°,对 6# 水听器测量得到的数据进行处理。根据式 (2.83),测量结果的近似有效旋转角度区间分别为 $-10°\sim 10°$ 和 $-45°\sim 45°$。在有效旋转角度区间以外,可以区分出壳体两端的回波信号。采用脉冲压缩方法得到的结果如图 2.25 所示。由图 2.25(a) 可以看出,随着物体的旋转,回波包络到达接收水听器的时间会随之变化,当物体转到首尾方向上,回波到达时间早,而正横方向上到达时间晚,这是因为物体旋转到首尾方向上时物体表面距离发射换能器和接收水听器较近。在正横方向上,物体的反射面积最大,对应的信号强度最强。图 2.25(b) 为计算得到的物体反向散射目标强度。接收水听器稍偏离声源的声轴方向,因此目标强度的最大值对应的物体旋转角度为 5°,此时的目

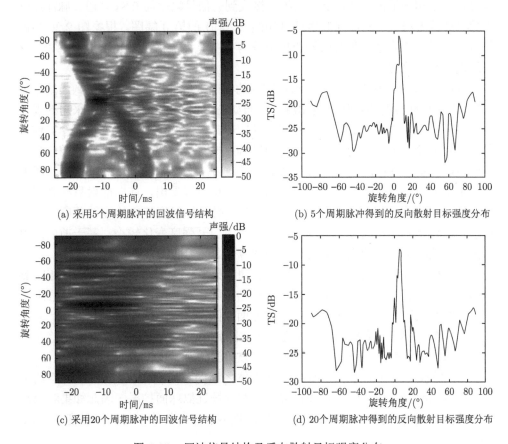

(a) 采用5个周期脉冲的回波信号结构   (b) 5个周期脉冲得到的反向散射目标强度分布

(c) 采用20个周期脉冲的回波信号结构   (d) 20个周期脉冲得到的反向散射目标强度分布

图 2.25   回波信号结构及反向散射目标强度分布

标强度最大值为 −6dB。当物体的旋转角度增大时，目标强度迅速下降。在区间 −10°～10° 以外，目标强度为第一个回波包络对应的强度，即物体表面距离接收水听器最近亮点的强度。在图 2.25(c) 中，由于采用了长脉冲发射，在 −45°～45° 旋转角度范围内，物体两端的回波叠加到一起，声波覆盖整个物体。测得物体旋转角度为 5° 对应的最大反向目标强度为 −6.2dB，如图 2.25(d) 所示，略小于图 2.25(b) 中的结果。同样，在有效区间以外，目标强度是不准确的，只能反映离接收水听器最近亮点的目标强度。

2. 前向散射目标强度分布

当物体位于水听器和声源的中心时，物体对声波的遮挡，在物体的前方近场形成声学阴影区，从而导致接收的信号强度下降。水听器接收到的前向散射信号和直达信号在时间上重合，需要对直达波进行剔除。由图 2.26(a) 可以看出，没有物体时，直达信号的幅度约为 1.5V，当物体位于收发连线上时，散射信号和直达信号发生了相干抵消，导致 2# 水听器接收到的信号幅度约 0.8V。通过脉冲压缩剔除直达波方法，得到前向散射信号如图 2.26(a) 的第 3 幅图。根据图 2.26 中的信号，求得直达信号和散射信号的相位差为 157°，两者产生了相干抵消，和观察到的现象是一致的。

利用式 (2.80) 和式 (2.81)，求得物体的前向散射目标强度。对得到的结果做 8 次平均，目标强度随物体旋转角度的分布如图 2.26(b) 和 (c) 所示所采用的发射脉冲信号长度为 20 个周期。在物体的正横方向上，此时物体的横截面最大，前向散射目标强度最大。当物体旋转角度超过 50° 时，物体横截面积减小，前向目标强度下降。图 2.26(c) 中，3# 水听器偏离声源中心轴，目标强度相比 2# 水听器的结果下降了约 0.3dB。比较图 2.25 和图 2.26 可以看出，前向散射目标强度要高出反向散射目标强度约 12dB，而且前向散射目标强度随物体旋转角度的变化较小，这样物体向不同方向运动时的前向散射信号强度变化较小，基于前向散射的探测方法对于夹角的变化具有一定的宽容性。

对目标强度测量结果和模型计算得到的结果 (图 2.12) 进行比较可以看出，测量得到的反向散射目标强度比计算的理论结果约小 2.2dB，前向散射目标强度比理论计算结果约小 2dB。主要有以下两方面原因：

(1) 建立的物体模型不能够准确描述实际物体。真实物体不能保证是绝对的圆柱壳体，而且壳体介质也很难做到均匀分布。

(2) 受水池尺寸的限制，水听器和物体之间的距离小于 L^2/λ，在近距离上散射目标强度的衰减近似于柱面扩展，而在远场近似球面扩展，因此如果利用点声源球面扩展的传播损失折算到 1m 时，要小于远场条件下的目标强度 (Urick, 1983)。

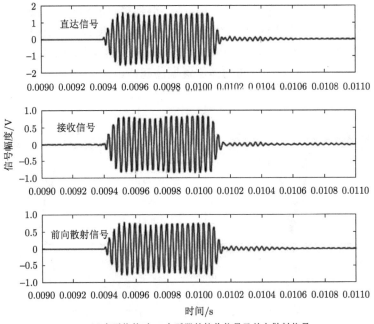

(a)有无物体时2#水听器的接收信号及前向散射信号

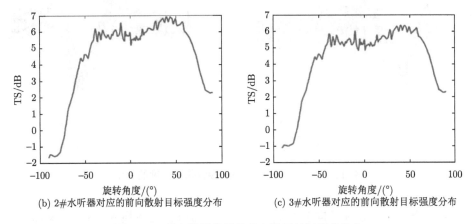

(b) 2#水听器对应的前向散射目标强度分布　　(c) 3#水听器对应的前向散射目标强度分布

图 2.26　前向散射信号及前向散射目标强度分布

3. 连续波的前向散射

由前面的仿真可以看出，物体在运动过程中，由于前向散射波和直达波的干涉，前向接收信号的目标强度会随之发生变化。实验中发射连续波信号，观察物体在水池中上下垂直运动时接收到信号的幅度变化，即运动物体在不同位置时前向散射对接收信号的影响。

没有圆柱壳体时，接收到的连续波信号幅度为 1.1V。垂直放入圆柱壳体，使之由池底向上垂直运动，速度约为 0.15m/s，得到接收的信号幅度如图 2.27(a) 和 (b) 所示。可以看出，在大约 22s 的时刻，接收信号幅度最小，此时物体、声源和接收水听器位于一个深度上，在物体的前方形成声阴影。物体由池底向上运动时，声波的干涉导致接收信号幅度随物体位置振荡起伏。

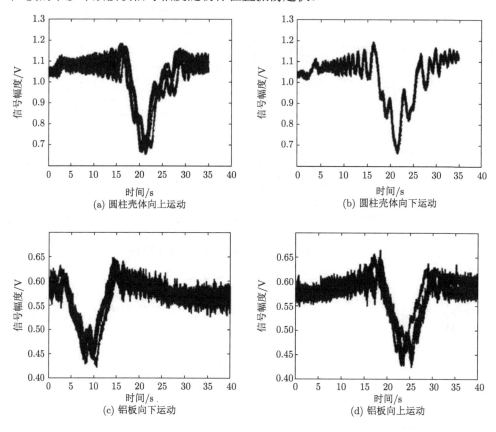

图 2.27　物体垂直运动引起接收信号幅度的变化

　　为了研究运动物体前向散射的一般规律，将圆柱壳体换为尺寸 1m×1m、厚度 0.5cm 的铝板，铝板同样在水池中做上下垂直运动。没有物体时，接收到的连续波信号幅度为 0.55V。物体垂直运动接收到的信号幅度如图 2.27(c) 和 (d) 所示，在物体穿过收发连线的时刻接收到的信号最弱。偏离收发连线时，铝板的前向散射信号和直达波信号存在同相叠加，使得接收信号幅度增强。

　　利用图 2.14 的模型计算结果和实验结果进行比较，可以看出，在物体靠近收发连线的时间段内，接收信号幅度起伏非常大，如图 2.27 所示，受物体散射的影响，在物体前方的近场区域内形成声学阴影区，而在图 2.14 所示的远场条件下信号则增强，一方面是近场干涉现象与远场不同，另一方面由理论上的散射声场相位计算误差导致。物体偏离收发连线，由于受到前向散射旁瓣的影响，在物体前向方向的垂直平面内形成泊松斑，水听器在该平面内穿过泊松斑时，接收信号幅度和相位均显著振荡起伏。

2.7 本 章 小 结

本章通过基于声场的球谐波、柱面波等级数形式分解，结合物体表面的边界方程，阐述了球体目标、球壳体和椭球体目标散射声场模型及其数值计算方法，并通过理论解分析了前向散射声场特征，为进一步分析信道中目标的前向散射声场特征奠定基础。

本章将目标体的散射过程视为一个线性系统，建立了系统频率响应函数与物体远场散射形态函数之间的关系，计算了覆盖黏弹性层的单层球壳的前向散射和反向散射波形，并与未覆盖黏弹性层时的结果进行对比。数值计算结果表明，在高频条件下，黏弹性层能够吸收声能量使得反向散射目标强度降低，但物体的前向散射目标强度几乎不受黏弹性层的影响，尤其在高频入射条件下，前向散射目标强度不会因为黏弹性层的存在而减小。

本章针对直达波强干扰，阐述了一种消声水池实验中前向散射目标强度的测量方法，获得了典型目标体的前向散射目标强度分布特征。结果表明，在近场条件下测量得到的目标强度要比模型计算得到的结果小，在实验条件下约小 2dB。结合理论计算和实验测量，揭示了以下物理现象：圆柱壳体的前向散射目标强度远远高于反向散射目标强度，对特定圆柱壳体的理论计算和实验测量均表明，前向散射目标强度高于反向散射目标强度 12dB；在物体旋转 $-45°\sim45°$ 的范围，物体旋转角度对前向散射目标强度影响不大，而对反向散射目标强度影响非常明显；当物体在收发连线附近运动时，在垂直于收发连线的平面上形成干涉条纹，接收信号幅度随物体运动起伏，在物体靠近收发连线时起伏最强烈，近场条件下形成声学阴影区，远场时有可能引起接收信号增强。

参 考 文 献

安俊英, 刘彩分, 2000. 准确测量水下目标的目标强度[J]. 声学技术, 19: 228-232.

范军, 汤渭霖, 2001. 覆盖黏弹性层的水中双层弹性球壳的回声特性[J]. 声学学报, 26(4): 302-306.

马黎黎, 王仁乾, 项海格, 2009. 收发分置目标强度的计算及前向散射信号的分离[J]. 声学学报, 34(6): 481-489.

汤渭霖, 1993. 用物理声学方法计算非硬表面的声散射[J]. 声学学报, 18(1): 45-53.

汪德昭, 尚尔昌, 2013. 水声学[M]. 2 版. 北京: 科学出版社.

张小凤, 王荣庆, 2002. 双基地声呐散射声场的建模与仿真[J]. 系统仿真学报, 14: 562-565.

朱埜, 2014. 主动声呐检测信息原理[M]. 北京: 科学出版社.

卓琳凯, 范军, 汤渭霖, 2007. 有吸收流体介质中典型弹性壳体的共振散射[J]. 声学学报, 32(5): 411-417.

BOWMAN J J, SENIOR T B A, USLENGHI P L E, et al., 1987. Electromagnetic and Acoustic Scattering by Simple Shapes[M]. New York: Hemisph. Publ. Corp. Press.

BUCARO J A, HOUSTON B H, SANIGA M, et al., 2008. Broadband acoustic scattering measurements of underwater unexploded ordnance (UXO)[J]. J. Acoust. Soc. Am., 123: 738-746.

DING L, 1997. Direct laboratory measurement of forward scattering by individual fish[J]. J. Acoust. Soc. Am., 101: 3398-3404.

DING L, 1998. Laboratory measurements of forward and bistatic scattering of fish at multiple frequencies[J]. J. Acoust. Soc. Am., 103: 3241-3244.

FAWCETT J A, 1996. A plane wave decomposition method for modeling scattering from objects and bathymetry in a waveguide[J]. J. Acoust. Soc. Am., 100: 183-192.

GAUNAURD G C, KALNINS A, 1982. Resonances in the sonar cross sections of coated spherical shells[J]. Int. J. Solids Struct., 18: 1083-1102.

GOODMAN R R, STERN R, 1962. Reflection and transmission of sound by elastic spherical shells[J]. J. Acoust. Soc. Am., 34: 338-344.

HOLLETT R D, KESSEL R T, PINTO M, 2006. At-sea measurements of diver target strengths at 100 kHz: Measurement technique and first results[C]. Proceeding of Undersea Defence Technology Conference and Exhibition, Hamburg: 1-6.

LEI B, YANG K D, MA Y L, 2010. Physical model of acoustic forward scattering by cylindrical shell and its experimental validation[J]. Chinese Phys. B, 19: 54301.

LOVE R H, 1977. Target strength of an individual fish at any aspect[J]. J. Acoust. Soc. Am., 62: 1397-1403.

NAKKEN O, OLSEN K, 1977. Target strength measurements of fish[J]. Rapp. P.-V. Réun. Cons. Int. Explor. Mer., 170: 52-69.

NELL C W, 2003. An improved basis model for the betssi submarine[R]. Defence R&D Canada Technical Report, DRDC Atlantic TR.

NUSSENZVEIG H M, 1965. High-frequency scattering by an impenetrable sphere[J]. Ann. Phys., 34: 23-95.

ONA E, 1999. Methodology for target strength measurements[J]. ICES Coop. Res. Rep., 235: 1-59.

SARANGAPANI S, MILLER J H, POTTY G R, et al., 2005. Measurements and modeling of the target strength of divers[C]. Proceeding of Oceans'2005, Brest: 952-956.

STANTON T K, 1989. Sound scattering by cylinders of finite length. III . deformed cylinders[J]. J. Acoust. Soc. Am., 86: 691-705.

STEPNOWSKI A, 2000. Developments in indirect methods for estimating fish target strength[J]. Acoust. Phys., 46: 218-227.

SOUBSOL D, LEON F, DECULTOT D, et al., 2017. Forward acoustic scattering analysis from solid objects immersed in the water[J]. J. Acoust. Soc. Am.,141: 3845-3845.

URICK R J, 1983. Principles of Underwater Sound[M]. 3rd Ed. New York: McGraw-Hill Book Company.

YE Z, 1997a. A novel approach to sound scattering by cylinders of finite length[J]. J. Acoust. Soc. Am., 102: 877-884.

YE Z, 1997b. A method for acoustic scattering by slender bodies. I . theory and verification[J]. J. Acoust. Soc. Am., 102: 1964-1976.

ZVEREV V A, KOROTIN P I, 2003. Determination of the target strength of a scatterer with the use of surface reverberation[J]. Acoust. Phys., 49: 143-147.

第 3 章 水声信道目标前向声散射的经典模型

对水中物体而言, 在平面波作用下, 自由空间中的散射声场可通过解析解、数值解或者一些简化模型进行求解。然而, 当目标置于水中信道后, 由于声波在海底和海面作用下的多途传播, 作用到目标体上的声波很难满足平面波入射条件。此外, 声波经过散射后在信道中传播, 必然存在着多途传播模式。也就是说, 在物体散射的作用下, 入射声场的空间传播结构进行了重新分配。因此, 对于水中散射声场, 可以认为是入射信号的空间谱经过目标散射后, 再按照信道响应的格林函数传递到接收点, 声场响应是空间谱在接收点上的累积。按照这个思想, 可通过声场理论如波数积分、简正波等格林函数形式与目标的散射函数进行耦合, 从而建立目标的散射声场模型。

根据声场理论, 水中声场可表述为波数域格林函数逆贝塞尔变换的一般形式 (Jensen et al., 2011), 对于任意形状物体, 其信道中的散射场总可以通过二维波数积分的形式表示。3.1 节中给出散射声场的一般表述形式, 针对球形目标的典型情况, 介绍水中三维散射声场表达形式, 并通过波数积分的快速场求解, 建立散射声场的快速计算数值模型。

基于波数积分的理论模型, 仅可对球形物体进一步降维简化。由声传播理论可知, 简正波是对波数积分的一种简化, 因此 3.2 节基于简正波理论, 对波数积分形式的散射场进行简化处理。该模型物理影像清晰, 能够反映出声场的模态和声场结构等信息, 在散射声场分析中得到了大量使用 (Ju et al.,2019; Lei et al., 2012; 王桂波等, 2005; Ratilal et al., 2002; Yang, 1994)。

3.3 节中介绍水中物体声散射的虚源方法 (He et al., 2020; Jensen et al., 2011; Schmidt, 2004), 其原理是将物体等效成在其内部分布的一系列点源, 通过物体表面的边界条件建立动态刚性矩阵, 结合三维波数积分声传播模型, 从而建立目标的等效散射声场。该模型理论上可处理复杂形状的物体散射场, 且和目标的姿态无关。

3.1 波数积分−散射函数耦合模型

波数积分−散射函数耦合模型 (雷波等, 2007; Makris, 1998) 可以用来计算波导中物体的三维散射声场。假设一个球形物体位于水平分层波导中, 如图 3.1 所示，密度为 ρ_t，声速为 c_t。声源的坐标为 (x_0, y_0, z_0)，接收点的坐标为 (x, y, z)，物体 (散射体) 表面上一点的坐标为 (x_t, y_t, z_t)。空间柱坐标系 (ρ, θ, z) 和球坐标系 (r, θ, φ) 定义为

$$x = r\sin\theta\cos\phi, \quad y = r\sin\theta\sin\phi, \quad z = r\cos\theta \tag{3.1}$$

$$\rho^2 = x^2 + y^2 \tag{3.2}$$

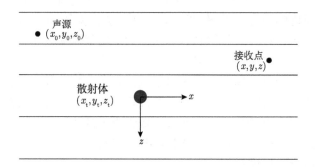

图 3.1　水平分层波导中目标散射示意图

入射声场的波数坐标系 $(\xi_{ix}, \xi_{iy}, \gamma_i)$ 和散射声场的波数坐标系 (ξ_x, ξ_y, γ) 与声波的传播角 (α, β) 有关，满足

$$\xi_x = k\sin\alpha\cos\beta, \quad \xi_y = k\sin\alpha\sin\beta, \quad \gamma = k\cos\alpha \tag{3.3}$$

水平波数为

$$\xi^2 = \xi_x^2 + \xi_y^2 \tag{3.4}$$

3.1.1　模型原理概述

为了对研究的问题进行简化，现作如下假设：波导水平分层和距离无关；物体位于某一声速均匀层中；在接收点上可以忽略界面和物体之间的多次声反射；声源、物体及接收点距离很远。即在远场情况下，散射声场的 Helmholtz-Kirchhoff 积分方程可以近似表示为

$$\Phi_s(\boldsymbol{r}) = \frac{1}{\pi k}\iint_{-\infty}^{\infty} F(z, z_0, \xi, \xi_i)\mathrm{e}^{\mathrm{j}(\xi_i\cdot\rho_0 + \xi\cdot\rho)}\mathrm{d}^2\xi_i\mathrm{d}^2\xi \tag{3.5}$$

其中核函数

$$\begin{aligned} F(z, z_0, \xi, \xi_i) \approx{}& \Psi^+(z_0)\Psi^+(z)S(\pi - \alpha, \beta; \pi - \alpha_i, \beta_i) \\ &+ \Psi^+(z_0)\Psi^-(z)S(\alpha, \beta; \pi - \alpha_i, \beta_i) \end{aligned}$$

$$+ \Psi^-(z_0)\Psi^+(z)S(\pi - \alpha, \beta; \alpha_i, \beta_i)$$

$$+ \Psi^-(z_0)\Psi^-(z)S(\alpha, \beta; \alpha_i, \beta_i) \qquad (3.6)$$

它是目标在自由空间的散射函数 $S(\alpha, \beta; \alpha_i, \beta_i)$ 的函数 (Bowman et al., 1987)，其中 $\Psi^+(z_0)$、$\Psi^-(z_0)$、$\Psi^+(z)$、$\Psi^-(z)$ 分别表示下行平面波 (上标为正) 和上行平面波 (上标为负) 的幅度，它们是声源和接收点深度的函数。根据声传播的波数积分理论，入射声场可以表示为

$$\Phi_i(\boldsymbol{r}_t | \boldsymbol{r}_0) = \frac{1}{2\pi} \int_{-\infty}^{\infty} \left[\Psi^+(z_0)\mathrm{e}^{\mathrm{j}\gamma_i z_t} + \Psi^-(z_0)\mathrm{e}^{-\mathrm{j}\gamma_i z_t} \right] \mathrm{e}^{-\mathrm{j}\boldsymbol{\xi}\cdot(\rho_t - \rho_0)}\mathrm{d}^2\xi_i \qquad (3.7)$$

波导格林函数具有类似的形式，表示为

$$G(\boldsymbol{r} | \boldsymbol{r}_t) = \frac{1}{2\pi} \int_{-\infty}^{\infty} \left[\Psi^+(z)\mathrm{e}^{\mathrm{j}\gamma z_t} + \Psi^-(z)\mathrm{e}^{-\mathrm{j}\gamma z_t} \right] \mathrm{e}^{\mathrm{j}\boldsymbol{\xi}\cdot(\rho - \rho_t)}\mathrm{d}^2\xi \qquad (3.8)$$

式 (3.7) 表示声波由声源传播到散射体的位置，式 (3.8) 表示声波由散射体的位置传播到接收点。根据式 (3.5) 和式 (3.6) 的物理意义，可以给出波导散射的解释：由式 (3.7) 中水平分层介质中声传播原理，入射声波可以分解为连续的上行平面波和下行平面波，这些平面波被物体散射到各个方向上，由式 (3.8) 波导格林函数，每个方向上的散射波又被分解为上行平面波和下行平面波在波导中传播。对于一般形状的物体，式 (3.5) 要进行四维积分，计算非常复杂，难以直接应用。但是当散射体为球体时，可用极坐标系对式 (3.5) 的积分过程进行简化，散射声场表示为

$$\Phi_s(\boldsymbol{r}) = \frac{1}{\pi k} \int_0^{\infty} \xi \mathrm{d}\xi \int_0^{\infty} \xi_i \mathrm{d}\xi_i \int_0^{2\pi} \mathrm{d}\beta \int_0^{2\pi} \mathrm{d}\beta_i \times F(z, z_0, \xi, \xi_i)\mathrm{e}^{\mathrm{j}(\rho_0\cdot\xi_i + \rho\cdot\xi)} \qquad (3.9)$$

自由空间中，球体对平面波的散射函数表示为

$$S(\alpha, \beta; \alpha_i, \beta_i) = \sum_{n=0}^{\infty} \sum_{m=0}^{n} f(n) \left[\mathrm{P}_n\left(\frac{\gamma}{k}\right) \mathrm{P}_n\left(\frac{\gamma_i}{k}\right) + 2 \sum_{m=1}^{n} \frac{(n-m)!}{(n+m)!} \right.$$
$$\left. \times \mathrm{P}_n^m\left(\frac{\gamma}{k}\right)\mathrm{P}_n^m\left(\frac{\gamma_i}{k}\right)\cos(m\beta - m\beta_i) \right] \qquad (3.10)$$

式中，

$$\begin{cases} f(n) - \mathrm{j}(-1)^n(2n+1)a_n \\ a_n = \dfrac{\mathrm{j}_n^n(ka) - (\rho c/\rho_t c_t)\left[\mathrm{j}_n^n(k_t a)/\mathrm{j}_n(k_t a)\right]\mathrm{j}_n(ka)}{\mathrm{h}_n^n(ka) - (\rho c/\rho_t c_t)\left[\mathrm{j}_n^n(k_t a)/\mathrm{j}_n(k_t a)\right]\mathrm{h}_n(ka)} \end{cases} \qquad (3.11)$$

其值由球体表面的边界条件确定；$k_t = \omega/c_t$，为散射体中的波数；j_n 为球贝塞尔函数；a 为球体半径。将式 (3.10) 代入式 (3.9) 中，可得到分层介质中的第 n 阶散射声场：

$$\Phi_{\mathrm{s}}\left(\boldsymbol{r}, \boldsymbol{r}_0\right) = \frac{(2\pi)^2}{\pi k} \sum_{n=0}^{\infty} f(n)$$

$$\times \left(\int_0^{\infty} \left[\Psi^+(z_0) P_n\left(-\frac{\gamma_{\mathrm{i}}}{k}\right) + \Psi^-(z_0) P_n\left(\frac{\gamma_{\mathrm{i}}}{k}\right) \right] \mathrm{J}_0\left(\xi_{\mathrm{i}}\rho_0\right) \xi_{\mathrm{i}} \mathrm{d}\xi_{\mathrm{i}} \right.$$

$$\times \int_0^{\infty} \left[\Psi^+(z) P_n\left(-\frac{\gamma}{k}\right) + \Psi^-(z_0) P_n\left(\frac{\gamma}{k}\right) \right] \mathrm{J}_0\left(\xi\rho\right) \xi \mathrm{d}\xi$$

$$+ 2 \sum_{m=1}^{n} \frac{(n-m)!}{(n+m)!} \cos m(\phi - \phi_0 + \pi)$$

$$\times \left\{ \int_0^{\infty} \left[\Psi^+(z_0) P_n^m\left(-\frac{\gamma_{\mathrm{i}}}{k}\right) + \Psi^-(z_0) P_n^m\left(\frac{\gamma_{\mathrm{i}}}{k}\right) \right] \mathrm{J}_m\left(\xi_{\mathrm{i}}\rho_0\right) \xi_{\mathrm{i}} \mathrm{d}\xi_{\mathrm{i}} \right.$$

$$\left. \left. \times \int_0^{\infty} \left[\Psi^+(z) P_n\left(-\frac{\gamma}{k}\right) + \Psi^-(z) P_n\left(\frac{\gamma}{k}\right) \right] \mathrm{J}_m\left(\xi\rho\right) \xi \mathrm{d}\xi \right\} \right) \quad (3.12)$$

式中，J_m 表示第 m 阶贝塞尔函数。可见，式 (3.12) 将三维球散射声场计算问题转换到一维波数积分计算问题，和一般情况下的散射公式 (3.5) 相比，极大地简化了计算过程。由于式 (3.12) 中的积分形式为贝塞尔积分，可以借鉴快速场算法 (Jensen et al., 2011)，即对波数和距离变量进行 M 点采样，得到快速计算方法，可以同时计算水平距离上 M 个采样点的声场。

3.1.2　快速场算法

式 (3.12) 为关于波数积分的数学表达式，从数学公式形式上说，是一个逆贝塞尔变换的表达式。为了确定出距离深度平面内的声场，需要评估深度相关格林函数的逆贝塞尔变换，即

$$g(r, z) = \int_0^{\infty} g(\xi, z) \mathrm{J}_m(\xi r) \xi \mathrm{d}\xi \quad (3.13)$$

式中，$g(r, z)$ 表示感兴趣的声场参数，如声压、位移和振速等；$g(\xi, z)$ 表示相应的波数核函数，通过全局矩阵或传播矩阵可解得 (Jensen et al., 2011)。贝塞尔函数的阶数 $m=0$，以上积分的数值评估是复杂的，因为它具有以下特点：积分上限为无穷大；贝塞尔函数具有振荡特性，尤其在远距离处；对波导问题，核函数的极点在实波数轴上或靠近实波数轴。因此，应注意选择合适的积分技术。

采用快速场 (fast field program, FFP) 积分技术 (Jensen et al., 2011)，除距离小于几个波长及非常大的传播角情况外，可对逆贝塞尔变换进行精确估计。

首先将贝塞尔函数用汉克尔函数的形式表示为

$$\mathrm{J}_m(\xi r) = \frac{1}{2}\left[\mathrm{H}_m^{(1)}(\xi r) + \mathrm{H}_m^{(2)}(\xi r)\right] \quad (3.14)$$

当距离比较远时，$\mathrm{H}_m^{(2)}(\xi r)$ 可以忽略，并用渐近形式将 $\mathrm{H}_m^{(1)}(\xi r)$ 表示为

$$\lim_{kr \to \infty} \mathrm{H}_m^{(1)}(\xi r) = \sqrt{\frac{2}{\pi \xi r}} \mathrm{e}^{\mathrm{j}\left[\xi r - (m+\frac{1}{2})\frac{\pi}{2}\right]} \quad (3.15)$$

则逆贝塞尔变换表达式为

$$g(r,z) \approx \sqrt{\frac{1}{2\pi r}} \mathrm{e}^{-\mathrm{j}(m+\frac{1}{2})\frac{\pi}{2}} \int_0^\infty g(k_r,z)\sqrt{\xi}\,\mathrm{e}^{\mathrm{j}\xi r}\mathrm{d}\xi \tag{3.16}$$

以上近似虽然没有解决积分区间和被积函数的振荡问题，但指数函数比贝塞尔函数更适合数值积分，可减少计算时间。对式 (3.13) 进行数值计算，需要处理好积分区间的截断和波数区间的采样两个问题。

1. 积分区间的截断

用数值算法求解式 (3.13) 的积分，就要对水平波数积分区间进行截断，截断的物理基础：核函数一般在某个波数 ξ_{max} 以外时衰减非常快。为了得到近似的截断区间，可以利用式 (3.12) 中指数函数的振荡性质。只要 $r \neq 0$，就可以确保 $\xi \to \infty$，甚至声源和接收点位于同一深度上核函数不可积时，积分也是收敛的。因此，积分区间超过某一波数 ξ_{max} 时，就可以忽略它对积分的贡献。然而，ξ_{max} 取决于距离，对于多距离声场的计算，并不希望采用不同的截断波数，而希望一个统一的与距离无关的最大波数。一个简单的方法是使波数趋于最大波数时，核函数在积分区间逐渐变小。

2. 波数区间的采样

对波数区间和距离进行 M 点等间隔采样，$\Delta\xi = (\xi_{\mathrm{max}} - \xi_{\mathrm{min}})/(M-1)$，得到

$$\begin{cases} \xi_\ell = \xi_{\mathrm{min}} + \ell\Delta\xi, & \ell = 0,1,\cdots,M-1 \\ r_q = r_{\mathrm{min}} + q\Delta r, & q = 0,1,\cdots,M-1 \\ \Delta r\Delta\xi = \dfrac{2\pi}{M} \end{cases} \tag{3.17}$$

式中，M 为 2 的整数幂次方。由此得到式 (3.12) 的近似式为

$$g(r_q,z) \approx \frac{\Delta\xi}{\sqrt{2\pi r_q}} \mathrm{e}^{\mathrm{j}[\xi_{\mathrm{min}} - (m+\frac{1}{2})\frac{\pi}{2}]} \sum_{\ell=0}^{M-1} \left[g(\xi_\ell,z)\mathrm{e}^{\mathrm{j}r_{\mathrm{min}}\ell\Delta\xi}\sqrt{\xi_\ell} \right] \mathrm{e}^{\mathrm{j}\frac{2\pi\ell q}{M}} \tag{3.18}$$

式中的求和与离散傅里叶变换具有相同的形式，因此可采用快速算法进行求解。

用快速傅里叶变换 (fast Fourier transformation, FFT) 来进行频谱分析时，如果信号在时域采样率过低，将在频域产生混叠现象，所得到频谱和信号的真实频谱有偏差。同样，用 FFP 技术计算波数积分时，如果采样频率过低也会产生混叠现象。为了确保离散傅里叶变换的正确性，声场在距离区间外必须是消散的。因此，由于周期延拓，对式 (3.18) 的评估不是得到精确的 $g(r,z)$，而是对距离窗 $R = M\Delta r$ 的信号叠加求和得到：

$$\sum_{n=-\infty}^{\infty} g(r+nR,z) \tag{3.19}$$

当水平距离 $r > R$ 时 $g(r,z) \neq 0$，就会产生混叠，计算得到的声场将和实际

声场有偏差，要使偏差尽量小，就要求在 $r > R$ 时，声压幅度有很大衰减，这样就可以使混叠产生的误差很小。实际海洋环境中，由于存在海水的吸收损失和海底的反射损失等因素，当距离较远时，声压幅度一般会衰减很大，但是如果存在传播条件较好的波导，声波在传播过程中不与海底作用，则可能传播到很远的距离，这时更要注意参数的选择。

通过将积分投影到复平面上的方法可以避免混叠现象。由复平面柯西 (Cauchy) 积分定理可知，改变积分回路后复平面内两点的积分不变，因此引入投影偏差因子 ε（一个正的小量，通常取 $10^{-5} \sim 10^{-4}$），使积分区间向下偏离水平波数实轴 ε 距离。此时得到

$$g(r, z) = \sum_{n=-\infty}^{\infty} g(r + nR, z) \mathrm{e}^{-\varepsilon(r+nR)} \tag{3.20}$$

当 $(r + nR)$ 非常大时，$\mathrm{e}^{-\varepsilon(r+nR)}$ 项将会产生较大衰减，从而使得混叠产生的误差很小。在中短距离上，ε 是一个非常小的量，$\mathrm{e}^{-\varepsilon(r+nR)}$ 近似等于 1，所以影响不大。

可令 $\tilde{\xi} = \xi - \mathrm{j}\varepsilon$，代入式 (3.16) 后得

$$g(r, z)\mathrm{e}^{-\varepsilon r} \approx \sqrt{\frac{1}{2\pi r}} \mathrm{e}^{-\mathrm{j}(m+\frac{1}{2})\frac{\pi}{2}} \int_0^\infty g(\xi - \mathrm{j}\varepsilon, z) \sqrt{\xi - \mathrm{j}\varepsilon} \mathrm{e}^{\mathrm{j}\xi r} \mathrm{d}\xi \tag{3.21}$$

再次利用快速场技术，得到

$$g(r_q, z) \approx \frac{\Delta\xi}{\sqrt{2\pi r_q}} \mathrm{e}^{\varepsilon r_q + \mathrm{j}[\xi_{\min} - (m+\frac{1}{2})\frac{\pi}{2}]} \sum_{\ell=0}^{M-1} \left[g(\xi_\ell - \mathrm{j}\varepsilon, z) \mathrm{e}^{\mathrm{j}r_{\min}\ell\Delta\xi} \sqrt{\xi_\ell - \mathrm{j}\varepsilon} \right] \mathrm{e}^{\mathrm{j}\frac{2\pi\ell q}{M}}$$
$$- \sum_{n\neq 0} g(r_q + nR, z) \mathrm{e}^{-\varepsilon nR} \tag{3.22}$$

式中，偏差因子 ε 的选取可以事先设定，也可以根据问题的不同自动选取，按照一般的选取原则，可以令

$$\varepsilon = \frac{3}{R \lg \mathrm{e}} = \frac{3}{2\pi(M-1)\lg \mathrm{e}}(\xi_{\max} - \xi_{\min}) \tag{3.23}$$

3.1.3　球体目标的前向散射现象

假设海洋环境为 100m 深的 Pekeris 波导，声速为 1500m/s，密度为 1000kg/m³，海底声速为 1520m/s，密度为 1400kg/m³，声波频率为 300Hz，刚性球半径为 10m，声源和球体目标均位于深度 50m 处，相距 4km，得到的散射声强分布如图 3.2(a) 所示。可以看出，在前向散射方向上的散射能量明显高于其他方向，水平方向前向散射占据着一定的扇区宽度，这和自由空间中的球体散射是非常相似的。如果考虑到入射声强，干涉后的整个叠加声强如图 3.2(b) 所示，由于直达波的入射声

强要高于前向散射波 30dB 以上，很难看到物体对入射声强的影响。因此，对于静止的物体，直接利用其对入射声强的影响，很难实现对其进行探测。

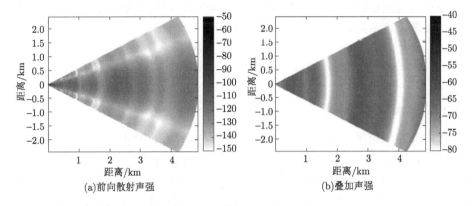

(a)前向散射声强　　　　(b)叠加声强

图 3.2　球体目标的前向散射声强及叠加声强 (单位：dB)

在对自由空间球体散射的研究中发现，在垂直于声波入射的方向上，散射波引起的声强扰动变化随距离振荡起伏，在收发连线附近该能量的幅度和相位起伏均达到最大值。也就是说，当物体在基线附近缓慢移动时，必然会引起入射声强的扰动变化，即使这种扰动很小，通过长时间能量累积观察，有可能实现物体的探测 (Matveev et al., 2007; Matveev, 2000; Zverev et al., 1995)。假设 Pekeris 波导中声源频率为 300Hz，基线长度 (声源和接收点距离) 为 10km，声源和物体深度为 50m，球体位于收发连线中心，垂直于基线运动，得到接收点的声强随球体位置变化曲线如图 3.3 所示，横轴表示物体偏离基线的距离，上、中、下三幅图分别表示接收深度 10m、50m、90m 上的声强分布。与自由空间中球体散射相似，由

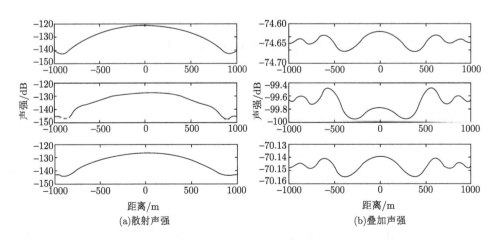

(a)散射声强　　　　(b)叠加声强

图 3.3　球体位置与叠加声强关系

于直达波和前向散射波的干涉作用，接收信号强度随物体位置发生起伏。在基线附近，由于散射声强具有最大值，叠加声强的幅度和相位变化幅度相对变大。当球体偏离收发连线时，由于接收点逐渐偏离前向散射的主瓣，接收信号强度的起伏变化减弱，逐渐趋近于直达波信号强度。

3.2　简正波–散射函数耦合模型

3.2.1　基本原理

浅海波导中由于上下界面的影响，物体对声波的散射非常复杂，如图 3.4 所示。这里采用基于格林定理的简正波模型 (Ratilal et al., 2002; Ingenito, 1987) 求解分层介质中物体的散射声场。物体中心为坐标系的原点，z 轴垂直向下，水体的表面位于 $z = -D$ 处，为压力释放界面，海底分界面位于 $z = H - D$ 处。声源的坐标 $\boldsymbol{r}_0 = (x_0, y_0, z_0)$，场中任意一点的坐标 $\boldsymbol{r} = (x, y, z)$。空间柱坐标系 (ρ, φ, z) 和球坐标系 (r, θ, φ) 定义：$x = r \sin\theta \cos\varphi$，$y = r \sin\theta \sin\varphi$，$z = r \cos\theta$，$\rho = x^2 + y^2$。第 n 阶简正波的水平和垂直波数分别定义为 $\xi_n = k \sin\alpha_n, \gamma_n = k \cos\alpha_n$，$\alpha_n$ 为第 n 阶简正波与 z 轴的夹角。限制 $0 \leqslant \alpha_n \leqslant \pi/2$，每阶简正波的下行平面波和上行平面波的仰角分别为 α_n 和 $\pi - \alpha_n$。第 n 阶简正波的下行平面波和上行平面波的波数分别为 γ_n 和 $-\gamma_n$。

图 3.4　波导中存在物体时的散射现象

波导中由某一点声源 $\boldsymbol{r}_0$ 产生的散射声场在某一接收点 $\boldsymbol{r}$ 处的表达式为

$$
\begin{aligned}
\Phi_{\mathrm{s}}(\boldsymbol{r}) = \frac{(4\pi)^2}{k} \sum_{mn} \{ & A_n(\boldsymbol{r}_0)[A_m(\boldsymbol{r})S(\pi - \alpha_m, \varphi; \pi - \alpha_n, \varphi_0) \\
& - B_m(\boldsymbol{r})S(\alpha_m, \varphi; \pi - \alpha_n, \varphi_0)] \\
& - B_n(\boldsymbol{r}_0)[A_m(\boldsymbol{r})S(\pi - \alpha_m, \varphi; \alpha_n, \varphi_0) - B_m(\boldsymbol{r})S(\alpha_m, \varphi; \alpha_n, \varphi_0)] \}
\end{aligned} \tag{3.24}
$$

式中，

$$
A_m(\boldsymbol{r}) = \mathrm{j}d(8\pi k_m \rho)^{-1/2} u_m(z) N_m \mathrm{e}^{\mathrm{j}(k_m \rho + \gamma_m D - \pi/4)} \tag{3.25}
$$

$$B_m(\boldsymbol{r}) = \mathrm{j}d(8\pi k_m \rho)^{-1/2} u_m(z) N_m \mathrm{e}^{\mathrm{j}(k_m\rho - \gamma_m D - \pi/4)} \tag{3.26}$$

$$A_n(\boldsymbol{r}_0) = \mathrm{j}d(8\pi k_n \rho_0)^{-1/2} u_n(z_0) N_n \mathrm{e}^{\mathrm{j}(k_n\rho_0 + \gamma_n D - \pi/4)} \tag{3.27}$$

$$B_n(\boldsymbol{r}_0) = \mathrm{j}d(8\pi k_n \rho_0)^{-1/2} u_n(z_0) N_n \mathrm{e}^{\mathrm{j}(k_n\rho_0 - \gamma_n D - \pi/4)} \tag{3.28}$$

式中，A_m、B_m 和 A_n、B_n 分别为散射声场和入射声场的下行平面波和上行平面波幅度。$S(\alpha, \beta, \alpha_\mathrm{i}, \beta_\mathrm{i})$ 为平面波散射函数，一般情况下采用自由空间的散射函数近似。$(\alpha_\mathrm{i}, \beta_\mathrm{i})$ 为平面波的入射方向，(α, β) 为散射波传播方向，对于前向散射，有 $\alpha = \alpha_\mathrm{i}, \beta = \beta_\mathrm{i}$。根据简正波模型，模式函数可以表示为 (Jensen et al., 2011; Porter, 1992)

$$u_n(z) = N_n \left[\mathrm{e}^{-\mathrm{j}\gamma_n(z+D)} - \mathrm{e}^{\mathrm{j}\gamma_n(z+D)} \right] \tag{3.29}$$

且满足正交化条件为

$$\delta_{nm} = \int_{-D}^{\infty} \frac{u_m(z) u_n^*(z)}{\mathrm{d}(z)} \mathrm{d}z \tag{3.30}$$

式中，N_n 为第 n 阶模式函数的幅值。式 (3.24) 假设条件：声源、物体及接收点距离很远，物体和边界之间的多次散射可以忽略；物体所在的层声速恒定不变。每一阶入射简正波作用到物体上，通过散射函数，又分解为各阶简正波传播到接收点。因此，在接收点形成的散射场是各阶入射简正波形成散射声场的叠加。将式 (3.24) 写成矩阵运算的表述形式为

$$\varPhi_\mathrm{s}(\boldsymbol{r}) = \frac{(4\pi)^2}{k} \sum_{mn} \boldsymbol{C}_n^{\mathrm{T}} \boldsymbol{S}_{mn} \boldsymbol{C}_m \tag{3.31}$$

式中，符号 T 表示对矩阵进行转置；

$$\boldsymbol{C}_n = \left[\begin{array}{c} A_n(\boldsymbol{r}) \\ B_n(\boldsymbol{r}) \end{array} \right], \boldsymbol{S}_{mn} = \left[\begin{array}{cc} S(\pi - \alpha_m, \varphi; \pi - \alpha_n, \varphi_0) & -S(\alpha_m, \varphi; \pi - \alpha_n, \varphi_0) \\ -S(\pi - \alpha_m, \varphi; \alpha_n, \varphi_0) & S(\alpha_m, \varphi; \alpha_n, \varphi_0) \end{array} \right] \tag{3.32}$$

$\boldsymbol{S}_{mn}$ 的每一个元素表征的是每阶入射简正波和散射简正波的耦合程度，确定物体分布主要由入射简正波方向和散射简正波方向的夹角来决定。考虑 $\boldsymbol{S}_{mn}$ 的每一个元素组成的入射简正波-散射简正波耦合矩阵，对于 $S(\pi - \alpha_m, \varphi; \pi - \alpha_n, \varphi_0)$ 来说反映的是前向散射主瓣对散射声场的贡献，而 $S(\alpha_m, \varphi; \pi - \alpha_n, \varphi_0)$ 反映的是前向散射旁瓣对散射声场的贡献。一般情况下，只对在目标前向散射主峰附近的散射简正波有主要贡献，因此 $S(\pi - \alpha_m, \varphi; \pi - \alpha_n, \varphi_0)$ 形成的矩阵呈对角分布，强度较大，而 $S(\alpha_m, \varphi; \pi - \alpha_n, \varphi_0)$ 形成的矩阵呈现带状分布，强度较弱。图 3.5 所示为长半轴 40m、短半轴 5m 的旋转椭球体目标对频率为 1kHz 的入射简正波的散射函数分布情况。可以看出，$S(\pi - \alpha_m, \varphi; \pi - \alpha_n, \varphi_0)$ 形成的矩阵 [图 3.5(a)]

强度较高，且在对应前向方向的对角上呈带状分布。$S(\alpha_m, \varphi; \pi - \alpha_n, \varphi_0)$ 形成的矩阵 [图 3.5(b)] 主要由散射旁瓣引起，强度弱，仅在低阶简正波 (水平方向附近) 对声场有主要贡献。

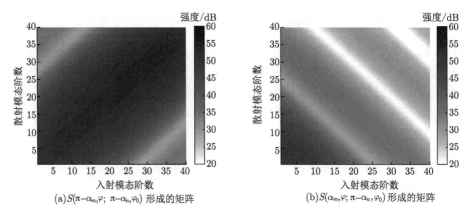

(a) $S(\pi - \alpha_m, \varphi; \ \pi - \alpha_n, \varphi_0)$ 形成的矩阵　　　(b) $S(\alpha_m, \varphi; \ \pi - \alpha_n, \varphi_0)$ 形成的矩阵

图 3.5　散射函数分布

随着距离的增加，可以忽略矩阵 $\boldsymbol{S}_{mn}$ 随入射角和散射角的变化，即对声场起贡献的简正波之间耦合是相同的，那么式 (3.31) 进一步简化为

$$\Phi_s(\boldsymbol{r}) = \frac{(4\pi)^2}{k} \sum [C_1, C_2, \cdots, C_N]^{\mathrm{T}} S[C_1, C_2, \cdots, C_N] \tag{3.33}$$

式中，$\sum$ 表示矩阵的所有元素的和。

3.2.2　前向散射声呐方程近似计算

在远场条件下，前向散射声场可以近似表示为

$$\Phi_s(\boldsymbol{r}) = (4\pi)^2 G(\boldsymbol{0}|\boldsymbol{r}_0) G(\boldsymbol{r}|\boldsymbol{0}) S(\alpha, \beta, \alpha_i, \beta_i)/k \tag{3.34}$$

如果在波导中采用简正波表述方式，坐标原点和某点 $\boldsymbol{r}$ 之间的波导格林函数表示为

$$G(\boldsymbol{r}|\boldsymbol{0}) = \frac{\mathrm{j}}{d} (8\pi)^{-1/2} \mathrm{e}^{-\mathrm{j}\pi/4} \sum_m u_m(z) u_m(0) \frac{\mathrm{e}^{\mathrm{j}\xi_m \rho}}{\sqrt{\xi_m \rho}} \tag{3.35}$$

利用式 (3.25) 和式 (3.26)，式 (3.35) 可以进一步表述为

$$G(\boldsymbol{r}|\boldsymbol{0}) = \sum_m [A_m(\boldsymbol{r}) - B_m(\boldsymbol{r})] \tag{3.36}$$

由波导中的互易定理可得

$$G(\boldsymbol{0}|\boldsymbol{r}_0) = \sum_n [A_n(\boldsymbol{r}_0) - B_n(\boldsymbol{r}_0)] \tag{3.37}$$

将式 (3.36) 和式 (3.37) 代入式 (3.34) 中，波导中的声呐方程重写为

$$\Phi_s(\boldsymbol{r}|\boldsymbol{r}_0) = (4\pi)^2 \left\{ \sum_n [A_n(\boldsymbol{r}_0) - B_n(\boldsymbol{r}_0)] \right\}$$
$$\times \left\{ \sum_m |A_m(\boldsymbol{r}) - B_m(\boldsymbol{r})| \right\} S(\alpha, \beta; \alpha_i, \beta_i)/k \tag{3.38}$$

散射函数采用自由空间中物体的散射函数。对式 (3.38) 两边平方取对数，接收点的声压级用线性表达式表示为

$$10\lg\left(|\Phi_s(\boldsymbol{r})|^2 \Big/ p_{\text{ref}}^2\right) = \text{SL} - \text{TL}(\boldsymbol{0}|\boldsymbol{r}_0) + \text{TS} - \text{TL}(\boldsymbol{r}|\boldsymbol{0}) \tag{3.39}$$

式中，$p_{\text{ref}} = 1\mu\text{Pa}$；声源级 SL 为 0dB。传播损失定义为相对于源点参考距离 1m 处的损失，即

$$\text{TL}(\boldsymbol{0}|\boldsymbol{r}_0) = 20\lg\left| 4\pi \sum_n [A_n(\boldsymbol{r}_0) - B_n(\boldsymbol{r}_0)]/r_{\text{ref}} \right| \tag{3.40}$$

$$\text{TL}(\boldsymbol{r}|\boldsymbol{0}) = 20\lg\left| 4\pi \sum_m [A_m(\boldsymbol{r}) - B_m(\boldsymbol{r})]/r_{\text{ref}} \right| \tag{3.41}$$

目标强度估计为

$$\text{TS} = 20\lg |S(\alpha, \beta; \alpha_i, \beta_i)/(kr_{\text{ref}})| \tag{3.42}$$

或者采用前向目标强度的近似公式，即

$$\text{TS} = 20\lg(A/\lambda) \tag{3.43}$$

式 (3.34) 中仅含有幅度信息，忽略了散射声场的相位信息，且取决于声源和接收点相对于物体的角度。式 (3.34) 对波导散射现象做了非常简单的假设，其成立条件具有一定的局限性。在声呐方程 (刘伯胜等, 2010) 中，回声信号级可以用一个线性表达式表示为

$$E(R) = \text{SL} + \text{TS} - \text{TL}_1 - \text{TL}_2 \tag{3.44}$$

式中，SL 为声源级；TS 为目标强度；TL_1 和 TL_2 分别为声源到物体和从物体到接收点的衰减。比较式 (3.39) 和式 (3.44) 可以看出，式 (3.39) 反映了回声信号级。

Ratilal 等 (2002) 对散射场的简正波求解结果与声呐方程进行了比较，结果表明，在起主要作用的入射简正波所张成的水平掠射角范围内，如果物体的散射函数近似不变，那么通过声呐方程进行简化后可认为是有效的。对于前向散射声

呐方程, 其成立条件: 对于任意的物体, 当在起主要作用的简正波掠射角范围内, 声波在物体上的投影面积不会产生剧烈变化, 前向散射声场的计算误差可以忽略。也就是说, 只要物体散射函数的主峰宽度 (近似估计为入射声波波长与目标尺度之比) 大于起主要作用的简正波覆盖的水平掠射角时, 声呐方程就近似成立, 且与物体形状无关。

这也就意味着, 如球体、柱体等物体, 其前向散射声强和具有相同投影形状的平板物体的散射声强是相当的。

3.2.3　前向散射声场仿真

假设在浅海 Pekeris 波导中, 声速为 1500m/s, 密度为 $1g/cm^3$, 海底声速为 1520m/s, 密度为 $1.4g/cm^3$, 声波频率为 300Hz, 刚性旋转椭球体的长半轴为 30m, 短半轴为 4m, 采用第 2 章中的等效柱方法计算物体散射函数。声源和目标体均位于深度 50m 处, 相距 4km。计算得到 50m 深度上的前向散射声强和总声强的水平分布如图 3.6 所示。可以看出, 由于物体尺寸和波长之比比较大, 在前向方向上, 散射声强非常强, 占据的扇区宽度约为 10°, 与入射声强叠加以后, 对整个声强产生如图 3.6(b) 所示的微小扰动。

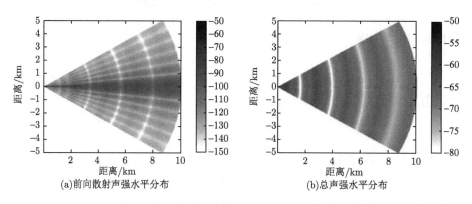

(a)前向散射声强水平分布   (b)总声强水平分布

图 3.6　散射声强水平分布 (单位: dB)(水深 50m)

与球体前向散射声场相似, 如果椭球体垂直于收发连线运动, 在不同位置处的声场起伏如图 3.7 所示, 横轴表示物体偏离收发连线的距离, 上、中、下三幅图分别表示接收深度 10m、50m 和 90m。当物体位于收发连线上时, 前向散射目标强度最大, 前向散射信号强度达到最大值; 当物体偏离收发连线时, 前向散射接收信号强度逐渐变弱, 但在前向散射的旁瓣上, 信号强度也可以达到极大值。由于受到直达波的干扰, 散射声场和入射声场产生叠加, 物体位于收发连线附近时, 叠加声场的扰动非常明显, 如图 3.7(b) 所示。但是由于声波在多途传播条件下的干涉作用, 声场扰动的最大值不一定出现在物体位于收发连线上的时刻。物体偏离收发连线比较远时, 声场扰动变得很小。

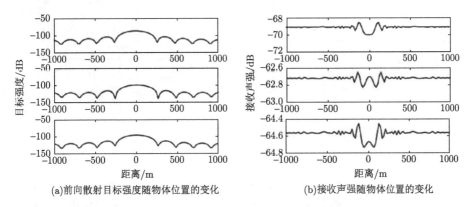

(a)前向散射目标强度随物体位置的变化   (b)接收声强随物体位置的变化

图 3.7   椭球穿过收发连线时引起的声场起伏 (分图由上到下深度分别为 10m、50m、100m)

在图 3.8 所示的典型浅海夏季声速剖面下, 假设海底声速为 1600m/s, 密度为 1.7 g/cm³, 吸收系数为 0.15dB/λ。考虑物体位于不同深度时在正前方对入射声场的影响, 得到的结果如图 3.9 所示。可以看出, 在不同的声源深度和物体深度条件下, 均能引起接收声场的起伏, 声场的起伏强度受到波导的影响, 在不同条件下的起伏声强有着显著差异。当声源深度为 10m 时, 由于声速剖面的影响, 声波能量主要在波导的下方传播, 声强起伏不是很明显, 如图 3.9(a) 和 (b) 所示。当声源深度为 90m 时, 结果如图 3.9(c) 和 (d) 所示, 物体对声强的扰动起伏变得相对剧烈。也就是说, 在夏季声速剖面情况下, 如果采用单个声源发射, 将声源放在波导的下方, 物体前向引起声强变化会相对显著。当声源深度和物体深度均为 90m 时, 分析物体穿过收发连线对接收信号强度的影响, 结果如图 3.10(b) 所示。与图 3.7 得到的结果一致, 声强的起伏约为 2dB。

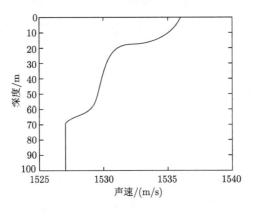

图 3.8   典型浅海夏季的声速剖面

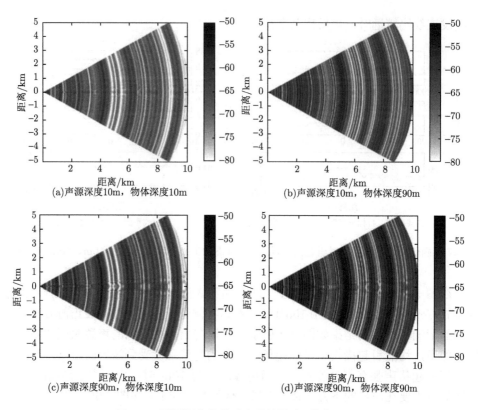

图 3.9　不同深度物体对声强的影响 (单位：dB)

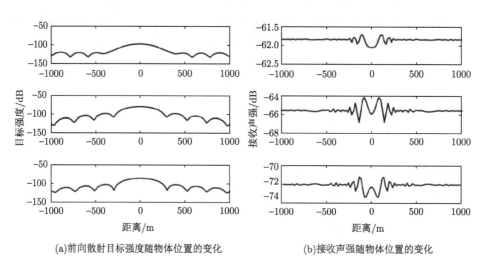

图 3.10　椭球穿过收发连线时引起的声场起伏 (分图由上到下深度分别为 10m、50m 和 90m)

3.3 波数积分 – 虚源耦合模型

3.3.1 基本原理

　　虚源方法 (Schmidt, 2004) 的原理如图 3.11 所示，它将散射物体用其内部的一系列分布声源 (虚源) 所替代，本质上是波场叠加 (Sarkissian, 1994a, 1994b) 方法。虚源的幅度和相位用物体表面应满足的边界条件来确定，即虚源声场和入射声场在物体表面的叠加应保持声压和法向位移不变，这样散射声场就由虚源直接产生。该方法已被证明具有很高的计算效率和精度。

　　在图 3.11 中，将物体移去并用一系列离散分布的点源替代。p 和 u 分别表示物体表面的声压与法向位移，$c(z)$ 为声速剖面，S 为虚源的复数强度，由虚源叠加产生的声场与实际物体的散射声场一致。

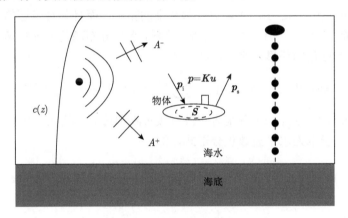

图 3.11　虚源方法原理图

　　如果物体表面离散成 N 个节点，则节点上的声压 p 和法向位移 u 可以分解成已知的入射声场 p_i、u_i 和未知的散射声场 p_s、u_s，即

$$p = p_i + p_s \tag{3.45}$$

$$u = u_i + u_s \tag{3.46}$$

散射声场由虚源 S 产生，即

$$p_s = PS \tag{3.47}$$

$$u_s = US \tag{3.48}$$

式中，P 和 U 为 $N \times N$ 矩阵，分别包含了由 N 个虚源到 N 个节点之间的压力和法向位移格林函数。虚目标表面必须满足与实际物体相应的边界条件，因此

实际物体内部也必须满足格林法则，从而给出了物体表面声压和法向位移的唯一关系。针对 N 个离散的表面节点，这种关系可用与频率相关的动态刚度矩阵 $\boldsymbol{K}$ 表示为

$$\boldsymbol{p} = \boldsymbol{K}\boldsymbol{u} \tag{3.49}$$

通过式 (3.45)～式 (3.49) 可以导出虚源复数强度的表达式为

$$\boldsymbol{S} = (\boldsymbol{P} - \boldsymbol{K}\boldsymbol{U})^{-1} (\boldsymbol{K}\boldsymbol{u}_{\mathrm{i}} - \boldsymbol{p}_{\mathrm{i}}) \tag{3.50}$$

求出虚源复数强度后，采用叠加原理和环境空间中的格林函数，可以计算物体以外的散射声场。

分层海洋中的格林函数可采用很多方法计算，如波数积分、简正波和抛物方程等。以上公式中格林函数是在近场进行计算，因此采用傅里叶 – 贝塞尔波数积分公式 (Schmidt et al., 1985) 可以获得较高的精度，而且其对声源的分布可以灵活设置，包括多个声源和任意位置分布。这样，水平分布源的位移势函数 $\phi(r,\theta,z)$ 可以表示为方位角的傅里叶级数，即

$$\phi(r, \theta, z) = \phi_{\mathrm{S}} + \phi_{\mathrm{H}} = \sum_{m=0}^{\infty} [\phi_{\mathrm{S}}^{m}(r,z) + \phi_{\mathrm{H}}^{m}(r,z)]\, \mathrm{e}^{\mathrm{j}m\theta} \tag{3.51}$$

式中，$\phi_{\mathrm{S}}^{m}(r,z)$ 和 $\phi_{\mathrm{H}}^{m}(r,z)$ 分别为声源直接贡献和边界作用所产生场的傅里叶系数，两者均可表示为水平波数积分形式，即

$$\phi_{\mathrm{S}}^{m}(r,z) = \frac{\varepsilon_m}{4\pi} \int_{0}^{\infty} \left\{ \sum_{i=1}^{N} S_i \mathrm{e}^{\mathrm{j}m\theta_i} \mathrm{J}_m(k_r r_i) \frac{\mathrm{e}^{\mathrm{j}k_z|z-z_i|}}{\mathrm{j}k_z} \right\} k_r \mathrm{J}_m(k_r r)\mathrm{d}k_r \tag{3.52}$$

$$\phi_{\mathrm{H}}^{m}(r,z) = \int_{0}^{\infty} \left[A_m^{+}(k_r)\mathrm{e}^{\mathrm{j}k_z z} + A_m^{-}(k_r)\mathrm{e}^{-\mathrm{j}k_z z} \right] k_r \mathrm{J}_m(k_r r)\mathrm{d}k_r \tag{3.53}$$

式中，k_r 和 k_z 分别是水平波数和垂直波数；S_i 是点源 i 在位置 (r_i, θ_i, z_i) 的复数强度；$A_m^{+}(k_r)$ 和 $A_m^{-}(k_r)$ 是多次边界作用产生的上行和下行波场幅度的方位傅里叶系数，它们必须满足所有水平界面的边界条件；因子 ε_m 在 $m=0$ 时为 1，其他情况时为 2。

采用基于直接全局矩阵的波数积分方法可以评估式 (3.52) 和式 (3.53)，对式 (3.51) 需要的格林函数，若仅考虑与目标界面的作用，则允许式 (3.53) 中的 A_m^{+}、A_m^{-} 用平面波反射与传输系数直接表示。这种近似忽略了与分层介质中其他界面的多次作用，在大多数实际问题 (远处接收) 中是有效的方法。对于自由空间，格林函数则更简单。

3.3.2　波数积分–虚源耦合模型特点

波数积分 – 虚源耦合模型是一种混合建模方法，适用于分层海洋波导中的三维水下弹性物体散射计算，考虑了目标和分层界面之间的多次散射；目标具有

任意表面形状和动态硬度，其表面硬度矩阵可通过解析确定，或利用有限元方法 (Ihlenburg, 1998) 进行数值计算。一般分层介质环境中，虚源方法具有以下特性。

(1) 以往研究的混合建模框架利用波数积分模型计算目标位置的入射声场，并与弹性物体的自由场散射函数进行卷积，在目标位置处有效地用虚的、多极源取代实际物体。这种单散射方法忽略了物体和海底的多次作用，不能精确地处理部分掩埋物体的散射。

(2) 虚源场与入射声场进行叠加，虚源强度由物体表面的已知边界条件确定。任何弹性物体的边界条件可以表示成动态刚度矩阵的形式，它表示了表面压力和法向位移之间的唯一关系。这种刚度矩阵取决于频率、形状、内部结构和组成，与周围的介质无关，可以由任何独立的方法计算，如采用格林法则计算各向同性的物体或者用精确球谐波计算球壳物体的刚度矩阵，而复杂物体刚度矩阵采用有限元方法计算。

(3) 物体的散射问题涉及近场和很多虚源，与三维波数积分模型最容易结合，而且包含了弥散波成分，计算精度很高。波数积分模型用于计算入射声场和散射声场的三维传播，物体刚度矩阵用解析或数值方法 (边界元、有限元等技术) 独立计算，两者通过虚源方法进行耦合，从而构成完整的水中物体声散射混合计算模型。

3.3.3 虚源数量对计算结果影响分析

采用虚源模型计算自由空间中目标的散射声场，用以下经验方法设定虚源：表面节点的分离程度与局部曲率半径成正比，将虚源放置在表面节点的内法线方向，其深度为节点间分离距离的 3/5。

1. 弹性球壳体

假设物体为球壳体，球壳体的外半径为 5m，厚度为 0.15m，密度为 7700kg/m³。纵波声速为 5600m/s，吸收系数为 0.01dB/λ；横波声速为 2800m/s，吸收系数为 0.02dB/λ，球壳体内部为真空。入射波为平面波。虚源在球壳体内部呈圆环状分布，分别考虑虚源个数为 508 个 (20 个圆环)、1146 个 (30 个圆环)、2038 个 (40 个圆环) 和 2696 个 (45 个圆环) 对计算结果的影响。考虑 300Hz、500Hz 和 1kHz 平面波入射情况下的三维散射声强分布，不同双基地分置角情况下沿距离分布计算结果如图 3.12 所示。

可以看出，在 300Hz 和 500Hz 入射频率下，当虚源个数为 1146 个和 2038 个时，计算散射声强结果非常接近，而虚源个数减少或者增多时，计算结果差异较大。由于采用的是等效声源叠加思想，在距离物体表面很近时计算声强分布误差较大。在频率为 300Hz 和 500Hz 情况下，计算结果比较准确；当频率提高到 1kHz 时，由于计算过程采用基于快速积分算法的贝塞尔函数数值积分，为了得到准确的积分结果，需采用较大的 FFT 点数。此外，当物体尺寸和波长比较大时，刚度矩阵条件数变得非常大，矩阵求逆存在着奇异，导致结果误差变大甚至不正确。不同收发分置角下的结果表明，在前向方向上的计算误差相对较小。

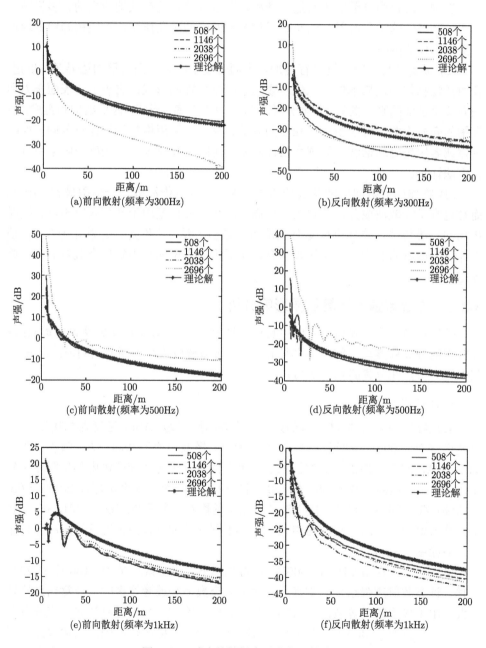

图 3.12　球壳体散射声强分布计算结果

2. 刚性旋转椭球体

刚性旋转椭球体的短半轴为 4m, 长半轴为 16m, 椭球体形状和虚源分布如图 3.13 所示。入射平面波频率为 500Hz, 由椭球的短轴方向入射。分别计算虚源分布形式为 20 个、30 个、40 个和 45 个圆环对计算结果的影响, 对应的虚源个数为 508 个、1146 个、2038 个和 2696 个。并将计算结果与基于边界积分方法的商业软件 SYSNOISE(李增刚, 2005) 计算得到的椭球散射声强分布进行比较, 得到的结果如图 3.14 所示。由计算的声强分布可以看出, 当虚源个数为 508 个时的声强分布和边界元计算结果相差很大, 显然结果是不准确的。虚源个数为 1146 个和 2038 个时, 结果与边界元计算结果比较接近, 如果虚源个数增加到 2696 个时, 计算误差又会增大, 这与物体为球壳体时得到的结果一致。由计算结果可以看出, 在前向方向上, 散射波占据着一定的扇区宽度, 散射能量很强, 而在反向方向上, 散射波占据的波瓣较宽, 但要比前向散射波声强弱大约 20dB。

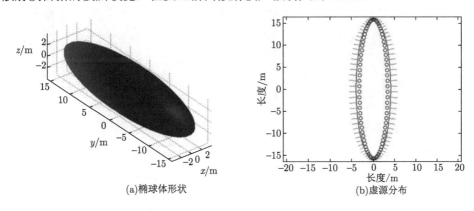

(a)椭球体形状   (b)虚源分布

图 3.13   椭球体形状及虚源分布

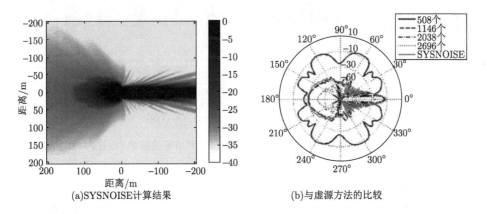

(a)SYSNOISE计算结果   (b)与虚源方法的比较

图 3.14   SYSNOISE 计算结果及与虚源方法的声强分布比较 (单位: dB)

　　不同情况下的计算结果表明, 当尺寸波长比较大时, 需要的离散点数增多, 方法容易不收敛, 太少则误差增大。在实际使用时, 应合理地选取虚源数量。

3.3.4　虚源分布形式对散射场计算结果的影响

1. 球壳体

　　虚源到物体表面的距离为节点间分离距离的 δ 倍, 调节该参数, 可以改变虚源的分布位置。以典型球壳体为例, 入射平面波的频率为 500Hz, 虚源个数为 2038 个, 考虑虚源分布于不同半径球壳体表面时对计算结果的影响。δ 的取值分别为 0.5、0.7、0.8、0.9, 散射声强计算结果如图 3.15 所示。由计算的三维散射声强分布可以看出, 对于该球壳体, 虚源分布位置对计算结果几乎没有影响。这是因为对于完全对称的物体, 在 500Hz 低频条件下, 求解虚源强度过程中 [式 (3.50)] 矩阵求逆比较准确, 不存在奇异值问题。

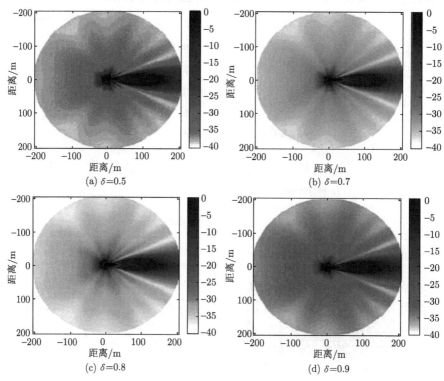

图 3.15　不同虚源位置对球壳体散射声强计算结果的影响 (单位: dB)

2. 旋转椭球体

　　刚性旋转椭球体的短半轴为 4m, 长半轴为 16m。500Hz 的平面波作用到物体的正横方向上, 虚源个数为 2038 个, δ 的取值分别为 0.4、0.5、0.6、0.7、0.8、

0.9。计算得到 200m 距离上的散射声强分布如图 3.16 所示。由三维散射声强的分布可以看出，声强分布有细小的差别。δ 的取值为 0.4 和 0.5 时散射条纹明显增多，在后向方向上，反射声波强度分布条纹有微弱的变化。在前向方向上，声强相差在 2dB 以内，反向方向上除δ=0.4 时的情况，计算结果声强相差也保持在 2dB 以内，说明该方法的计算结果能满足工程要求。

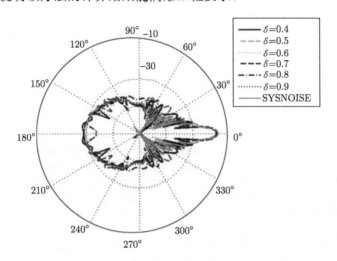

图 3.16   不同分布虚源对椭球散射声强分布的影响 (200m 距离上散射声强，dB)

由计算结果可以看出，声波由椭球体的正横方向入射时，前向散射目标强度要高出反向目标强度大约 20dB，若提高声源频率或者物体尺寸，那么前向散射目标强度的优势会更加明显。

3.4   本章小结

水中目标体声散射计算模型研究可以为水中目标散射特征和探测系统参数设计提供重要的理论参考和依据。本章在归纳总结文献的基础上，主要介绍了波数积分 – 散射函数耦合模型、简正波 – 散射函数耦合模型和波数积分 – 虚源耦合模型，并对典型物体散射声场进行了仿真分析。

本章采用基于快速场算法的波数积分模型可以高效地计算信道中球体的散射声场，该方法也可以推广到海底掩埋球体的散射声场计算。简正波分解模型结合等效柱方法，可以计算出信道中细长物体的散射声场。当声源频率不高、距离较远时，该模型可以很好地对水中目标体的散射声场进行预报。

虚源模型将散射物体用其内部的一系列分布声源 (虚源) 所替代，虚源强度根据物体的边界条件确定。该模型适用于分层海洋波导中的三维水中弹性物体散射计算，考虑了目标和分层界面之间的多次散射，目标具有任意表面形状和动态硬度，其表面刚度矩阵可通过解析确定，或利用有限元方法进行数值计算。

　　水声信道中的目标声散射建模一直是水声目标散射研究的难点，本章给出了几种经典模型，其他一些模型 (Grigorieva et al.,2013; Sessarego et al., 2012; Cristini et al., 2011; Prospathopoulos et al., 2009) 大多在此基础上发展而来，或者采用了射线模型与局部目标散射特性的耦合方法 (陈燕等, 2013, 2010)，要建立准确的计算模型还需要更多的研究工作，几种模型各有优势，需要根据不同的应用背景选择。

<h2 style="text-align:center">参 考 文 献</h2>

陈燕, 汤渭霖, 范军, 2010. 浅海波导中目标回声计算的射线声学方法[J]. 声学学报, 35(3): 335-342.

陈燕, 汤渭霖, 范军, 等, 2013. 基于射线跟踪技术的浅海波导中目标回声计算[J]. 声学学报, 38(1): 12-20.

雷波, 马远良, 杨坤德, 2007. 有限波束作用下掩埋球体的散射声场计算[J]. 应用声学, 26: 367-374.

李增刚, 2005. SYSNOISE Rev5.6 详解[M]. 北京: 国防工业出版社.

刘伯胜, 雷家煜, 2010. 水声学原理[M]. 哈尔滨: 哈尔滨工程大学出版社.

王桂波, 彭临慧, 2005. 浅海波导中刚性球声散射特性研究[J]. 中国海洋大学学报 (自然科学版), 35: 515-520.

BOWMAN J J, SENIOR T B A, USLENGHI P L E, et al., 1987. Electromagnetic and Acoustic Scattering by Simple Shapes[M]. New York: Hemisph. Publ. Corp. Press.

CRISTINI P, KOMATITSCH D, 2011. Scattering by an elastic object in the time domain for underwater acoustic applications by means of the spectral-element method[J]. J. Acoust. Soc. Am., 130(4): 2331-2331.

GRIGORIEVA N S, FRIDMAN G M, 2013. Acoustic scattering from an elastic spherical shell in an oceanic waveguide with a penetrable bottom[J]. J. Comp. Acoust., 21(3): 1350009.

HE T, HUMPHREY V, MO S, et al., 2020. Three-dimensional sound scattering from transversely symmetric surface waves in deep and shallow water using the equivalent source method[J]. J. Acoust. Soc. Am., 148: 73.

IHLENBURG F, 1998. Finite Element Analysis of Acoustic Scattering[M]. New York: Appl. Math. Sci. Verlag.

INGENITO F, 1987. Scattering from an object in a stratified medium[J]. J. Acoust. Soc. Am., 82: 2051-2059.

JENSEN F B, KUPERMAN W A, PORTER M B, et al., 2011. Computational Ocean Acoustics[M]. New York: Springer Science & Business Media.

JU Y, LIU W, LI J, et al., 2019. The research on the simulation of near-field acoustic scattering[C]. OCEANS 2019, Marseille: 1-6.

LEI B, YANG K D, MA Y L, et al., 2012. Forward acoustic scattering by moving objects: Theory and experiment[J]. Chinese Sci. Bull., 57: 313-319.

MAKRIS N C, 1998. A spectral approach to 3-D object scattering in layered media applied to scattering from submerged spheres[J]. J. Acoust. Soc. Am., 104: 2105-2113.

MATVEEV A L, 2000. Complex matched filtering of diffraction sound signals received by a vertical array[J]. Acoust. Phys., 46: 80-86.

MATVEEV A L, SPINDEL R C, ROUSEFF D, 2007. Forward scattering observation with partially coherent spatial processing of vertical array signals in shallow water[J]. IEEE J. Ocean. Eng., 32: 626-

639.

PORTER M B, 1992. The KRAKEN normal mode program[R]. SM-245. SACLANT Undersea Research Centre, La Spezia, Italy.

PROSPATHOPOULOS A M, ATHANASSOULIS G A, BELIBASSAKIS K A, 2009. Underwater acoustic scattering from a radially layered cylindrical obstacle in a 3D ocean waveguide[J]. J. Sound and Vibr., 319: 1285-1300.

RATILAL P, LAI Y, MAKRIS N C, 2002. Validity of the sonar equation and Babinet's principle for scattering in a stratified medium[J]. J. Acoust. Soc. Am., 112: 1797-1816.

SARKISSIAN A, 1994a. Method of superposition applied to scattering from a target in shallow water[J]. J. Acoust. Soc. Am., 95: 2340-2345.

SARKISSIAN A, 1994b. Multiple scattering effects when scattering from a target in a bounded medium[J]. J. Acoust. Soc. Am., 96: 3137-3144.

SCHMIDT H, 2004. Virtual source approach to scattering from partially buried elastic targets[C]. High Freq. Ocean Acoust, La Jolla: 456-463.

SCHMIDT H, GLATTETRE J, 1985. A fast field model for three-dimensional wave propagation in stratified environments based on the global matrix method[J]. J. Acoust. Soc. Am., 78: 2105-2114.

SESSAREGO J P, CRISTINI P, GRIGORIEVA N S, 2012. Acoustic scattering by an elastic spherical shell near the seabed[J]. J. Comp. Acoust., 20(3): 1250006.

YANG T C, 1994. Scattering from an object in a stratified medium. II. Extraction of scattering signature[J]. J. Acoust. Soc. Am., 96: 1020-1031.

ZVEREV V A, MATVEEV A L, MITYUGOV V V, 1995. Matched filtering of acoustic diffraction signals for incoherent accumulation with a vertical antenna[J]. Acoust. Phys., 41: 518-521.

第 4 章 水声信道目标前向散射声场特征

水中物体靠近收发连线附近时，其前向散射信号与直达信号的到达时间相近，散射信号与直达信号会产生干涉现象，导致接收声场产生扰动。研究物体前向散射引起的接收声场扰动的物理机理及其规律，是对物体前向散射现象的深入认识，也是实现水中目标前向散射探测的物理基础。

水声入射信号在信道中传播时，受信道传播特性的影响，存在着多途效应和多模态效应，当声波作用到物体上后，散射信号的远程传播又受到信道传输特性的影响。因此，水声信道中物体的散射声场是非常复杂的，尤其对复杂物体前向散射声场特征的精细计算和预报还存在很大的困难。但是，对前向散射声场的典型特征以及形成机理的掌握，有助于进一步开展前向散射的探测研究。一些基本的前向散射声场特征已经得以揭示，如水声信道中球形目标体的散射声场分布特征 (Makris, 1998)、物体靠近收发连线引起的声场相位变化特征 (Barton et al., 2011; Naluai et al., 2007; Rapids et al., 2006, 2002) 以及引起的时反散焦特征 (Tsurugaya et al., 2008; Tesei et al., 2004; Song et al., 2003) 等，为基于前向散射理论的水下目标探测提供了重要的科学依据。

本章重点阐述水中运动目标穿越收发连线时前向散射引起的接收声场扰动机理，描述声场扰动与物体位置等参数的内在规律。如第 2 章所述，前向散射声场特征与物体的形状关系密切，4.1 节分析前向散射信号强度分布、信号的多普勒频移及包络变化等现象，揭示前向散射信号强度的 "眼" 状分布特征。4.2 节通过简正波模态理论，对典型环境中的目标前向散射声场模态进行仿真分析，揭示前向散射引起的简正波模态耦合特征。4.3 节利用垂直阵波束形成，分析直达波声场、前向散射声场和总声场的垂直到达结构，讨论前向散射声场结构与直达波声场结构分离的可行性，并采用湖上实验数据验证。4.4 节由波动理论出发，推导并揭示前向散射引起声场扰动的理论。4.5 节和 4.6 节在课题组开展大量外场实验的基础上，描述前向散射特征的湖上实验测量原理以及数据处理方法，重点分析运动物体穿越收发连线引起的声场扰动规律。

4.1 前向散射声场到达能量分布

本节由前向散射的几何关系出发，仿真分析前向散射声呐探测的覆盖区域，并给出前向散射信号的多普勒频移、信号包络起伏等的变化规律。

4.1.1　前向散射探测区域

在前向散射探测的双基地配置情况下，假设物体的横向截面积为 A，入射声强为 I_i，那么投影到物体表面的声波能量为 $A \cdot I_i$，则在物体正前方 1m 处，散射声强为 (雷波等, 2010b ; Lei et al., 2009)

$$I_s = \gamma I_i A / (4\pi) \tag{4.1}$$

式中，γ 表示物体辐射方向性因子。于是，根据等效目标强度定义，正横方向上前向散射目标强度为

$$\mathrm{TS} = I_s / I_i = \gamma A / (4\pi) = (4\pi A / \lambda^2) \times A / (4\pi) = (A/\lambda)^2 \tag{4.2}$$

其中，物体辐射方向性因子为

$$\gamma = 4\pi A / \lambda^2 \tag{4.3}$$

对于横截面为矩形的物体，边长为 a 和 b，式 (4.2) 成立的条件为

$$A = ab, \quad a/\lambda \gg 1, \quad b/\lambda \gg 1 \tag{4.4}$$

可以看出，如果式 (4.2) 两边取对数，则正是基于巴比涅原理求物体前向散射目标强度的表达式。也就是说，前向散射声场可以看作障板的二次辐射。在与入射波相同的方向上，物体的前向散射等效于同等横截面的活塞辐射，因此目标强度很大，而在其他方向上，由于活塞辐射的指向性，前向散射目标强度迅速下降。

假设一旋转椭球体的长半轴为 30m，短半轴为 4m，频率为 500Hz 的声波以不同方向入射到物体上，由 2.3 节介绍的模型计算得到的不同入射方向目标强度分布如图 4.1 所示。椭球体的正横方向为 0°。在前向散射的方向上，目标强度具

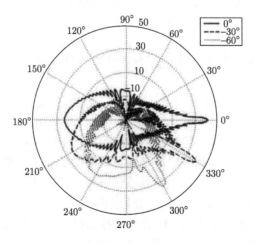

图 4.1　旋转刚性椭球体的目标强度分布 (单位：dB)

有最大值，但随着角度偏移，目标强度迅速下降，这和前面的理论分析是一致的。当入射声波垂直照射到椭球上时，椭球体的横截面最大，根据式 (4.2)，目标强度达到最大值，在 500Hz 频率声波作用下可以达到 40dB。反向目标强度最大值只有 25dB，比前向散射目标强度弱 15dB。当声波入射方向逐渐靠近椭球体首尾方向时，前向散射目标强度逐渐减小。前向散射目标强度随频率的变化如图 4.2 所示。实线表示理论计算结果，虚线表示巴比涅原理计算结果，当频率逐渐变大时，两结果趋于一致，说明在高频情况下，可以采用巴比涅原理近似计算前向散射目标强度。

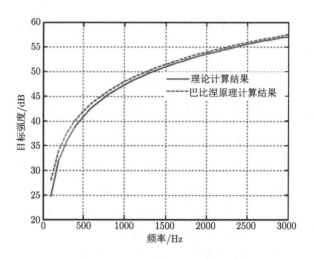

图 4.2   前向散射目标强度随频率的变化

根据 3.2 节中的散射场近似计算公式 [式 (3.32)]，信号源强度为 μ 的声源产生水中物体的散射声场可以近似表示为

$$\Phi_{\mathrm{s}}(\boldsymbol{r}|\boldsymbol{r}_0) = (4\pi)^2 \mu \left\{ \sum_n [A_n(\boldsymbol{r}_0) - B_n(\boldsymbol{r}_0)] \right\}$$

$$\times \left\{ \sum_m [A_m(\boldsymbol{r}) - B_m(\boldsymbol{r})] \right\} S(\alpha, \beta; \alpha_{\mathrm{i}}, \beta_{\mathrm{i}})/k \tag{4.5}$$

式 (4.5) 中仅含有幅度信息，忽略了散射声场的相位信息，且取决于声源和接收点相对于问题的角度。式 (4.5) 对波导散射现象做了非常简单的假设，其成立条件具有一定的局限性。设 $\alpha_{M\max}$ 是对散射声场有贡献的最高简正模式平面波的入射角，$2\Delta\phi_\alpha = 2|\pi/2 - \alpha_{M\max}|$，为等效掠射角的开角。对于柱体，$\lambda$ 表示波长，L 表示沿深度方向的尺度，则 λ/L 表示目标散射开角的参数。如果在目标散射开角内目标散射函数变化很小，即满足不等式 $2\Delta\phi_\alpha = 2|\pi/2 - \alpha_{M\max}| < \lambda/L$，

式 (4.5) 近似成立。对于低频，激发的简正波阶数较低，式 (4.5) 很容易满足；当频率较高时，高阶简正波经过远距离传播后损失较大，可以忽略不计，式 (4.5) 近似成立。

对于前向散射系统，由于目标靠近收发连线位置，直达波直接作用到接收阵上，满足声呐方程：

$$SL - TL_0 < SL - TL_1 - TL_2 + TS + PG > NL \qquad (4.6)$$

接收的前向散射信号强度为

$$SE = SL - TL_1 - TL_2 + TS \qquad (4.7)$$

式中，SL 为声源级；TL_0、TL_1 和 TL_2 分别表示从声源到接收阵、声源到目标和目标到接收阵的传播损失；NL 为海洋背景噪声级，PG 为信号处理增益，采用超空间坐标置零 (Deferrari et al., 2005; Chang, 1992) 技术结合波束形成技术对直达波进行抑制，经过脉冲压缩后的增益可以达到 60dB。式 (4.6) 中，小于号左边项表示直达波强度级，小于号右边项表示处理后前向散射信号强度。前向散射系统处理后的信直比定义为小于号右边项与小于号左边项之比，由该值可以确定系统的覆盖范围。该声呐方程表示，接收数据经过处理以后，信号强度要高于直达波强度和海洋背景噪声级。

假设收发连线的长度为 30km，声源级为 200dB，声波频率为 500Hz，水深为 100m，物体为刚性旋转椭球体，短半轴为 4m，长半轴为 30m，在收发连线附近移动，采用声呐方程，得到的估计前向散射信号强度分布如图 4.3 所示，任意点的坐标表示物体所处的位置，该点强度表示前向散射信号强度。图 4.3(a) 中，物体运动方向垂直收发连线。注意到，当物体位于收发连线上时，信号强度高，这是因为此时物体的散射面积最大，前向散射目标强度达到最大值，但是该区域中信号多普勒频移非常小，甚至为 0，利用多普勒频移检测物体的算法失效，该区域成为检测盲区；当物体逐渐偏离收发连线时，信号强度降低，但收发分置角仍然很大，仍处于前向散射区域；偏离很大时，分置角变小，此时前向散射声呐变为双基地声呐，如图 4.4 所示，前向散射声呐的覆盖区域呈"眼"状分布。此外，在前向散射检测区域，接收信号强度范围可达 50~100dB，远远低于约为 120dB 的直达波信号强度，这给信号检测及大动态范围的系统设计提出了很高的要求。如果考虑到信号传播过程中的频谱扩展，系统处理增益下降，覆盖范围减小。

若物体不是垂直收发连线运动，而是与收发连线有一定的夹角，如当夹角为 75° 时，物体位于收发连线上的前向散射目标强度没有达到最大值，其他条件保持不变，计算该系统的前向散射信号强度分布，得到的结果如图 4.3(b) 所示。图 4.3(b) 中，前向散射信号强度变弱，前向散射检测区域变小，但物体运动方向

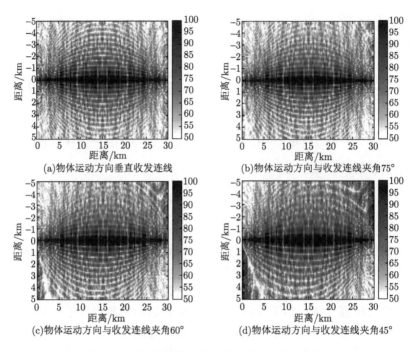

图 4.3   估计前向散射信号强度分布 (单位：dB)

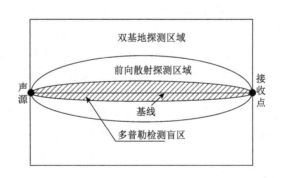

图 4.4   前向散射探测系统覆盖区域示意图

与收发连线有一定的夹角，物体运动到收发连线上时多普勒频移不为 0，利用一些弱多普勒检测方法有可能检测出物体。如果夹角变小，如图 4.3(d) 所示，物体运动方向与收发连线的夹角为 45°，该现象能更明显地反映出来。

　　如果目标为球体时，由于具有不同的目标前向散射函数，前向散射目标强度分布发生变化，计算得到的结果如图 4.5 所示。球体半径为 4m，对应前向散射目标强度较小，前向散射主瓣宽，前向探测区域宽度大，强度小。随着目标尺度的增大，前向散射目标强度增大，主瓣宽度下降，因此前向散射主瓣覆盖区域的强度增大，宽度减小。由于物体尺寸与波长之比增大，前向散射旁瓣覆盖区域增强。

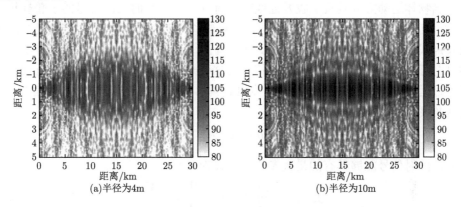

(a)半径为4m

(b)半径为10m

图 4.5 球体目标前向散射目标强度探测覆盖区域 (单位：dB)

4.1.2 前向散射频移特征

当物体靠近收发连线时，如图 4.6 所示，S、T、R 分别为声源、目标和接收点，假设物体的运动速度为 V，物体的长度为 l_s。在收发分置情况下，距离分辨率 (Cherniakov et al., 2006) 为

$$\Delta R_{\mathrm{BS}} = c/\left[2B\cos(\beta/2)\right] \tag{4.8}$$

式中，c 为声速；β 为双基地分置角；B 为发射信号的带宽。对于前向散射声呐系统，有

$$\Delta R_{\mathrm{BS}} \to \infty, \quad \beta \to 180° \tag{4.9}$$

可以看出，当目标靠近收发连线时，发射信号的带宽不影响系统的距离分辨率，因此在前向散射探测中可以通过发射连续波信号进行长时间的相干累积。

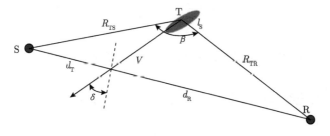

图 4.6 前向散射系统示意图

对于运动物体，回波信号的多普勒频移可以估计为

$$f_{\mathrm{d}} = \frac{2V}{\lambda} \cos \delta \cos(\beta/2) \tag{4.10}$$

当物体运动方向垂直于收发连线时，有 $\delta = 0°$，此时回波信号的多普勒频移最大，但仍然要小于单基地情况下的多普勒频移 $(2V/\lambda)$。$\delta = 0°$ 会导致目标位于收发连线附近时目标的多普勒信号为 0，与直达波完全重叠，增大检测难度。由图 4.1 可以看出，物体的前向散射信号占据着一定的扇区，当物体向靠近收发连线附近运动时，如图 4.7 所示，接收点接收到由前向散射主瓣区域散射的信号，其观测角度为

$$\theta = \lambda/(2l) \tag{4.11}$$

因此，散射信号能够具有的最大多普勒频移为

$$f_{\mathrm{d\,max}} = \frac{2V}{\lambda} \sin \theta \approx \frac{2V}{\lambda}\theta = \frac{V}{l} \tag{4.12}$$

物体在前向散射主瓣内的位移为

$$L = 2\theta d_{\mathrm{R}} = \lambda/l \cdot d_{\mathrm{R}} \tag{4.13}$$

因此，物体的观测时间 ($-3\mathrm{dB}$ 宽度) 为

$$T_0 = L/V = 2\theta d_{\mathrm{R}}/V = \lambda d_{\mathrm{R}}/(lV) \tag{4.14}$$

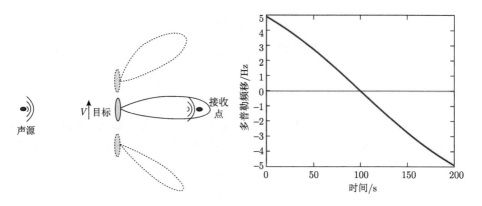

图 4.7　前向散射探测示意图与目标多普勒频移变化趋势

物体在收发连线附近匀速运动，回波信号带宽为 $[-f_{\mathrm{d\,max}}, f_{\mathrm{d\,max}}]$。脉冲压缩以后，系统增益为

$$P = 2f_{\mathrm{d\,max}}T_0 = \lambda d_{\mathrm{R}}/l^2 \tag{4.15}$$

当物体距离收发连线很近，水听器位于前向散射主瓣内时，物体的前向散射

目标强度大。如果物体偏离收发连线，目标强度减小，此时应该考虑用前向散射旁瓣进行探测，目标强度对应前向散射旁瓣的强度。对于简单的目标，假设声波在目标上投影面为矩形，前向散射信号近似表示为 (Zverev et al., 2001)

$$P_{\mathrm{d}} = A_{\mathrm{d}} S_{\mathrm{d}}(t - t_{\mathrm{c}})$$
$$S_{\mathrm{d}}(t) = \varPhi\left(\frac{t}{T_{\mathrm{d}}}\right) \mathrm{e}^{\mathrm{j}\gamma t^2} \tag{4.16}$$

式中，A_{d} 为信号的幅度，正比于入射信号的强度；t_{c} 为物体穿过收发连线的时间；$\varPhi(x) = \sin(\pi x)/(\pi x)$；$T_{\mathrm{d}}$ 为散射信号长度；γ 为信号的多普勒频移变化速率。T_{d} 和 γ 分别表示为

$$T_{\mathrm{d}} = \frac{2\pi h}{klv}, \quad \gamma = \frac{kv^2}{2h} \tag{4.17}$$

式中，$h = d_{\mathrm{R}} d_{\mathrm{T}}/d$，$d = d_{\mathrm{T}} + d_{\mathrm{R}}$，为收发连线长度；$v = V\cos\delta$；$l = l_{\mathrm{s}}\cos\delta$；$k$ 为波数。对于一般物体，其散射函数发生存在差异，前向散射信号可近似写为 (Matveev et al., 2007)

$$P_{\mathrm{d}} = A_{\mathrm{d}} \mathrm{e}^{-2[(t-t_{\mathrm{c}})/T_{\mathrm{d}}]^2} \mathrm{e}^{\mathrm{j}\gamma(t-t_{\mathrm{c}})^2} \tag{4.18}$$

式 (4.18) 为自由空间中的前向散射信号表达式。在浅海环境中，受到海底和海面的影响，散射信号的幅度和相位与接收点的位置有关。

假设物体的运动速度为 5m/s，物体长度为 60m，声波频率为 500Hz，收发连线长度为 10km，物体位于收发连线的中心线上垂直收发连线运动，此时物体的距离变化率很小，得到式 (4.18) 所示的关于速度搜索的模糊度函数，如图 4.8 所示。可以看出，当速度为 5m/s 时，模糊度函数具有最大值；当速度小于 5m/s 时，信号和待测信号具有一定的相关性，主峰随速度下降展宽；当速度大于 5m/s 时，信号的相关性变得很弱。

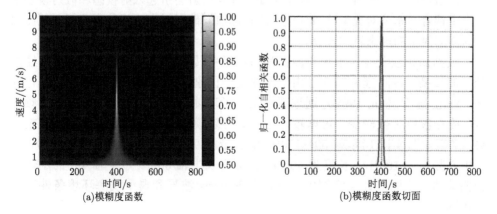

图 4.8　模基信号的模糊度函数

考虑声波在浅水波导环境中的目标前向散射，利用第 3 章介绍的简正波散射场理论模型计算的椭球体前向散射信号包络信号如图 4.9(a) 所示。由于声波在波导中的传播，信号的包络发生变化，但与式 (4.18) 得到的模型信号还存在着较好的相关性。相关函数如图 4.9(b) 所示。波导对散射信号传播的影响使相关函数已经没有图 4.8 中的情况理想，导致相关函数存在着旁瓣。可以看出，如果能比较准确地对前向散射信号进行建模，如已知物体的长度、运动速度以及和声源的距离等参数，利用匹配滤波技术可以从噪声中提取由目标运动引起的信号强度的微弱起伏 (Matveev et al., 2007)；反之，也可以根据该信号的起伏对上述比较敏感的参数进行搜索，从而提取目标的有用信息。

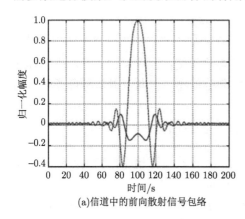
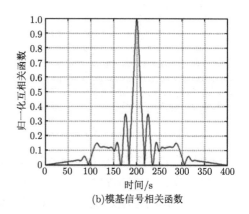

(a) 信道中的前向散射信号包络   (b) 模基信号相关函数

图 4.9   前向散射信号包络与模基信号的相关函数

4.2   前向散射引起的声场模态变化

由信道中前向散射简正波理论可知，前向散射会引起入射模态和散射模态之间产生耦合，本节对典型浅海环境下的目标前向散射模态进行仿真分析，从而揭示前向散射中的模态转化现象。

根据简正波理论，水中声波在浅海信道中传播时，存在着多阶模态，经过长距离传播，各阶模态的信号由于群速度的区别，有可能从到达时间上进行分离。Yang 等 (1994a, 1994b) 通过建模发现了球体散射的频散现象。对于低频信号，简正波模态数较少，可以较好地分离各阶模态。为了能对模态进行有效分离，采用如图 4.10 所示的 50～150Hz 的宽带高斯包络脉冲信号为发射信号，信号中心频率为 100Hz，长度为 40ms。目标为长半轴 30m、短半轴 4m 的刚性旋转椭球体。下面的计算实例中，分别在 Pekeris 波导和典型浅海环境条件下进行仿真。

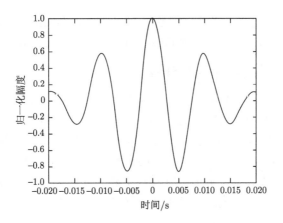

图 4.10 发射信号波形

4.2.1 Pekeris 波导中的模态耦合

假设声源和物体的深度为 50m，收发距离为 20km，目标距离声源和接收点的距离分别是 8km 和 12km。图 4.11 为 Pekeris 波导中直达波和前向散射波的模态结构。图 4.11(a) 中直达波的接收深度为 50m，可以看出，接收信号的多模态结构非常清晰，由于声波在信道中的长距离传播，高阶模态衰减非常大，剩下低阶模态起主要作用。声源和接收点均位于波导的中心深度，偶数阶模态近似为 0，因此图中只有奇数阶模态。物体进入信道后，使得入射模态和散射模态发生耦合作用，为了简化分析，这里只考虑第一阶模态入射，得到的结构如图 4.11(b) 所示。可以看出，尽管只有第一阶模态入射，经过目标散射后，将入射信号耦合到多阶模态中，接收到的散射波中存在着多阶模态，但仍以第一阶模态的强度最大。将图 4.11(a) 和 (b) 同深度比较可以看出，由于第一阶模态在信道里传播速度快，所产生新模态

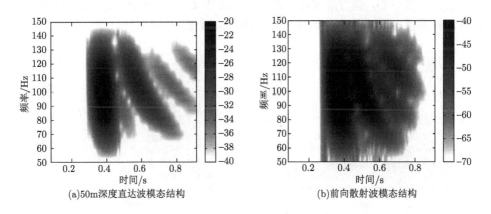

(a)50m深度直达波模态结构   (b)前向散射波模态结构

图 4.11 Pekeris 波导中的声波模态结构 (单位：dB)

到达接收阵的时间要比对应的直达波模态到达时间早。以第三阶模态为例，频率为 100Hz 时，直达波到达相对时间为 0.6s，而散射波时间约为 0.5s。

4.2.2   典型浅海环境中的模态耦合

改变水声环境，对如图 4.12 所示的典型夏季声速剖面下信道中目标的前向散射进行分析，假设声源和物体深度为 20m，只考虑第一阶入射模态，得到不同深度上的模态结构如图 4.13 所示。可以看出，不同深度上直达波的模态结构均可以清楚地分开。例如，在图 4.13(a) 中，接收信号存在着明显的 5 阶模态。物体进入信道后，在前向散射信号中仍可以看到明显的 5 阶模态，和直达波相比，模态的到达时间发生了提前，模态强度上比直达波弱 20dB 以上。

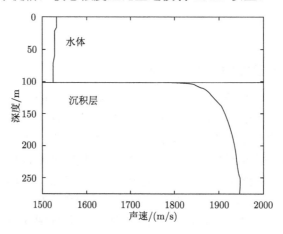

图 4.12   典型夏季浅海环境声速剖面

前向散射信号模态结构与接收深度也密切相关。例如，在 60m 接收深度上，接近水体深度中心，偶数阶模态非常微弱，如图 4.13(c) 所示，而当靠近海面或海底时，有效模态数增多，高阶模态随着距离衰减很快。

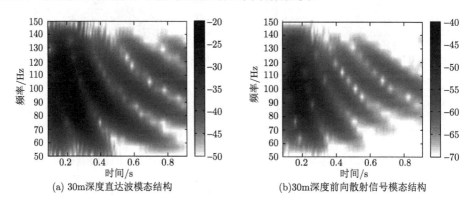

(a) 30m深度直达波模态结构   (b)30m深度前向散射信号模态结构

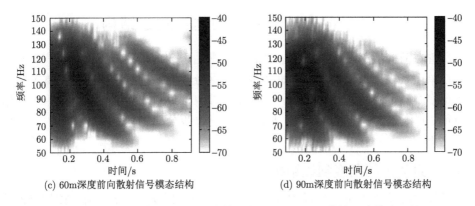

(c) 60m深度前向散射信号模态结构   (d) 90m深度前向散射信号模态结构

图 4.13 浅海环境的声波模态结构 (单位：dB)(仅计算第一阶模态入射)

如果考虑前二阶模态同时作用到物体上，根据信道中的物体散射理论，必然会有更加复杂的模态耦合现象。第二阶模态经散射后产生的各阶模态到达时间比第一阶的晚。第一阶模态和第二阶模态的叠加作用，使得前向散射信号的模态结构发生模糊现象。计算结果如图 4.14 所示，与图 4.13 相比，模态数增多，模态结构图形变得稍微有些模糊。

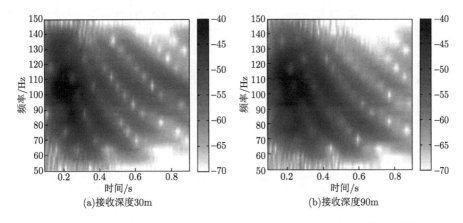

(a)接收深度30m   (b)接收深度90m

图 4.14 浅海环境的声波模态结构 (单位：dB)(仅计算前二阶模态入射)

由前面的讨论可知，各阶模态在时间轴上的叠加，使得前向散射波结构变得混乱，很难单纯地从信号结构的时间序列上将各阶模态分开，前向散射波还受到直达波的强干扰，因此很难直接提取出点声源形成的前向散射波。当目标距离发射和接收点很远时，高阶模态对声场贡献减弱，接收的散射波模态结构会变得相对清晰。

4.3　前向散射声场的垂直到达结构

尽管在前向散射波中存在模态耦合，但是由于前向散射声强比直达声强弱很多，在单个接收通道上并不能依据频散结构区分前向散射波和直达波。本节进一步利用多个深度上的接收信息，并结合常规波束形成技术，介绍声场垂直到达结构特征 (何传林, 2017; He et al., 2016)，为进一步分离直达波和前向散射波提供物理支撑。

4.3.1　直达波的角度到达结构

假设坐标系原点位于目标的几何中心，声源坐标 $\boldsymbol{r}_0 = (r_0, z_0)$。接收端为垂直线阵 (VLA)，阵元坐标 $\boldsymbol{r}_i = (r, z_i)$，$i = 1, 2, \cdots, N$，VLA 到声源的水平距离 $R_{\mathrm{sr}} = r + r_0$。阵元位置及波束角度关系见图 4.15。设声源的频谱为 $Q(f)$，根据 3.2 节介绍的简正波理论，没有目标时直达波的频谱可以表示为

$$p_{\mathrm{d}}(r, z_i; f) = Q(f) \frac{\mathrm{j}e^{-\mathrm{j}\pi/4}}{\rho(z_0)\sqrt{8\pi(r_0+r)}} \sum_{m=1}^{M} u_m(z_0) u_m(z_i) \frac{e^{\mathrm{j}k_{rm}(r_0+r)}}{\sqrt{k_{rm}}} \tag{4.19}$$

直达波的时域表达式可以通过傅里叶逆变换得到

$$p_{\mathrm{d}}(r, z_i; t) = \frac{\mathrm{j}e^{-\mathrm{j}\pi/4}}{\rho(z_0)\sqrt{8\pi(r_0+r)}} \sum_{m=1}^{+\infty} u_m(z_0) u_m(z_i) \int_{-\infty}^{+\infty} \frac{Q(f)}{\sqrt{k_{rm}}} e^{-\mathrm{j}[2\pi ft - k_{rm}(r_0+r)]} \mathrm{d}f \tag{4.20}$$

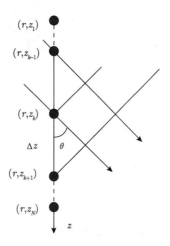

图 4.15　垂直线阵常规波束形成示意图

在 Pekeris 波导中，海底声速为 1550m/s，密度为 1.6kg/m³，对应的海底临界角为 14.6°。假设声源深度为 50m，收发连线距离为 5km(图中简称 "收发距离")。

声源发射宽带信号，中心频率为 0.5kHz，脉冲宽度为 10ms 的正弦脉冲信号脉冲周期为 1s。采用全深度 VLA 接收信号，阵元间距为 1.5m 并满足半波长关系。仿真得到图 4.16(a) 所示的 VLA 上直达波的接收深度 – 相对时间结构，其中横坐标表示相对时间，纵坐标表示接收深度，色标表示声强。从到达结构上可以看出直达波具有明显的多途特征。对 VLA 采用汉宁加权做常规波束形成，得到图 4.16(b) 所示抛物线状的俯仰角 – 相对时间结构，0° 方向附近表示低阶模态最先到达接收阵列，随着模态阶数的提高，掠射角逐渐增大，对应的到达时间也依次增大。依据仿真条件可知水体中模态的临界掠射角约为 15°。在频率为 1kHz、脉冲长度为 5ms 时，得到的声波垂直到达结构如图 4.17 所示，与图 4.16 的两种情况下角度到达结构具有相似形状，其俯仰角范围相同、相对到达时间的覆盖范围也相同，也就是说直达波的角度到达结构与声源深度和频率无关。

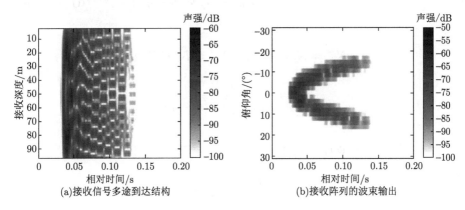

(a)接收信号多途到达结构　　　　　　(b)接收阵列的波束输出

图 4.16　全深度 VLA 接收信号及其垂直到达结构 (频率为 500Hz)

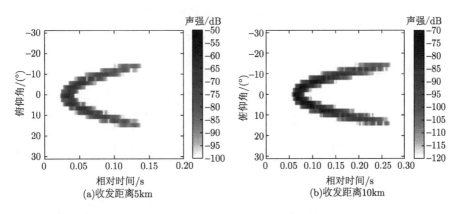

(a)收发距离5km　　　　　　(b)收发距离10km

图 4.17　不同距离上的声波垂直到达结构 (频率为 1kHz)

将收发连线距离增大到 10km，得到了图 4.17(b) 所示的角度到达结构。对应于大掠射角的高阶模态在传播过程中逐渐被海底吸收，由于模态群速度之间的差异，随着距离增大，信号扩展更加严重，相对时延的覆盖范围增大。

由上述的仿真结果可知，直达波角度到达结构只与收发连线距离有关，而与频率无关。利用阵列不变量理论 (Lee et al., 2006) 可以对这一现象进行解释。利用加权函数 $T(z)$ 对 VLA 上的接收信号做常规波束形成 (CBF)，可以得到波束输出声压在频域的表达式，即

$$
\begin{aligned}
B_{\mathrm{d}}(z,t) &= \int_{-\infty}^{+\infty} T(z)\, p_{\mathrm{d}}(r,z;t)\, \mathrm{e}^{\mathrm{j}kz\cos\theta}\mathrm{d}z \\
&= A_0 \sum_{m=1}^{M} \int_{-\infty}^{+\infty} Q(f)\, u_m(z_0)\, \frac{\mathrm{e}^{\mathrm{j}k_{rm}(r_0+r)}}{\sqrt{k_{rm}}} \\
&\quad \times \left[N_m^+ \Psi(\eta+\eta_m) - N_m^- \Psi(\eta-\eta_m) \right] \mathrm{e}^{-\mathrm{j}2\pi ft}\mathrm{d}f
\end{aligned} \tag{4.21}
$$

式中，

$$
N_m^+ = N_m \mathrm{e}^{\mathrm{j}k_{zm}D}, \quad N_m^- = N_m \mathrm{e}^{-\mathrm{j}k_{zm}D}
$$

$$
A_0 = \frac{\mathrm{j}\mathrm{e}^{-\mathrm{j}\pi/4}}{\rho(z_0)\sqrt{8\pi(r_0+r)}}
$$

$$
\Psi(\eta+\eta_m) = \int_{-\infty}^{+\infty} T(\zeta)\, \mathrm{e}^{\mathrm{j}2\pi\zeta(\eta+\eta_m)}\mathrm{d}\zeta
$$

$$
\Psi(\eta-\eta_m) = \int_{-\infty}^{+\infty} T(\zeta)\, \mathrm{e}^{\mathrm{j}2\pi\zeta(\eta-\eta_m)}\mathrm{d}\zeta
$$

式中，$\zeta = kz/2\pi$；$\eta = \cos\theta$；$\eta_m = \cos\theta_m$，θ_m 为第 m 阶模态的俯仰角，并满足 $\theta_m + \alpha_m = \pi/2$；$\Psi$ 为 $T(\zeta)$ 的傅里叶变换结果。令

$$
Q(f) = |Q(f)|\, \mathrm{e}^{\mathrm{j}\Phi(f)} \tag{4.22}
$$

代入式 (4.21) 得

$$
\begin{aligned}
B_{\mathrm{d}}(\zeta,t) &= A_0 \sum_{m=1}^{M} \int_{-\infty}^{+\infty} |Q(f)|\, u_m(z_0)\, \frac{\mathrm{e}^{\mathrm{j}(r_0+r)\left[k_{rm}-\frac{2\pi ft-\Phi(f)}{r_0+r}\right]}}{\sqrt{k_{rm}}} \\
&\quad \times \left[N_m^+ \Psi(\eta+\eta_m) - N_m^- \Psi(\eta-\eta_m) \right] \mathrm{d}f
\end{aligned} \tag{4.23}
$$

再令

$$
\begin{aligned}
B_{\mathrm{d}+}(\zeta,t) &= A_0 \sum_{m=1}^{M} \int_{0}^{+\infty} |Q(f)|\, u_m(z_0)\, \frac{\mathrm{e}^{\mathrm{j}(r_0+r)\left[k_{rm}-\frac{2\pi ft-\Phi(f)}{r_0+r}\right]}}{\sqrt{k_{rm}}} \\
&\quad \times \left[N_m^+ \Psi(\eta+\eta_m) - N_m^- \Psi(\eta-\eta_m) \right] \mathrm{d}f
\end{aligned} \tag{4.24}
$$

则有

$$B_{\mathrm{d}}(\zeta, t) = 2\mathrm{Re}\left[B_{\mathrm{d}+}(\zeta, t)\right] \tag{4.25}$$

由于这里的声源信号为脉冲信号, 频带内不同频点的频谱的相对相移很小, 并近似满足 $Q(f) - |Q(f)|$。用 $\tilde{f}$ 表示声源信号带宽内的频率, 对式 (4.24) 作稳态相位近似得到

$$B_{\mathrm{d}+}(\zeta, t) = A_0 \sum_{m=1}^{M} \left| Q\left(\tilde{f}\right) \right| \tilde{u}_m(z_0) \frac{\tilde{N}_m^+ \tilde{\Psi}\left(\eta + \tilde{\eta}_m\right) - \tilde{N}_m^- \tilde{\Psi}\left(\eta - \tilde{\eta}_m\right)}{\sqrt{\tilde{k}_{rm}}} F_m\left(\tilde{f}\right) \tag{4.26}$$

并满足:

$$t = \frac{r_0 + r}{v_m\left(\tilde{f}\right)} \tag{4.27}$$

式中, $v_m\left(\tilde{f}\right)$ 为第 m 阶模态的群速度; $\tilde{k}_{rm}$、$Q\left(\tilde{f}\right)$、$\tilde{u}_m(z_0)$、$\tilde{N}_m^+$、$\tilde{N}_m^-$、$\tilde{\Psi}$ 和 $\tilde{\eta}_m$ 分别为 k_{rm}、$Q(f)$、$u_m(z_0)$、N_m^+、N_m^-、Ψ 和 η_m 在 $f = \tilde{f}$ 时的结果; $F_m\left(\tilde{f}\right)$ 为与相位有关的函数。由式 (4.26) 可知, 波束输出与模态阶次有关。对于一个给定的模态, 当 $\eta \equiv \pm\tilde{\eta}_m$(即 $\cos\theta \equiv \pm\cos\tilde{\theta}_m$) 时, 第 m 阶模态对应的波束输出取得最大值。波束输出的最大值出现的位置取决于第 m 阶模态的到达角度的余弦值。在 Pekeris 波导环境中, 第 m 阶模态的群速度近似满足:

$$v_m \simeq c\sin\tilde{\theta}_m \tag{4.28}$$

由式 (4.28) 可得

$$\eta_m = \cos\tilde{\theta}_m = \pm\sqrt{1 - \frac{v_m^2}{c^2}} \tag{4.29}$$

在波导环境中, 第 m 阶模态的群速度具有明显的频变特征, 即在声源频带范围内模态的群速度是频率 $\tilde{f}$ 的函数, 那么每一阶模态的到达时间占据一定的时间宽度。依据式 (4.29) 可知, η_m 必然也是到达时间 t 的函数。将式 (4.27) 代入式 (4.29) 得到

$$\tilde{\eta}_m(t) = \cos\tilde{\theta}_m = \pm\sqrt{1 - \left(\frac{r_0 + r}{ct}\right)^2} \tag{4.30}$$

式 (4.30) 称为波束输出峰值的轨迹方程或者迁移方程, 利用该式可以计算每一阶模态对应的波束输出峰值的轨迹, 所有模态的峰值轨迹叠加在一起就得到了 VLA 上波束输出的峰值的轨迹曲线。式 (4.30) 还可以写成

$$t = \frac{r_0 + r}{c\sqrt{1 - \tilde{\eta}_m^2}} \tag{4.31}$$

式 (4.31) 表明了 $\tilde{\eta}_m(t)$ 形成的曲线是一条二次曲线, 而且关于时间轴对称。

仿真计算得到图 4.18 所示的发射信号频带内 (0.40~0.60kHz) 的模态群速度曲线。低阶模态的群速度逼近水体声速, 而且在声源信号频带内的变化量不大, 高阶模态的群速度是随频率变化的。对于某一阶模态来说, 利用收发连线距离除该模态的群速度, 就得到了模态的到达传播时间曲线。所有模态的传播时间曲线汇集在一起就会得到角度到达曲线, 如图 4.19 所示。依据阵列不变量理论得到的角度到达理论曲线与数值仿真结果完全吻合。这一结果表明, 只要收发间距给定, 直达波的角度到达结构就是确定的, 与声源频率和深度等参数无关。

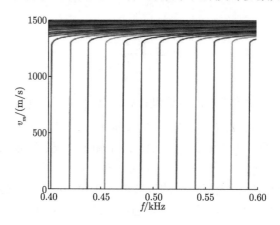

图 4.18　模态群速度曲线 (0.40~0.60kHz)

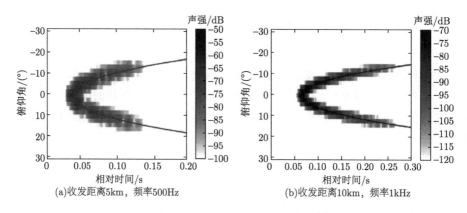

(a) 收发距离5km, 频率500Hz　　　　(b) 收发距离10km, 频率1kHz

图 4.19　角度到达结构数值仿真与理论曲线对比结果

这里定义直达波的垂直阵列不变量为

$$\chi_{\mathrm{dv}} \equiv \frac{\mathrm{d}}{\mathrm{d}t}\left[\frac{1}{\sqrt{1-\eta_m^2(t)}}\right] = \frac{c}{r_0 + r} \qquad (4.32)$$

不难看出，χ_{dv} 决定了角度到达曲线的形状，主要体现在曲线 "开口" 的大小。该变量只与收发连线距离有关，与声源深度、声源频率等参数无关，这与上述的仿真结果是一致的。

4.3.2 前向散射波的角度到达结构

采用 3.2 节中的散射模型对前向散射波进行仿真，计算环境为上述的 Pekeris 波导，声源深度为 50m，收发连线距离为 5km，声源到目标以及目标到接收的水平距离均为 2.5km；采用全深度 VLA 接收信号，阵元间距为 1.5m 并满足半波长关系。信号形式保持不变，为 5 个周期的正弦脉冲信号，目标为长半轴 40m、短半轴 5m 的刚性椭球体位于收发连线中心。VLA 上的前向散射波的深度到达结构在图 4.20(a) 中给出，与图 4.16(a) 相比，前向散射波的强度比直达波弱得多。对 VLA 上的前向散射波做波束形成，得到了图 4.20(b) 所示的角度到达结构。与图 4.16(b) 中的角度到达条纹对比可知两者的区别主要体现在两个方面：一是角度到达结构的形状不同；二是角度到达结构中的条纹数目不同。由于直达波中不存在模态耦合，其角度到达结构仅有一个条纹；前向散射波中存在模态耦合，其角度到达结构中包含复杂的多个条纹。

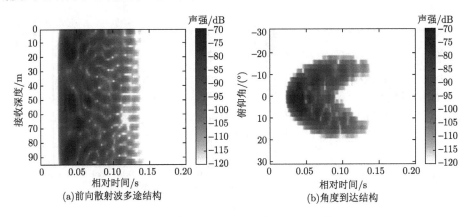

图 4.20 全深度接收阵上前向散射波的角度到达结构

物体位于收发连线中心，将发射信号的频率改为 1kHz，在信道中传输存在更多的模态结构，得到图 4.21 所示的不同收发连线距离下前向散射波垂直角度到达结构。可以看出，角度到达条纹的数量、形状及条纹间隔都发生了明显变化，而且波束输出的能量更集中于低阶散射模态。

令收发连线距离为 10km 保持不变，在 1kHz 频率情况下，目标分别由靠近发射端和接收端穿过收发连线，距离发射端为 2km 和 8km，得到的角度到达结构分别如图 4.22(a) 和 (b) 所示。该结果表明，目标在声源和接收端之间的位置

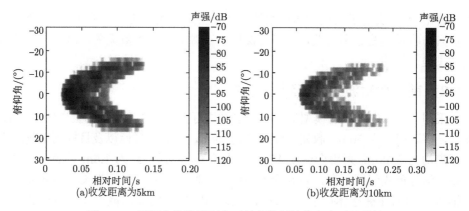

图 4.21　不同收发连线距离下前向散射波的角度到达结构

对前向散射波的角度到达结构有明显的影响：目标到接收端的距离越大，则角度到达条纹越集中、条纹的曲率越大；目标到接收端的距离越小，则角度到达条纹越分散、条纹的曲率越小。图 4.21 和图 4.22 的结果表明，前向散射波的角度到达结构及其影响因素都比直达波的角度到达结构复杂得多。

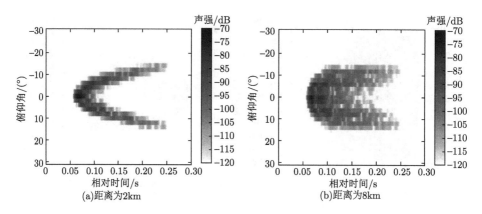

图 4.22　前向散射波的角度到达结构

将阵列不变量理论与模态耦合效应结合，可给出图 4.21 和图 4.22 中仿真结果的物理机理解释。利用前向散射声场模型，由长旋转椭球体的散射幅度具有角度对称性，有

$$\begin{cases} S\left(\varphi, 2\pi - \alpha_m; \varphi_i, 2\pi - \alpha_n\right) = S\left(\varphi, \alpha_m; \varphi_i, \alpha_n\right) \\ S\left(\varphi, 2\pi - \alpha_m; \varphi_i, \alpha_n\right) = S\left(\varphi, \alpha_m; \varphi_i, 2\pi - \alpha_n\right) \end{cases} \tag{4.33}$$

记 $S_1 = S\left(\varphi, 2\pi - \alpha_m; \varphi_i, 2\pi - \alpha_n\right)$ 和 $S\left(\varphi, 2\pi - \alpha_m; \varphi_i, \alpha_n\right)$，经过代数运算之后前向散射声压可以表示成如下形式：

$$p_{\text{sf}}(r, z) = \frac{\mathrm{j}}{4k\rho^2(z_0)} \sum_{n=1}^{M} \sum_{m=1}^{M} \frac{\mathrm{e}^{\mathrm{j}k_{rn}r_0}}{\sqrt{k_{rn}r_0}} u'_m(z_0) u_n(0) \boldsymbol{S}_{nm} u_m(0) \frac{\mathrm{e}^{\mathrm{j}k_{rm}r}}{\sqrt{k_{rm}r}} u_m(z)$$

(4.34)

式中,

$$\boldsymbol{S}_{nm} = (\boldsymbol{S}_1 + \boldsymbol{S}_2) - \frac{u'_n(0) u'_m(0)}{u_n(0) u_m(0) k_{zn} k_{zm}} (\boldsymbol{S}_1 - \boldsymbol{S}_2)$$

(4.35)

$u'_m(z)$ 表示模态深度函数 $u_m(z)$ 关于深度 z 的导数;$\boldsymbol{S}_{nm}$ 称为模态耦合矩阵,表征入射模态与散射模态之间的耦合模式。

设声源发射宽带脉冲信号的频谱为 $Q(f)$,m' 为入射模态阶数,前向散射波的频谱为

$$p_{\text{sf}}(r, z; \omega) = \frac{\mathrm{j}Q(f)}{4k\rho^2(z_0)} \sum_{n=1}^{M} \sum_{m=1}^{M} \frac{\mathrm{e}^{\mathrm{j}knr_0}}{\sqrt{k_{rn}r_0}} u_{m'}(z_0) u_n(0) \boldsymbol{S}_{nm} u_m(0) \frac{\mathrm{e}^{\mathrm{j}k_{rm}r}}{\sqrt{k_{rm}r}} u_m(z)$$

(4.36)

经过常规波束形成处理之后,前向散射波的时域波束输出可以表示为

$$\tilde{p}_{\text{Bs+}}(\tilde{\eta}, t) = \frac{\mathrm{j}\pi}{k\rho^2(z_0)} \sum_{m=1}^{M} \left| Q(\tilde{f}) \right| \sum_{n=1}^{M} \frac{\mathrm{e}^{\mathrm{j}\tilde{k}_{rn}r_0}}{\sqrt{\tilde{k}_{rn}r_0}} \tilde{u}_n(z_0) \tilde{u}_n(0) \tilde{\boldsymbol{S}}_{nm} \tilde{u}_m(0) \frac{\mathrm{e}^{\mathrm{j}\tilde{k}_{rm}r}}{\sqrt{\tilde{k}_{rm}r}} \tilde{N}_m$$
$$\times \left[\mathrm{e}^{\mathrm{j}\tilde{k}_{zm}D} \tilde{\Psi}(\eta + \tilde{\eta}_m) - \mathrm{e}^{-\mathrm{j}\tilde{k}_{zm}D} \tilde{\Psi}(\eta - \tilde{\eta}_m) \right] F_m(\tilde{f})$$

(4.37)

式中,各参数的定义与式 (4.26) 中的相同。

由式 (4.37) 可知,当

$$\eta(t) \equiv \tilde{\eta}_m(t) = \pm \cos\left[\tilde{\theta}_m(t) \right]$$

(4.38)

时,波束输出取得最大值。设第 n 阶入射模态激发 (或耦合) 了第 m 阶散射模态,那么该散射模态的到达时间为

$$t_m = \frac{r_0}{\tilde{v}_n} + \frac{r}{\tilde{v}_m}$$

(4.39)

联立式 (4.28) 和式 (4.38),得到

$$\tilde{\eta}_m(t) \equiv \cos\theta_m = \pm\sqrt{1 - \left(\frac{r\sin\theta_n}{ct_m\sin\theta_n - r_0} \right)^2}$$

(4.40)

式 (4.40) 即为前向散射波的波束输出的峰值迁移方程。该方程表明前向散射模态的到达角度不仅与入射模态有关,还与目标在收发连线上的位置有关。结合前面的分析可知,每一个入射模态对应一条完整的峰值迁移曲线,这条曲线由该入射模态激发的散射模态的峰值迁移曲线段组成。由于存在多个入射模态,那么前向散射波的角度到达结构中应该有多条峰值迁移条纹,而且条纹的个数取决于对模

态耦合有贡献的入射模态的个数。再者，由式 (4.39) 可知，相邻两条纹之间的时间间隔取决于声源到目标的水平距离 r_0。

利用阵列不变量和模态耦合分析可以对前向散射波的角度到达结构进行物理解释。对比式 (4.40) 和式 (4.30) 可知，由于模态耦合效应的存在，前向散射波的角度到达结构与直达波的角度到达结构有本质差别。

类似地，可以定义前向散射波的垂直阵列不变量为

$$\chi_{\mathrm{vfsw}} \equiv \frac{\mathrm{d}}{\mathrm{d}t_m}\left[1 - \tilde{s}_v^2(t)\right]^{-1/2} = \frac{c}{r} \tag{4.41}$$

对给定的第 m 阶散射模态而言，其 χ_{vfsw} 只取决于声速 c 与目标到接收的水平距离 r 之比。这样，如果能够在角度到达结构中测量或提取出 χ_{vfsw}，就能对目标到接收端的水平距离进行反演。分析表明，利用信道的某些特性可以对位于收发连线上的目标进行距离估计。

对式 (4.41) 进行简单运算，可将其转化为

$$t_m = \frac{1/\chi_{\mathrm{vfsw}}}{\sqrt{1 - \tilde{s}_v^2(t)}} + \frac{r_0}{c\sin\theta_n} \tag{4.42}$$

由等号右边第二项就可以看出，前向散射波的角度到达结构包含多个条纹。χ_{vfsw} 可以用来衡量峰值迁移曲线 "开口" 的大小，χ_{vfsw} 越大，曲线的 "开口" 越大。

显然，前向散射波的角度到达结构也受到声源频率的影响，这是因为模态耦合的模式取决于模态耦合矩阵，而模态耦合矩阵又由目标的散射幅度组成。对于一个确定的散射体，其散射幅度直接取决于入射频率。当频率较低时，由于前向散射能量主瓣较宽，掠射角在主瓣内的散射模态都会被入射模态激发 (耦合)，因而发生模态耦合的阶次范围较大。模态耦合效应几乎覆盖了所有模态阶次。随着声源频率的提高，前向散射能量主瓣的宽度变窄，主瓣覆盖的散射模态数目较少，那么发射模态耦合的阶次范围也减小。由 3.2 节的内容可知，模态耦合矩阵呈对角化分布，前向散射能量主瓣变窄，模态耦合只发生在阶次相近的入射和散射模态之间，因而模态耦合矩阵的有效数值分布于对角线附近。随着声源频率的继续提高，模态耦合矩阵逐渐趋于对角矩阵，即只有相同阶次的模态才发生模态耦合。

在前向散射中存在着两种极限情况，即全模态耦合及同阶次模态耦合。第一种情况下每一阶入射模态能够激发出所有的散射模态，且假设激发强度相同，在归一化的条件下有 $\boldsymbol{S}_{nm} = 1$。此时，不考虑目标强度的前向散射声压可表示为

$$p_{\mathrm{sf}}(r,z) = \frac{\mathrm{j}}{4k\rho^2(z_0)}\sum_m\sum_n u_n(z_0)u_n(0)\frac{\mathrm{e}^{\mathrm{j}k_{rn}r_0}}{\sqrt{k_{rn}r_0}}u_m(0)u_m(z)\frac{\mathrm{e}^{\mathrm{j}k_{rm}r}}{\sqrt{k_{rm}r}} \tag{4.43}$$

第二种情况下模态耦合矩阵可以用 $\boldsymbol{S}_{nm} = \boldsymbol{\delta}_{nm}$ 表示，即不会产生新阶模态，

则前向散射声压为

$$p_{sf}(r, z) = \frac{j}{4k\rho^2(z_0)} \sum_m \sum_n u_n(z_0) u_n(0) \frac{e^{jk_{rn}r_0}}{\sqrt{k_{rn}r_0}} \delta_{nm} u_m(0) u_m(z) \frac{e^{jk_{rm}r}}{\sqrt{k_{rm}r}}$$

(4.44)

在这两种情形下，收发连线距离均为 5km，声源到目标以及目标到接收端的水平距离均为 2.5km，目标深度为 50m。采用与前面类似的处理方法，得到了相应的角度到达结构，如图 4.23 所示。这两种情形恰好能够反映前向散射波与直达波在角度到达结构上的本质区别。全耦合模式下，模态在耦合过程中损失小、模态多，因此产生的前向散射波垂直到达结构更加混乱，且模态强度比同阶次模态耦合的结果要强得多。

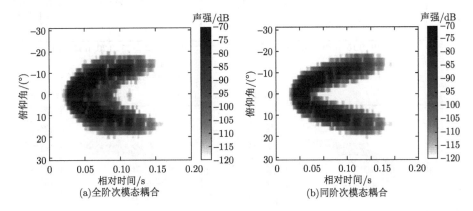

图 4.23 两种极限情况下前向散射波的角度到达结构

4.3.3 接收信号的角度到达结构

当目标位于收发两端之间时，到达接收端的是前向散射波与直达波干涉叠加之后的信号。前面对单通道接收信号的处理结果表明，尽管前向散射波中存在模态耦合，但由于前向散射波的声强远小于直达波的声强，仅从频散条纹上无法分辨出前向散射波和直达波。

假设收发连线距离为 10km，物体在收发连线的不同位置对接收信号做波束形成之后，得到的角度到达结构由直达波的到达结构和前向散射波的到达结构组成，结果如图 4.24 所示。在图 4.24(b) 中，当目标比较靠近发射端时，角度到达条纹的时间间隔很小，而且散射模态的传播路径长度与直达波的路径长度接近，从而导致前向散射波的角度到达结构与图 4.24(a) 所示的直达波角度到达结构相似。随着目标与发射端距离的增大，当目标位于收发连线中心时，由于入射路径增大，前向散射波的角度到达条纹的时间间隔随之增大。与此同时，由于散射路径的缩小，角度到达条纹的曲率减小。体现在接收信号的角度到达结构图上，就是前向散射波的角度到达条纹与直达波的角度到达条纹逐渐发生分离，如图 4.24(c) 所示。在信道频散效应和模态耦合效应的同时作用下，前向散射波的角度到达结构与直达波的角度到达结构有本质的区别，尤其当目标位置更加靠近接收端时，前向散射波和直达波的角度到达条纹的差异更加明显，如图 4.24(d) 所示。

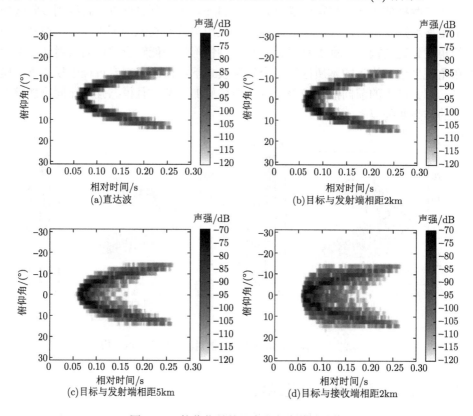

图 4.24　接收信号的深度和角度到达结构

　　尽管在目标和发射端距离比较近的情况下，前向散射波和直达波的垂直到达结构重叠，但入射模态和散射模态的耦合作用导致两种信号在到达时间上有所差异，提取水平波束输出如图 4.25 所示。可以看出，当有目标入侵时，在脉冲压缩输出的下降沿的电平会被抬高，而且随着目标向接收端靠近，该现象会越来越明显。

　　尽管此处的理论推导和数值仿真都是在 Pekeris 波导中完成的，但由于目标影响的是模态之间的耦合，而不影响模态本身，这里得到的结论对于 SSP 随深度变化的波导也是适用的。

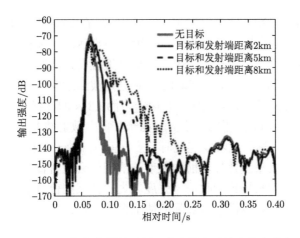

图 4.25 目标与发射端不同距离上的水平波束输出强度

4.3.4 湖上实验

对实验中目标在不同距离上的两次接收数据进行处理, 两次数据分别为目标穿过收发连线时距离发射声源 776m 和 914m 时接收结果 (雷波等, 2018)。提取目标远离收发连线、靠近收发连线以及位于收发连线上时指向水平方向波束输出结果进行比较, 得到图 4.26 所示结果。当目标离接收阵相对较远时, 如图 4.26(a) 所示, 在目标穿越收发连线过程中 (90s、115s 和 135s 对应的曲线), 引起的低阶简正波到达强度变化量小于 1dB, 而较高阶简正波向低阶简正波转化的能量到达时间晚, 相比直达波 (即目标远离收发连线, 60s 和 180s 对应的曲线) 可以看出, 脉冲压缩输出强度起伏近 4dB(图中虚方框所示区域)。其中 90s 曲线对应的强度

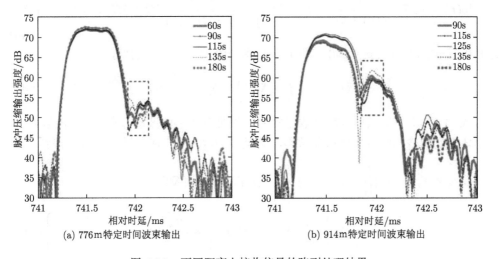

图 4.26 不同距离上接收信号的阵列处理结果

降低是因为散射信号和直达信号发生了干涉相消,在 115s 和 135s 则是干涉相长。
图 4.26(b) 中,由于目标靠近接收阵,散射波与直达波干涉相长,低阶简正波到
达强度变化量相对明显,大约 2.5dB。目标靠近收发连线时,较高阶简正波向低
阶简正波的转化更加明显,115s 和 125s 时刻声波到达宽度显著展宽。在更高阶
简正波转化中,115s 和 125s 变化不甚明显,而 135s 的起伏约 2dB。

可以看出,当目标远离收发连线时,由于其前向散射波非常微弱,对接收声场
几乎不产生扰动。目标靠近收发连线时,接收垂直阵位于目标的前向散射主峰内,
前向散射波与直达波干涉叠加,前向散射波的相位会随目标位置发生变化,某些
位置上两信号干涉相长导致接收信号强度增大,在某些位置上又会干涉相消导致
接收声场强度减弱,利用模型对实际的情况很难准确计算。

4.4   目标前向散射声场扰动理论

4.4.1   声场扰动波动理论

物体进入信道会引起声信道的局部声学特性如密度、声速等发生变化,从波动
方程角度来看,可以看作入侵物体在信道中的不均匀性引起了声场扰动 (Maran-
det et al., 2011)。在非均匀介质中的格林函数 $G(\omega; \boldsymbol{r}, \boldsymbol{r}_\mathrm{s})$ 和 $\boldsymbol{r}_\mathrm{s}$ 处的点源,其
Helmholtz-Kirchhoff 方程可以表示为

$$\rho(\boldsymbol{r})\nabla\left[\frac{1}{\rho(\boldsymbol{r})}\nabla G(\omega; \boldsymbol{r}, \boldsymbol{r}_\mathrm{s})\right] + \frac{\omega^2}{c^2(\boldsymbol{r})}G(\omega; \boldsymbol{r}, \boldsymbol{r}_\mathrm{s}) = -\delta(\boldsymbol{r} - \boldsymbol{r}_\mathrm{s}) \tag{4.45}$$

其中,密度 ρ 和声速 c 的局部变化会导致声压场产生 δG 的变化,即

$$[\rho(\boldsymbol{r}) + \delta\rho]\nabla\left[\frac{1}{\rho(\boldsymbol{r}) + \delta\rho}\nabla(G + \delta G)\right] + \frac{\omega^2}{(c + \delta c)^2(\boldsymbol{r})}(G + \delta G) = -\delta(\boldsymbol{r} - \boldsymbol{r}_\mathrm{s}) \tag{4.46}$$

利用式 (4.45) 减去式 (4.46),并且只保留一阶项 (小扰动近似),得到

$$\rho\nabla\left(\frac{1}{\rho}\nabla G\right) + \frac{\omega^2}{c^2}\delta G = \rho\nabla\left(\frac{\delta\rho}{\rho^2}\nabla G\right) - \delta\rho\nabla\left(\frac{1}{\rho}\nabla G\right) + \frac{2\omega^2}{c^3}\delta c G \tag{4.47}$$

与式 (4.45) 相比,式 (4.47) 代表了等号右端带有源项的波动方程。在前向散射中,
物体引起的格林函数变化量非常小,满足 $\delta G/G \ll 1$,应用玻恩近似,得到

$$\begin{aligned}
\delta G(\omega; \boldsymbol{r}, \boldsymbol{r}_\mathrm{s}) = -\iiint\limits_V G(\omega; \boldsymbol{r}, \boldsymbol{r}_\mathrm{s}) \times &\left\{\rho(\boldsymbol{r}')\nabla\left[\frac{\delta\rho(\boldsymbol{r}')}{\rho^2(\boldsymbol{r}')}\nabla G(\omega; \boldsymbol{r}', \boldsymbol{r}_\mathrm{s})\right]\right. \\
&\left. - \delta\rho(\boldsymbol{r}')\nabla\left[\frac{1}{\rho(\boldsymbol{r}')}\nabla G(\omega; \boldsymbol{r}', \boldsymbol{r}_\mathrm{s})\right] + \frac{2\omega^2}{c^3(\boldsymbol{r}')}\delta c(\boldsymbol{r}')G(\omega; \boldsymbol{r}', \boldsymbol{r}_\mathrm{s})\right\}\mathrm{d}^3\boldsymbol{r}'
\end{aligned} \tag{4.48}$$

在式 (4.48) 中，若只关心在位于 r' 处的小扰动的作用下在 r_s 处的声源与 r 处的接收点之间的格林函数的变化，有

$$\delta G(\omega; r, r_\mathrm{s}) = -\iiint_V \delta G(\omega; r, r')\nabla G\left[\frac{\delta\rho(r')}{\rho(r')}\right] \times G(\omega; r', r_\mathrm{s})\mathrm{d}^3 r'$$
$$-\iiint_V \delta G(\omega; r, r')\frac{2\omega^2}{c^2(r')}\frac{\delta c(r')}{c(r')}G(\omega; r', r_\mathrm{s})\mathrm{d}^3 r' \tag{4.49}$$

在密度的变化尺度上是有限的，对式 (4.49) 中右边的第一项进行分部积分，有

$$\delta G(\omega; r, r_\mathrm{s}) = -\iiint_V \frac{\delta\rho(r')}{\rho(r')}[G(\omega; r, r')\Delta G(\omega; r', r_\mathrm{s}) + \nabla G(\omega; r, r')\nabla G(\omega; r', r_\mathrm{s})]\mathrm{d}^3 r'$$
$$-\iiint_V G(\omega; r, r')\frac{2\omega^2}{c^2(r')}\frac{\delta c(r')}{c(r')}G(\omega; r', r_\mathrm{s})\mathrm{d}^3 r' \tag{4.50}$$

利用远场近似和自由空间传播条件，对任意的位置向量 r_1、r_2 以及连接两位置点的归一化向量 u_{12}，都有如下两式成立：$\Delta G(\omega; r_1, r_2) = -k^2 G(\omega; r_1, r_2)$ 和 $\nabla G(\omega; r_1, r_2) = -\mathrm{j}k u_{12}G(\omega; r_1, r_2)$。这表明，格林函数在局部可以被视为平面波。如果将格林函数分解成一系列的本征声线，使用平面波传播假设，对于每一个本征声线贡献，则有

$$\delta G(\omega; r, r_\mathrm{s}) = -\iiint_V G(\omega; r, r')G(\omega; r', r_\mathrm{s})\frac{2\omega^2}{c^2(r')}$$
$$\times \left\{2\frac{\delta c(r')}{c(r')} + \frac{\delta\rho(r')}{\rho(r')}[1 + \cos(\varphi_\mathrm{s} + \varphi_\mathrm{r})]\right\}\mathrm{d}^3 r' \tag{4.51}$$

式中，φ_s 和 φ_r 为发射 – 接收向量与目标位置 r' 的夹角，如图 4.26 所示。这里定义发射点和接收点之间的声压场灵敏度核函数为

$$Q(\omega; r', r, r_\mathrm{s}) = -2G(\omega; r', r_\mathrm{s})G(\omega; r, r')\frac{\omega^2}{c^2(r')} \tag{4.52}$$

那么可以得到频域的信道响应变化为

$$\delta G(\omega; r, r_\mathrm{s}) = \iiint_V Q(\omega; r', r, r_\mathrm{s})\left\{\frac{\delta c(r')}{c(r')} + \frac{\delta\rho(r')}{\rho(r')}\frac{[1 + \cos(\varphi_\mathrm{s} + \varphi_\mathrm{r})]}{2}\right\}\mathrm{d}^3 r' \tag{4.53}$$

只考虑某个方向上传播到接收点的特征声线，若在位置 r' 产生体积为 δV 的变化，对应的接收声线强度变化可以近似表示为

$$\delta G(\omega; r_0, r_{\mathrm{s}0}) = Q(\omega; r', r_0, r_{\mathrm{s}0})\left\{\frac{\delta c(r')}{c(r')} + \frac{\delta\rho(r')}{\rho(r')}\frac{[1 + \cos(\varphi_{\mathrm{s}0} + \varphi_{\mathrm{r}0})]}{2}\right\}\delta V$$
$$\tag{4.54}$$

由物体的散射函数可知，在远场中，物体的散射声压满足

$$p_{\mathrm{s}}(r) = p_0 S \frac{1}{r} \mathrm{e}^{\mathrm{j}kr} \tag{4.55}$$

式中，p_0 为入射声压；r 为与物体的距离。当 $ka \gg 1$ 时，散射函数取决于散射角度 $\varphi_{\mathrm{s}} + \varphi_{\mathrm{r}}$。对于弹性球等简单几何物体，任意 ka 值对应的灵敏度核函数 $Q(\omega; \boldsymbol{r}', \boldsymbol{r}, \boldsymbol{r}_{\mathrm{s}})$ 仅需要包含物体的散射函数，即

$$Q(\omega; \boldsymbol{r}', \boldsymbol{r}, \boldsymbol{r}_{\mathrm{s}})\delta V = -4\pi S(\varphi_{\mathrm{s}} + \varphi_{\mathrm{r}})G(\omega; \boldsymbol{r}', \boldsymbol{r}_{\mathrm{s}})G(\omega; \boldsymbol{r}, \boldsymbol{r}') \tag{4.56}$$

由式 (4.54) 与式 (4.56) 可以看出，当物体入侵信道后，其实质是物体所在的位置的声速和密度发生了变化，导致声线传播到接收点的强度发生变化 (图 4.27)。

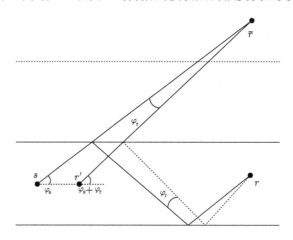

图 4.27　信道中前向散射的声线传播示意图

4.4.2　运动目标的声场干涉理论

由前面的球体和椭球体目标穿越收发连线运动过程引起的声强起伏可以看出，当物体位于收发连线上时 (接近 0m)，前向散射目标强度达到最大值；当物体远离收发连线时，散射信号来自物体散射函数的旁瓣。若忽略信道边界引起的声场相位变化，则当物体靠近收发连线时，前向散射信号与直达信号干涉相消，产生声学阴影区，从而导致接收声强下降。在某些接收深度上，信道中的多途传播散射信号相位发生反转，从而导致了接收信号增强，在本章后面的实验结果中，也可以观察到类似现象。当目标远离收发连线时，由于旁瓣散射信号强度远低于直达声强，接收声强接近直达声强。目标前向散射导致的声场起伏现象可以用图 4.28 的相位差理论解释。当目标穿越收发连线时，直达信号的传播时间与前向散射信号传播时间相同，但两个信号的相位相反，接收声强达到最小值。当目标离开收发连线过程中，两信号的传播路径长度逐渐增大，两

信号相位逐渐靠近，接收声强达到最大值。当物体继续偏离收发连线，传播路径长度持续增大，相位差达到 2π，接收信号又变为最小。从声强方面考虑，物体偏离收发连线过程中，前向散射声强持续减小，物体的前向散射导致的声场起伏越来越不明显。

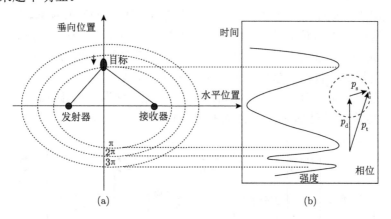

图 4.28　物体引起的前向探测 (a) 和声场扰动规律物理解释示意图 (b)

4.5　前向散射声场扰动随深度变化规律

声场模态强度是深度的函数，因此当目标穿过收发连线时，在不同深度上表现出的声场扰动变化具有显著差异，本节在湖上实验的基础上，由不同接收深度分析目标穿过收发连线时声场强度的扰动变化。

4.5.1　实验测量方法

湖上实验如图 4.29 所示。接收阵采用刚性垂直阵固定于水中，垂直阵由 7 个水听器组成，深度为 1~3.25m。声源采用在垂直面内具有指向性的声源，波束宽

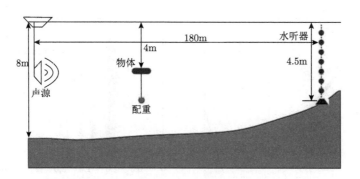

图 4.29　湖上实验示意图

度为 20°(−3dB), 深度为水下 4m。声源和接收阵的水平距离约为 180m。物体为长 2m、半径 0.11m、厚度 0.5cm 的柱形不锈钢壳体。物体下方挂配重以保持物体的姿态, 拖在小船后, 以大约垂直收发连线的角度缓慢穿过收发连线, 并进行了多次往返运动, 同时用全球定位系统 (GPS) 记录其航迹。

在实验中, 因为物体尺寸小、水深浅, 所以采用较高的发射频率。发射信号为 20~30kHz 的线性调频信号, 调频时间为 0.5s, 周期性连线发射, 拖船运动速度大约为 1.5m/s。实验过程中风速为 4~6m/s。由于风的影响, 发射和接收船略有摆动, 水听器的接收信号起伏较大。船体拖着物体多次在不同距离处穿过收发连线, 柱形壳体的深度为 4m, 拖于船后 28m。声源深度为 4m, 距离接收阵 180m。采用图 4.30 所示的处理流程对数据进行处理。

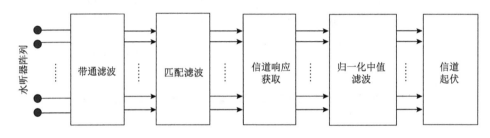

图 4.30   数据处理方法

4.5.2   不同信号的前向散射声场扰动

1. LFM 信号的扰动规律

物体的航迹如图 4.31(a) 所示, 通过 GPS 数据可以判断船体和物体穿过收发连线的时刻。物体穿过收发连线时距离接收阵约 130m。对不同深度水听器采集的连续 LFM 信号做脉冲压缩, 得到的 LFM 信号强度随时间的变化如图 4.31(b)~(d) 所示, 主要包含两条路径传播的信号, 分别由实线和虚线表示。湖底介质为泥沙介质,

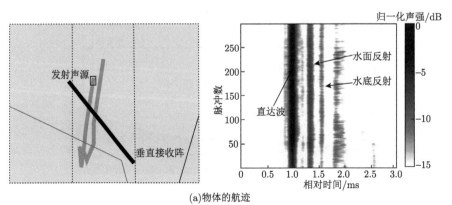

(a)物体的航迹

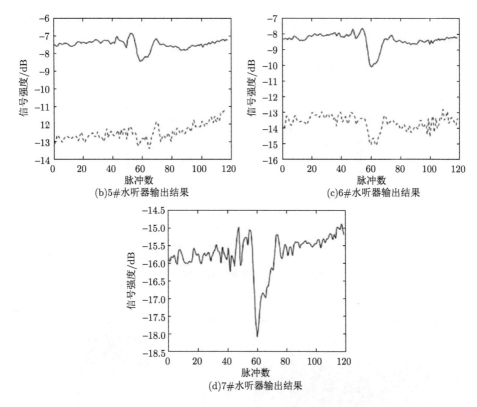

(b)5#水听器输出结果

(c)6#水听器输出结果

(d)7#水听器输出结果

图 4.31 物体的航迹以及不同深度信号处理结果

由湖底反射到水听器的声波非常弱，可以忽略 (Lei et al., 2011; 雷波等, 2010a)。在第 60 个采集脉冲处，即物体穿过收发连线时，在近场条件下，物体在直达声场中产生了声阴影现象，引起沿同路径传播的到达信号强度均发生起伏，强度均有所下降。

当物体穿过收发连线时距离接收阵约为 100m。船体在运动过程中的流体扰动引起发射声源产生摆动，导致接收信号强度发生缓慢的高强度起伏，如图 4.32 所示。但是，可以清楚地看到目标前向散射引起的声场扰动相对变化快，当靠近收发连线时引起接收信号强度减弱，稍偏离时又产生了干涉相长。也就是说，通过对脉冲压缩信号输出的结果仍然可以判断出船体穿过收发连线时引起的接收信号强度突变。

2. 伪随机信号的异常规律

由于伪随机信号具有更好的自相关性 (朱埜, 2014),声源连续发射频带为 20～25kHz 的高斯噪声信号,信号时间为 0.10s,信号波形及其频谱如图 4.33 所示。同样按照前述的方法对不同深度上的接收信号做处理,结果如图 4.34 所示。可以看出，物体两次由不同位置穿过收发连线，其前向散射均引起了接收信号强度约 2dB 的下降。

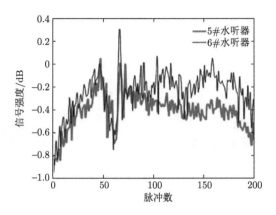

图 4.32　不同深度信号处理结果

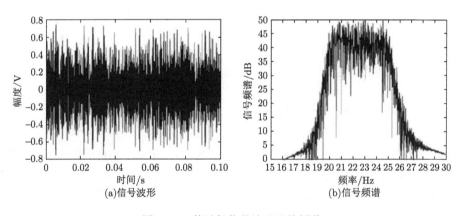

(a)信号波形

(b)信号频谱

图 4.33　伪随机信号波形及其频谱

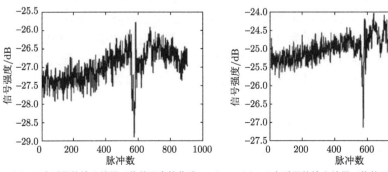

(a) 2#水听器的输出结果（物体距离接收阵20m）　　　(b) 7#水听器的输出结果（物体距离接收阵20m）

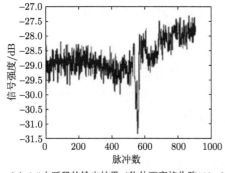
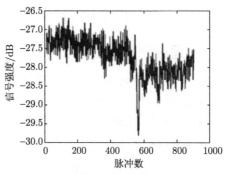

(c) 2#水听器的输出结果（物体距离接收阵100m）　　　(d) 7#水听器的输出结果（物体距离接收阵100m）

图 4.34　　不同距离和深度信号的脉冲压缩处理结果

4.5.3　前向散射声场扰动随深度变化规律

物体距离接收阵 100m 时，发射周期性 LFM 信号，对 1#～7# 水听器的数据同时处理，得到图 4.35(a) 所示的结果。水平轴表示接收脉冲数，垂直轴表示归一化后不同通道的信号起伏。可以很明显地看出，当目标穿越收发连线时，即在约第 150 个脉冲，各路水听器的信号均存在着起伏。同样，可以对物体位于不同位置的信号做处理。图 4.35(b) 为物体距离水听器 30m 时接收信号的处理结果，物体穿过收发连线引起的信号起伏要明显强于图 4.35(a) 的情况。另外，即使在近场的条件下，由于受到湖面和湖底的影响，在不同的接收深度上信号也可能增强，也可能减弱，这和本书的理论分析结果是一致的。由不同深度上的处理结果可以看出，在靠近水底的较深深度上，目标前向散射引起的声场异常变化相对显著。

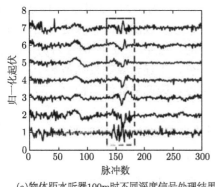
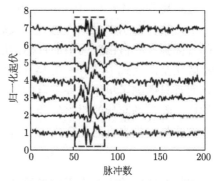

(a)物体距水听器100m时不同深度信号处理结果　　　(b)物体距水听器30m时不同深度信号处理结果

图 4.35　　湖上实验数据及处理结果

4.6   前向散射声场扰动随目标距离变化规律

4.6.1   理论分析方法

由于声波在信道中的多途传播,散射波和入射波发生耦合作用,接收声场的分布非常复杂,采用声呐方程可以近似估计出前向散射对接收声场的贡献。假设发射换能器的声源级为 SL,声波在传播过程中近似为柱面扩展衰减,即 $\text{TL} = 10\lg R$,R 为收发连线距离。当没有物体时,在接收端的信噪比近似为

$$\text{SNR}_0 = \text{SL} - 10\lg R + \text{AG} - \text{NL} \tag{4.57}$$

式中,NL 为背景噪声;AG 为信号处理增益。当物体穿过收发连线时,假设与接收水听器距离为 D,那么前向散射信号的信噪比为

$$\text{SNR} = \text{SL} - 10\lg(R - D) + \text{TS} - 10\lg D + \text{AG} - \text{NL} \tag{4.58}$$

远场条件下,目标强度 TS 可以用巴比涅原理估计。假设物体穿过收发连线整个运动过程中噪声强度保持不变,那么物体穿过收发连线引起的接收信号强度扰动可以估计为

$$\Delta S = \text{SNR} - \text{SNR}_0 = 20\lg(A/\lambda) + 10\lg\frac{R}{D(R - D)} \tag{4.59}$$

可见,当物体穿过收发连线的中间位置,也就是 $D = R/2$ 时,引起的声场扰动变化量最小;相反,当物体靠近声源或者接收水听器时,由于目标的前向散射形成的声学阴影区变强,声场扰动变大。

对于一个刚性平板物体,假设投影面积为 2m^2,入射声波为 10kHz,则目标强度约为 22.5dB。当声源和接收水听器的距离 R 为 1145m 时,得到声强起伏 ΔS 与目标到接收水听器距离 D 的关系如图 4.36(a) 所示。当 $D = 80\text{m}$,$\Delta S = 3.8\text{dB}$,当穿过距离为 534m 和 1025m,引起的声强起伏分别为 -2.0dB 和 2.2dB(表 4.1)。实际上,物体在水中受到入射声射线簇的照射,该射线随距离和深度变化,因此实际目标强度和自由空间中的目标强度是不同的。此外,若发射信号为宽带信号,则不能完全满足式 (4.57)~式 (4.59) 的推导条件。上述计算结果均是基于声呐方程,而且只考虑了单频条件下自由场的目标强度,因此只能给出特定实验条件下的物体引起声场起伏的粗略估计。

物体与接收水听器距离为 D 的位置穿过收发连线时,对应的菲涅耳半径为

$$R_{\text{F}} = \sqrt{\lambda D(R - D)/R} \tag{4.60}$$

物体和收发连线的距离小于该半径 R_{F} 时,前向散射波和直达波发生干涉相消现象,接收声场强度减弱。因此,当物体穿过收发连线时,考虑物体的尺寸,引起声场扰动的运动距离为 $L + 2R_{\text{F}}$(其中 L 为物体长度),其扰动时间与物体的运动速

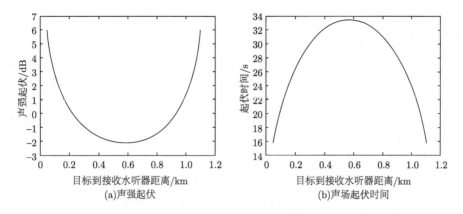

(a)声强起伏   (b)声场起伏时间

图 4.36 目标到接收距离对声场起伏的影响

表 4.1 不同距离上声场起伏扰动时间

D/m	R_F/m	$\Delta S/dB$	扰动时间/s
80	3.3	3.8	19.1
534	6.5	-2.0	33.3
1025	4.0	2.2	22.2
1069	3.3	4.0	19.1

度有关，如图 4.36(b) 所示。若系统参数和上述一样，物体的运动速度为 0.45m/s，那么在不同位置穿过收发连线时，扰动时间见表 4.1。

4.6.2 实验测量方法

湖上实验如图 4.37 所示，声源采用无指向性的球形换能器，其谐振频率为 17kHz，声源深度为水下 4m。11 路水听器等间隔垂直布放在水中，间距 25cm，最深水听器距离水底 2.4m。发射声源和接收水听器的距离为 1145m。目标体采用两块长 2m、宽 1m、厚度为 0.5cm 的铝板，中间夹有厚度为 6cm 的泡沫板，目标深度为水下 2m，物体吊在浮体下方并用配重保持物体的垂直姿态不会发生变化。

图 4.37 湖上实验图片

在实验过程中，小船拖着目标体由不同位置多次穿过收发连线。

实验中采用的信号形式为 5～15kHz 的线性调频信号，调频时间为 0.5s，周期性连续发射。物体拖于小船后大约 10m，以约 0.45m/s 的速度在不同距离处多次穿过收发连线，用 GPS 确定出小船和物体的航迹，物体穿过收发连线的时刻可以通过 GPS 得到。

在前向散射实验数据处理中，采用的方法如图 4.38 所示。接收信号经带通滤波放大后，首先采用脉冲压缩技术，以发射信号为拷贝信号，对接收信号与发射信号作拷贝相关处理，获得接收脉冲信号的能量。信道自身缓慢起伏变化的影响，导致接收信号存在着扰动变化，但这种变化和目标前向散射引起的声场起伏变化相比要缓慢得多，因此采用中值滤波器对脉冲压缩后的峰值输出进行处理，获得环境引起的声场起伏变化，进而在接收声场的起伏中剔除环境引起的起伏变化，获得前向散射引起的声场起伏强度 (Lei et al., 2012)。直达波抑制方法用数学表达式可写为

$$y(t) = 20 \lg \left[x(t) / \tilde{x}(t) \right] \tag{4.61}$$

式中，$x(t)$ 为某传输路径上接收信号能量。

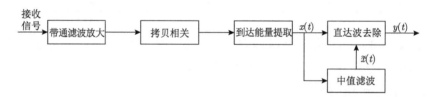

图 4.38　前向散射实验的数据处理方法

4.6.3　声场扰动特征

对图 4.39 所示的 4 条运动航迹的数据进行分析，由于在实验环境中存在来自岸边混响的强干扰，这里只对图 4.40(a) 所示的稳态路径接收信号进行处理。由于信道的微弱变化及发射换能器的晃动，接收声强仍会产生起伏。当物体距离接收水听器 80m 时，如图 4.40(c) 所示，1.35m 深度上的声强起伏为 1.8dB，3.60m 深度上的起伏可以达到 2.2dB，小于理想情况下 3.8dB 的理论计算结果。图 4.40(d) 中，物体穿过收发连线中间时，距离接收水听器 534m，1.35m 深度上的起伏略大，约为 1.6dB。航迹 3 中，1.85m 深度上的声场起伏约为 2dB，与理论计算结果比较接近。对应于航迹 4 的结果示于图 4.40(f) 中，物体前向散射引起 1.85m 上的声场起伏可以达到 3.8dB。由结果可以看出，当物体靠近接收水听器或者发射声源时，前向散射引起的声场显著增强，也就是说，在该情况下更利于采用前向散射探测目标。

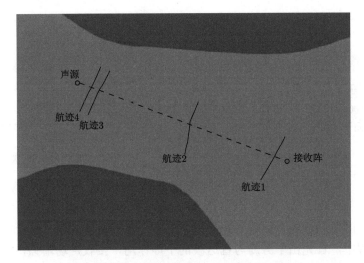

图 4.39 目标穿过收发连线时的航迹

由不同深度的声强起伏存在显著区别。以图 4.40(e) 的航迹 3 为例，在 1.35m、1.85m 和 3.60m 深度上的声强起伏分别约为 1dB、2dB 和 1dB。这是由于当物体穿过收发连线时，主要遮挡了到达 1.85m 深度上的射线能量，而对到达 1.35m 和 3.60m 深度上的射线影响较小。在其他 3 个航迹情况下，3.6m 深度上的声强起伏比较明显，因为在较深的接收深度上，接收声场环境变化影响较小，容易保持在

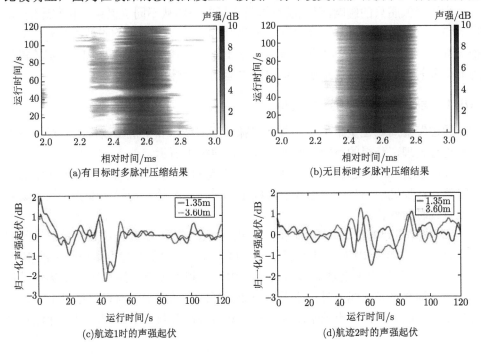

(a)有目标时多脉冲压缩结果

(b)无目标时多脉冲压缩结果

(c)航迹1时的声强起伏

(d)航迹2时的声强起伏

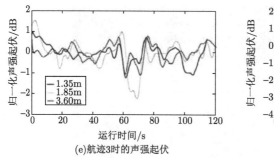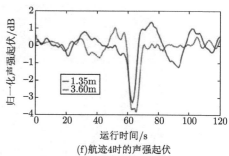

图 4.40　不同航迹数据处理结果

稳态。目标的前向散射占据着一定的扇区宽度，且存在着旁瓣，因此在穿过收发连线的过程中，首先由于旁瓣与直达波的干涉作用，接收声场增强，而后主瓣与直达波干涉相消，产生声学阴影区，导致接收声场变弱。当目标离开收发连线后，再次发生旁瓣与直达波的干涉现象，如在图 4.40(c) 中，大约在 38s 和 53s 的运行时间上声场增强，而在其中间时刻声场相消减弱。

在 4 个航迹情况下，对应的声场扰动时间分别为 17s、31s、18s 和 16s，表 4.1 中理论计算结果与实验测量结果基本一致。也就是说，当物体靠近发射声源或者接收水听器时，对声场扰动时间短，而在靠近收发连线中心位置时，对声场的扰动时间要长。

为了降低船只的影响，仅让没有携带目标的小船从不同位置穿过收发连线，得到的稳态路径接收信号如图 4.40(b) 所示。可以看出，当小船穿过收发连线时，声场没有明显的扰动变化，也就是说，运动小船对声场的扰动可以忽略，实验得到的前向散射引起的声场扰动确定是由水中运动目标体引起的。

4.6.4　前向散射声场异常规律

通过发射周期性宽带信号，并采用脉冲压缩技术和中值滤波技术，对接收声信号进行处理，获得的前向散射声场异常规律如下所示。

(1) 当物体靠近发射端或者接收端时，引起的声场异常明显，但声场异常的持续时间短；反之，当目标靠近收发连线中间时，引起的声场异常减弱，但声场异常的持续时间变长。

(2) 物体引起的声场异常可能增强，也有可能减弱，这和直达波与散射波的相位差有关。若接收水听器处于目标的阴影区，那么散射信号与直达信号干涉相消。

(3) 在目标运动穿越收发连线的过程中，穿越了多个菲涅耳区。在实验过程中，当目标在收发连线上时，位于第一菲涅耳区，散射信号与直达信号干涉相消而产生遮挡现象，接收声场幅度变弱；随着目标离开收发连线到达第二菲涅耳区时，散射信号与直达信号干涉增强，接收声场幅度变强；当目标进入第三菲涅耳区时，接收场幅度再次减弱。

(4) 实验结果表明，采用宽带信号可有效地观测到前向散射引起的声场扰动变化。为了降低海面和跃变层对声场的影响，将发射声源和接收水听器均放置于海底附近，这样可以使得前向散射变得更加明显，这种做法与 Gillespie 等 (1997) 的文献中的实验相似。

4.7 本 章 小 结

本章首先给出了前向目标强度和前向散射信号强度分布规律。从巴比涅原理出发，在理论上推导了水中目标前向散射目标强度的计算公式。仿真表明，物体的前向散射信号在收发连线附近的位置远远强于其他方向，且呈"眼状"分布。通过散射声场的宽带计算模型，仿真给出了散射声场的简正波模态结构，揭示了前向散射模态耦合现象，采用垂直阵的波束形成技术，揭示了在物体前向散射引起的声场抛物状到达结构的变异机理。

本章基于波动方程阐述了物体入侵引起声场起伏变化的物理机理。当物体入侵信道后，其实质是物体所在的位置的声速和密度发生了变化，导致声线传播到接收点的强度发生变化，其前向散射强度由目标的位置和散射函数来综合决定。给出了前向散射声场扰动强度的声呐方程，并估计了声场扰动时间。

本章描述了一种前向散射特征的湖上实验测量方法。通过宽带脉冲压缩和中值滤波技术，克服了环境引起的声场变化，揭示了目标前向散射引起的声场变异特征。结果表明，当物体靠近发射或者接收端时，前向散射引起的声场变异强，持续时间短；当靠近收发连线中心时，声场变异弱，持续时间长。物体在穿过收发连线过程中穿越多个菲涅耳区，导致声场的起伏。在实际环境中，可将发射和接收单元靠近海底附近，以取得更好的实验效果。

参 考 文 献

雷波, 马远良, 杨坤德, 2010a. 水下物体的前向声散射建模与实验观测[J]. 哈尔滨工程大学学报, 31: 990-994.

雷波, 杨坤德, 马培华, 2010b. 基于巴氏奈特原理的双基地声呐前向探测方法[J]. 探测与控制学报, 32: 21-25.

雷波, 杨益新, 何传林, 等, 2018. 等声速环境中目标前向声散射简正波耦合的垂直阵空域响应特征[J]. 声学学报, 43(4):471-480.

何传林, 2017. 水下物体的前向散射声场与散射信号提取方法研究[D]. 西安: 西北工业大学.

朱埜, 2014. 主动声呐检测信息原理[M]. 北京: 科学出版社.

BARTON R J, MOSS G R, SMITH K B B T, 2011. Scattered acoustic intensity field measurements of a rigid motionless sphere and cylinder[C]. Proceeding of IEEE/MTS Oceans'11, Waikoloa: 1-4.

CHANG H S, 1992. Detection of weak,broadband signals under doppler-scaled,multipath propagation[C]. Proc. IEEE Int. Conf. Acoust. Speech, Signal Process., 2: 461-464.

CHERNIAKOV M, ABDULLAH R S A R, JANCOVIC P, et al., 2006. Automatic ground target classification using forward scattering radar[J]. Proc. IEE Radar Sonar Navig., 153: 427-437.

DEFERRARI H, RODGERS A, 2005. Eliminating clutter by coordinate zeroing[J]. J. Acoust. Soc. Am., 117: 2494.

GILLESPIE B, ROLT K, EDELSON G, et al., 1997. Littoral target forward scattering[C]. Proceeding of the 23rd International Symposium on Acoust Imaging, Boston: 501-506.

HE C L, YANG K D, MA Y L, et al., 2016. Analysis of the arriving-angle structure of the forward scattered wave on a vertical array in shallow water[J]. J. Acoust. Soc. Am., 140: EL256-EL262.

LEE S, MAKRIS N C, 2006. The array invariant[J]. J. Acoust. Soc. Am., 119: 336-351.

LEI B, MA Y L, YANG K D, 2011. Experiment observation on acoustic forward scattering for underwater moving object detection[J]. Chinese Phys. Lett., 28: 34302.

LEI B, YANG K D, 2009. Evaluate the performance of underwater target detection system in forward scattering zone[C]. Proc. Int. Symp. Intell. Inf. Technol. Appl., Shanghai: 213-217.

LEI B, YANG K D, MA Y L, et al., 2012. Forward acoustic scattering by moving objects: Theory and experiment[J]. Chinese Sci. Bull., 57: 313-319.

MAKRIS N C, 1998. A spectral approach to 3-D object scattering in layered media applied to scattering from submerged spheres[J]. J. Acoust. Soc. Am., 104: 2105-2113.

MARANDET C, ROUX P, NICOLAS B, et al., 2011. Target detection and localization in shallow water: An experimental demonstration of the acoustic barrier problem at the laboratory scale[J]. J. Acoust. Soc. Am., 129: 85-97.

MATVEEV A L, SPINDEL R C, ROUSEFF D, 2007. Forward scattering observation with partially coherent spatial processing of vertical array signals in shallow water[J]. IEEE J. Ocean. Eng., 32: 626-639.

NALUAI N K, LAUCHLE G C, GABRIELSON T B, et al., 2007. Bi-static sonar applications of intensity processing[J]. J. Acoust. Soc. Am., 121: 1909-1915.

RAPIDS B R, LAUCHLE G C, 2002. Processing of forward scattered acoustic fields with intensity sensors[C]. Proceeding of IEEE/MTS Oceans'02, Biloxi: 1911-1914.

RAPIDS B R, LAUCHLE G C, 2006. Vector intensity field scattered by a rigid prolate spheroid[J]. J. Acoust. Soc. Am., 120: 38-48.

SONG H C, KUPERMAN W A, HODGKISS W S, et al., 2003. Demonstration of a high frequency acoustic barrier with a time reversal mirror[J]. IEEE J. Ocean. Eng., 28: 246-249.

TESEI A, SONG H C, GUERRINI P, et al., 2004. A high-frequency active underwater acoustic barrier experiment using a time reversal mirror; model-data comparison[C]. High Freq. Ocean Acoust., La Jolla: 539-546.

TSURUGAYA Y, KIKUCHI T, MIZUTANI K, 2008. Passive phase conjugation processing to forward scattering waves by target in shallow water[J]. J. Acoust. Soc. Am., 123: 3595.

YANG T C, YATES T, 1994a. Scattering from an object in a stratified medium: (I) Frequency dispersion and active localization[J]. J. Acoust. Soc. Am., 96: 1003-1019.

YANG T C, YATES T, 1994b. Scattering from an object in a stratified medium: (II) Extraction of scattering signature[J]. J. Acoust. Soc. Am., 96: 1020-1031.

ZVEREV V A, KOROTIN P I, MATVEEV A L, et al., 2001. Experimental studies of sound diffraction by moving inhomogeneities under shallow-water conditions[J]. Acoust. Phys., 47: 184-193.

第 5 章　基于水声信道响应的前向散射声场特征检测方法

当目标进入收发连线附近时，其前向散射会引起声场的异常变化，但在远距离情况下，前向散射波要比直达波弱得多，且两者几乎同时到达接收水听器，前向散射波受到直达波的强干扰。此外，在海洋信道中，海洋噪声及海洋环境的微弱变化会引起接收信号的起伏，该起伏可能会淹没前向散射引起的接收声场起伏，很难直接由接收信号中判断出是否存在物体入侵引起声场响应异常。因此，需要对前向散射声场异常特征的稳健检测方法进行研究。

当物体位于双基地声呐的探测区域中时，由于直达波和目标散射波在时间和空间上的差异，直接利用波束形成等技术可抑制直达波。前向散射探测作为双基地声呐的一种特例，当物体位于双基地声呐收发连线附近时，收发分置角接近 180°，直达波和前向散射波的传播方向接近，导致无法直接采用波束形成技术在空间上抑制直达波。由于直达波和前向散射波的到达时间接近，在时间上也很难进行分离。因此，常规的双基地声呐无法正常工作，形成了常规双基地探测方法的盲区。但是，此时存在水中目标的前向散射现象，如第 4 章介绍的内容，由于前向散射波与直达波几乎同时被水听器接收，叠加后的声场与没有物体时相比，接收信号的幅度、相位及声场结构等方面会产生微弱的变化。针对这些变化，国内外的众多学者从不同角度开展了卓有成效的研究。

当运动物体穿过收发连线时，前向散射可以使接收波前产生弯曲，局部声强不为 0，声压与振速之间存在相位差。实验结果表明，在某些方向上，声压与振速的相位差可以达到 70°。在较近距离情况下，前向散射信号与直达波相位相反，产生干涉相消，该方法已被证明有明显的检测效果 (Naluai et al., 2007; Rapids et al., 2002)。运动物体在穿越收发连线的过程中，在不同位置产生的前向散射信号具有不同的幅度和相位，从而导致接收信号的包络产生变化。在自由空间或者近距离情况下，利用前向散射理论模型获得该包络变化特征，与接收信号包络做匹配处理可获得目标的速度和距离等信息 (Matveev et al., 2007, 2002; Vdovicheva et al., 2002; Zverev et al., 2001; Matveev, 2000)。时反处理可以实现声波能量在信道中的时域和空域聚焦，当目标入侵到时反镜区域时，其前向散射信号可以破坏信道响应，引起声场结构发生变化，从而导致聚焦能量减弱，阴影区域的能量

提高 (Tesei et al., 2004; Song et al., 2003)，该现象可作为前向散射探测的一个重要标识。在高信噪比且信道稳定的情况下，利用主分量分析方法对接收脉冲信号序列进行处理，去除最大特征值对应的信号成分，能够较好地抑制直达波能量，增强声场异常效果 (Sabra et al., 2010)。在进行前向散射声场特征检测的同时，基于声场的多途特征，利用垂直线列阵提取沿不同路径上传播的异常声线，可进一步获得入侵物体的位置信息 (Folegot et al., 2008)；或者采用声层析的思想，利用收发垂直线列阵的双波束形成技术反演信道中的异常区域，从而实现目标定位 (Yildiz et al., 2014; Marandet et al., 2011)。

本章内容是在作者对目标前向散射引起的声场异常特征检测方法长期研究的基础上总结而来，包括接收声场的时空域处理以及响应的增强方法，反映目前参考文献中一些经典的检测方法。5.1 节针对前向散射引起的声场包络特征检测方法的基本原理进行介绍，给出仿真结果和文献中的实验结果。5.2 节阐述前向散射相位突变特征的检测方法，并给出了湖上实验结果。5.3 节介绍利用双波束形成技术提取目标前向散射引起的声波到达结构异常的检测方法。5.4 节描述时间反转镜前向探测的基本原理，重点介绍可用于前向探测的虚拟时反处理方法。

5.1　目标前向散射声场包络特征检测方法

5.1.1　信号包络检测方法原理

在发射单频连续信号的情况下，如果忽略环境变化和噪声对直达信号和散射信号的影响，物体在基线附近运动时，由于前向散射信号和直达信号叠加，会引起接收信号的包络变化。接收信号声压用数学式表示为

$$s(t, z) = s_{\mathrm{d}}(z) + s_{\mathrm{s}}(t, z) \tag{5.1}$$

式中，$s_{\mathrm{d}}(z)$ 表示直达信号声压；$s_{\mathrm{s}}(t, z)$ 表示有用的散射信号声压。这里省略了时间因子 $\mathrm{e}^{-\mathrm{j}\omega t}$。

前向散射目标探测的几何关系如图 5.1 所示。收发连线的长度为 d，长度为 l_{s} 的目标以速度 v 穿越收发连线，距离声源和接收点的距离分别为 d_{T} 和 d_{R}。考虑到波导对于声波传播的影响，以及声源–接收点几何关系的微小变化，散射信号的相位会伴随着起伏，该起伏难以通过建模准确地求得。因此，可以假设为相位是一个随机过程。散射信号写为 (Matveev et al., 2007)

$$\begin{cases} s_{\mathrm{s}}(t, z) = A_{\mathrm{d}}\Phi(t) \exp\left[-\mathrm{j}\gamma(t - t_{\mathrm{c}})^2 + \mathrm{j}\phi_{\mathrm{d}}(z)\right] \\ \gamma = kv^2/(2h) \\ h = d_{\mathrm{R}}d_{\mathrm{T}}/d \end{cases} \tag{5.2}$$

式中，$\Phi(t)$ 为物体的散射函数，可以根据理论方法或者数值模型近似求得；$\phi_{\mathrm{d}}(z)$

为散射信号的随机相位。由式 (5.2) 可以看出，接收信号的幅度随时间变化中含有目标速度、长度及距离等信息，假设目标引起的信号起伏强于噪声和环境引起的起伏，通过接收信号包络的提取，就有可能判断出是否有目标穿过基线，并进一步求出物体的运动速度、长度和距离等有用信息。

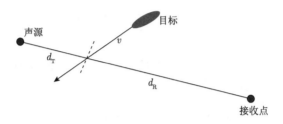

图 5.1　前向散射目标探测几何关系示意图

　　前向散射信号引起的包络变化检测方法原理如图 5.2 所示。带通滤波器用来从噪声环境中提取直达信号和散射信号。经过幅度检波器后，提取出信号的包络。直达信号和前向散射信号受到海洋环境的影响，接收信号的频谱发生了扩展现象，因此采用高通滤波器，对信号的低频段进行抑制。由式 (5.2) 可知，物体运动引起的前向散射信号多普勒频移非常小，因此要求带通滤波器的低频段截止频率要远远小于 v/l_s。非相干累积检测器对滤波器输出的各路信号与式 (5.2) 获得的模型信号求相关，然后将各路输出进行叠加，从而提高系统的输出信噪比。

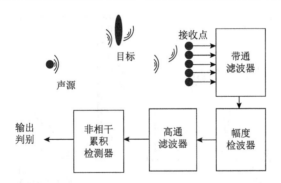

图 5.2　前向散射信号引起的包络变化检测方法原理

　　假设经过幅度检波后的第 k 路信号声压为 $X_k(t)$，一般情况下，该信号中包含直达信号和散射信号受环境变化影响的起伏。将信号通过滤波器 hp(t)(Matveev et al., 2007, 2000)，即

$$\mathrm{hp}(t) = \begin{cases} \tau^{-1}, & |t| \leqslant \tau/2 \\ 0, & |t| > \tau/2 \end{cases}, \quad \tau = \sqrt{h\lambda}/v \tag{5.3}$$

式中，λ 为波长；v 为物体垂直于基线的运动速度；$h = d_{\mathrm{R}} d_{\mathrm{T}}/d$。从而得到信号声压为

$$\hat{X}_k(t) = X_k(t) \otimes \mathrm{hp}(t) \tag{5.4}$$

式中，$\otimes$ 表示卷积。归一化后高通滤波器的输出为

$$y_k(t) = \frac{X_k(t) - \hat{X}_k(t)}{\hat{X}_k(t)} \tag{5.5}$$

根据式 (5.2) 对高通滤波器输出的信号进行模基匹配滤波，假设模基匹配滤波器为 $\Phi(t)$，经过匹配滤波器后为

$$u_k(t) = \int_{-\infty}^{\infty} y_k(t') \Phi(t - t') \mathrm{d}t' \tag{5.6}$$

对 N 个通道上的信号进行非相干累积处理，得到

$$U(t) = \frac{1}{N} \sum_{k=1}^{N} |u_k(t)| \tag{5.7}$$

仿真中，假设基线长度为 20km、声波频率为 500Hz、长度为 50m 的物体以 5m/s 的速度垂直穿过收发连线，不考虑信号起伏和噪声影响，仿真结果如图 5.3 所示。由图可以看出，在没有环境变化和噪声的影响下，当物体穿过收发连线时，相干累积输出有明显的峰值。也就是说，该方法能够检测出物体运动引起的接收信号强度变化。

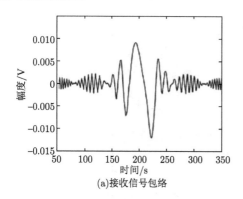
(a)接收信号包络

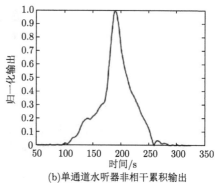
(b)单通道水听器非相干累积输出

图 5.3　理想情况下的前向散射包络检测仿真结果

存在海洋背景噪声和信号起伏的情况下，假设噪声为高斯白噪声，信噪比为 5dB。海洋环境的变化也会引起接收信号强度的变化，这里假设信号强度起伏可以看作瑞利分布。上述情况下，水听器接收信号声压可以表示为

$$s(t, z) = s_{\mathrm{d}}(z) + s_{\mathrm{s}}(t, z) + N_{\mathrm{n}}(t, z) + \Delta s(t, z) \tag{5.8}$$

式中，$s_d(z)$ 表示直达波声压；$s_s(t, z)$ 表示有用的散射声压；$N_n(t, z)$ 表示海洋背景噪声；$\Delta s(t, z)$ 表示由海浪引起的直达波和前向散射波的声压起伏。假设前向散射信号的相位 ϕ_d 满足 $-90° \sim 90°$ 的均匀分布，信号的起伏方差为 0.2。信号的参数和上述的理想情况一致，得到的结果如图 5.4 所示。可以看出，在单通道处理的情况下，非相干累积检测的输出旁瓣很高，但经过 10 通道叠加的非相干累积，旁瓣得到显著控制，可以检测出目标前向散射引起的信号包络变化。

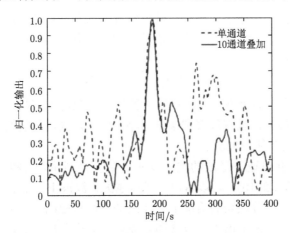

图 5.4 噪声背景下的包络特征检测

5.1.2 海浪对接收信号包络的影响

声信号在海洋中传播时，海水介质及其界面上的不均匀性会引起声波的散射。接收信号的统计特性完全取决于非相干场的统计特性和场的相干成分的性质。由波动海面反射后并在某一点所接收到的窄带信号声压可以写为

$$p(t) = [E_0 + u(t)] \cos(\omega_0 t + \varphi_0) - v(t) \sin(\omega_0 t + \varphi_0) \qquad (5.9)$$

式中，E_0 为信号的相干分量成分的振幅；φ_0 为相干分量的相位；$u(t)$ 和 $v(t)$ 为具有零均值、方差为 σ_u^2 和 σ_v^2 的平稳随机函数。信号的振幅和相位起伏可以表示为

$$\begin{cases} E(t) = \left\{ [E_0 + u(t)]^2 + v^2(t) \right\}^{1/2} \\ \Delta\varphi = \arctan \left\{ v(t) / [E_0 + v(t)] \right\} \end{cases} \qquad (5.10)$$

大量实验研究表明 (布列霍夫斯基，1983)，在 $0.1 \sim 100$kHz 的频段，波动水面的反射信号的振幅分布与广义瑞利分布颇为一致。当振幅起伏小时，实验分布接近于正态分布，而起伏大时接近于瑞利分布。因此，振幅的起伏可以看作方差为 σ^2 的窄带正态噪声与一个具有恒定相位和振幅 E_0 的信号之和。在不平整海面条件下，瑞利参量 P 定义为

$$P = 2k\sigma \sin \chi_0 \tag{5.11}$$

式中，k 为入射波的波数；$\sigma = \langle \varsigma \rangle^{1/2}$，为不平整海面按正态规律分布的波高的均方根，$\varsigma$ 为水面波动幅度；χ_0 为在海 – 气平均平界面上镜反射声线的掠射角。瑞利参量小于 1 时，振幅起伏率为

$$\eta \approx \sigma/E_0 \approx P/\sqrt{2} \tag{5.12}$$

水下信道的多途传播中，接收信号可以看作由不同路径到达接收点的许多单个信号的叠加。对于在海面上经过 n 次反射的单路径信号，振幅起伏率用单次的瑞利参量近似表示为

$$\eta \approx \sigma/E_0 \approx P/\sqrt{n/2} \tag{5.13}$$

研究表明，在几百赫兹到几千赫兹频段内，如果海面多次反射对总场非相干分量的能量贡献最大，且有效瑞利参量远小于 1，则振幅起伏谱总的特征与波浪谱相似 (布列霍夫斯基, 1983)。

图 5.5 为不同风速下形成的波浪皮尔逊 – 莫斯科维茨 (Pierson-Moskowits, PM) 谱 (刘伯胜等, 2010)。可以看出，风速越大，波浪 PM 谱的峰值越明显，谱强度越大。在波浪充分成长的情况下，波浪谱主峰对应的频率非常小。当波浪没有充分成长起来时，波浪谱主要包含高频成分。非充分成长的波浪对信号包络谱的影响如图 5.6 所示，图 5.6(a) 为 Zverev 等 (2001) 在湖上实验得到的信号包络谱，当风速为 4～6m/s 时，信号包络谱在 1Hz 附近有明显增强。图 5.6(b) 为在风速 4～5m/s 时，对湖上接收的 20kHz 的单频连续波包络分析后得到的包络谱。可以看出，受水面波浪起伏的影响，在不同的接收深度上 (0.75m、1m、1.25m)，包络谱在 0.8Hz 附近均有明显增强。

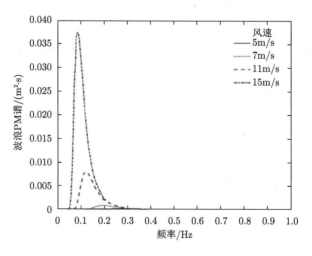

图 5.5　不同风速下形成的波浪 PM 谱

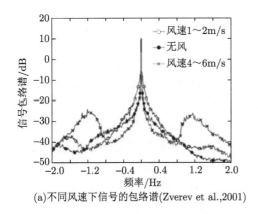

(a)不同风速下信号的包络谱(Zverev et al.,2001)

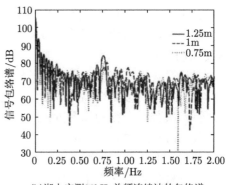

(b)湖上实测20kHz单频连续波的包络谱,
风速为4～5m/s

图 5.6 非充分成长的波浪对信号包络谱的影响

由接收信号的包络谱可以看出，海面起伏会引起接收信号产生明显的多普勒频移，显然在前向散射信号包络分析时，目标信号和直达信号都会受到海面起伏引起的调制，其多普勒频移基本一致，当目标引起的多普勒频移和海面多普勒频移接近时，会降低包络检测方法的效果。

5.1.3 包络检测实验结果

Zverev 等 (2001, 1995) 曾在湖上开展了目标前向散射对单频连续波信号的包络影响湖上实验，如图 5.7(a) 所示。图中给出了 5m、10m、15m 等深线分布，S 为声源，VA 为垂直阵，HA 为水平阵，Π 为目标运动轨迹，T 为稳定声传播路

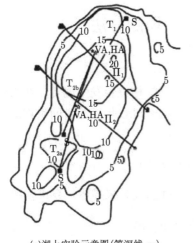

(a)湖上实验示意图(等深线,m)

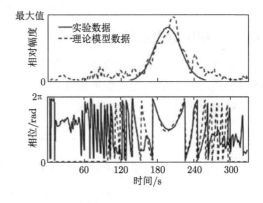

(b)声场起伏的理论模型数据与实验数据比较

图 5.7 湖上实验数据与理论模型数据比较

径。水深为 10～20m，接收采用 12m 长的 64 元线阵，目标为长 5.2m 和 2.5m 的圆柱散射体，发射信号则采用 0.8～3.0kHz 的多频率单频连续信号，声源固定于湖底 0.7m 处。

目标穿过收发连线引起的声场相对幅度扰动和相位扰动如图 5.7(b) 所示。理论和实验得到的数据在幅度和相位上均能够很好地吻合。利用理论模型和实验结果进行相关处理，得到如图 5.8 所示的结果。不同参数下的相关结果表明，利用对接收信号包络进行相关处理，可明显检测出物体前向散射引起的声场起伏变化。也就是说，在近距离情况下，当物体的前向散射引起接收声场的幅度和相位发生变化，导致信号包络产生起伏时，若能够比较准确地建立目标前向散射的包络模型，就可采用包络检波方法很好地获取目标前向散射引起的声场变化。

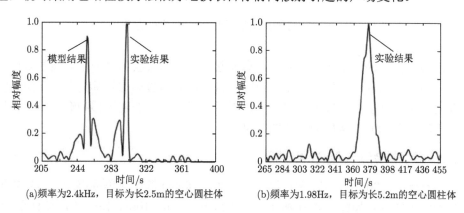

图 5.8　包络检测结果 (Zverev et al., 2001, 1995)

5.2　前向散射相位特征检测方法

5.2.1　相位突变检测基本原理

根据光学中前向散射现象的基本特征，物理场的相位会发生偏转，在水中前向散射声场中也应满足类似的现象。在空间某一点 r 处，传统的时间平均声强矢量可以用复声压与复振速的共轭乘积实部来表示，即

$$I(r) = \frac{1}{2}\mathrm{Re}\left[p(r,t)u^*(r,t)\right] \tag{5.14}$$

对于具有干涉现象的声场，则需要采用复声强的概念来描述。复声强定义为

$$I(r) = \frac{1}{2}pu^* = I(r) + \mathrm{j}Q(r) \tag{5.15}$$

其实部与常规的声强定义一致，虚部 $Q(r)$ 表示局部振荡能流，表征的是声压中空间不均匀性。声压和振速之间的相对相位与复声强的相位相同。对平面波而言，

声压和振速的相位相同，局部声强为零。如果声压和振速相位正交，那么声强为零，局部声强最大 (如驻波场)。在声波散射的情况下，由于波阵面发生弯曲而存在声压梯度，$Q(r)$ 的幅度和相对相位均不为零。因此，通过对局部声强或者声强相位的获取，可以实现前向散射引起的声场相位变化特征检测。

声强可以用声压和振速之间的互谱来表示，即

$$I(r,\omega) = \frac{2}{T} E\left[P_k^*(\omega,T) U_k(\omega,T)\right] \tag{5.16}$$

式中，T 为信号长度；$P_k^*(\omega,T)$ 和 $U_k(\omega,T)$ 为声压和振速的傅里叶变换。假设无指向性的声压信号为 $Z_p(\omega)$，两个正交的振速信号分别为 $Z_{NS}(\omega)$ 和 $Z_{EW}(\omega)$，声强分量可以用互谱表示为

$$\begin{cases} I_{NS}(\omega) = \mathrm{Re}\left\{\dfrac{2}{t} E\left[Z_p^* Z_{NS}\right]\right\} = PV\cos\beta\cos\phi \\[2mm] Q_{NS}(\omega) = \mathrm{Im}\left\{\dfrac{2}{t} E\left[Z_p^* Z_{NS}\right]\right\} = PV\cos\beta\sin\phi \\[2mm] I_{EW}(\omega) = \mathrm{Re}\left\{\dfrac{2}{t} E\left[Z_p^* Z_{EW}\right]\right\} = PV\sin\beta\cos\phi \\[2mm] Q_{EW}(\omega) = \mathrm{Im}\left\{\dfrac{2}{t} E\left[Z_p^* Z_{EW}\right]\right\} = PV\sin\beta\sin\phi \end{cases} \tag{5.17}$$

声源的方向可以估计为

$$\hat{\beta} = \arctan\left(\frac{I_{EW}}{I_{NS}}\right) \tag{5.18}$$

局部声强表示为

$$|Q| = \sqrt{Q_{NS}^2 + Q_{EW}^2} = PV\left|\sin\phi\right| \tag{5.19}$$

5.2.2 相位突变实验结果

实验在水深约 350m 的湖上开展 (Rapids et al., 2002)，散射体为长 19.2m 的圆柱体，直径为 2.44m，两端为半球形。发射信号为 500~3200Hz 的白噪声信号，声源深度为 123m，距离物体约为 30m。4 个矢量接收水听器的几何布置如图 5.9(a) 中的 A、B、C 和 D 所示，固定深度 123m，与目标的距离分别为 5 倍目标长度、10 倍目标长度、20 倍目标长度和 30 倍目标长度。实验过程中，由东向西移动声源来改变声波的入射角度，模拟接收单元在前向散射声场中的运动。

对东西方向上的振速和声压信号处理后，得到不同方位信号的复声强信号的相位角如图 5.9(b) 所示。可以看出，在不同接收距离上和不同时间段内进行实验，均能观测到物体前向散射引起明显的相位突变，该变化量在实验条件下可以达到 70°。由于受到干扰的影响，可能会在某些角度上出现伪峰，如

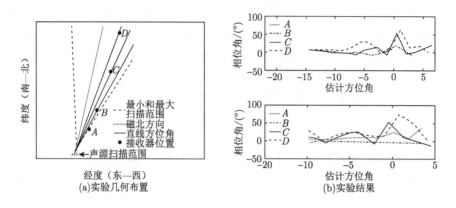

图 5.9　相位突变实验及数据处理结果 (Rapids et al., 2002)

图 5.9(b) 下图中的接收点 D 在 $-10°$ 的突变, 不过这种突变可以用多个接收单元的输出联合判断。

在近距离情况下, 物体前向散射引起的声场波阵面发生弯曲, 相位突变特征明显, 随着距离增大, 前向散射信号衰减增大, 和直达信号的波阵面均接近平面波, 前向散射引起的相位变化越来越小。

5.3　声波到达结构异常特征检测方法

5.3.1　声波到达结构垂直阵提取方法

从 4.4 节中可以看出, 前向散射信号和直达信号的垂直到达结构存在着差异, 但与目标的位置密切相关。当目标靠近发射声源时, 两者很难进行分离。采用双波束形成技术, 即在发射端和接收端均利用垂直阵作波束形成, 那么发射信号的部分模态可获得增强, 有可能使得前向散射信号和直达信号的垂直到达结构产生显著差异 (雷波, 2010; Lei et al., 2009)。

在接收阵上使用常规时延波束形成, 将接收阵元域的声压转成角度域的形式为

$$p(t, \theta_{\mathrm{r}}, z_{\mathrm{s}}) = \sum_{i=1}^{N_{\mathrm{r}}} w_i p_i \left[t + \tau(\theta_{\mathrm{r}}, z_i), z_i, z_{\mathrm{s}} \right] \tag{5.20}$$

式中, N_{r} 表示接收阵元数; $\tau(\theta_{\mathrm{r}}, z_i)$ 表示深度相关声速剖面中第 i 个接收阵元上由 θ_{r} 方向入射信号的时延; z_{s} 表示声源深度; w_i 表示加权系数, 用来抑制波束旁瓣级。在浅海中, 由于声速剖面的存在, 每个水听器对应的声速是不一样的, 平面波的波束形成不能达到最优解。使用转折点滤波技术 (Roux et al., 2008; Dzieciuch et al., 2001) 可以对接收信号的时延进行估计, 即

$$\tau(\theta_{\mathrm{r}}, z_i) = \int_{z_0}^{z_i} \sqrt{\frac{1}{c^2(z)} - \frac{\cos^2 \theta_{\mathrm{r}}}{c_0^2}} \mathrm{d}z \tag{5.21}$$

式中，z_0 为最小声速对应的深度，这里作为参考深度；c_0 为参考深度对应的声速。

在浅海环境中，对于掠射角很小的多径到达信号，接收阵的时延波束形成经常不足以分离沿不同路径的到达信号。采用同时使用发射阵和接收阵的形式，可以抑制来自其他方向的到达信号。因此，在发射阵和接收阵上同时使用时延波束形成，接收信号声压由阵元域 $(z_{\mathrm{s}}, z_{\mathrm{r}}, t)$ 转到角度域 $(\theta_{\mathrm{s}}, \theta_{\mathrm{r}}, t)$，即

$$p(\theta_{\mathrm{s}}, \theta_{\mathrm{r}}, t) = \sum_{k=1}^{N_{\mathrm{s}}} \sum_{i=1}^{N_{\mathrm{r}}} w_i w_k p_i \left[t + \tau(\theta_{\mathrm{r}}, z_i) + \tau(\theta_{\mathrm{s}}, z_k), z_i, z_{ki} \right] \tag{5.22}$$

采用此方法可以得到发射角为 θ_{s} 和接收角为 θ_{r} 的时域信号。对于短脉冲信号，采用脉冲压缩方法提取到达声线能量，用来评价到达结构的强度。

双波束形成可以提取出特定发射方向和接收方向上的响应向量，有利于提取出变异的响应向量。但是，发射阵的波束形成是非常复杂的，它要求发射声源同时发射信号，通过加权方式实现发射波束形成，但在具有声速梯度的海洋环境中，这种采用常规加权进行波束形成的方式有可能失效。借鉴被动时反的思想，用发射阵元依次发射水声信号，对接收阵数据处理可以实现虚拟的双波束形成，如图 5.10 所示。调整发射单元之间的信号间隔，对每个发射单元信号对应的接收信号做波束形成后，再对这些波束形成输出做发射阵波束形成。

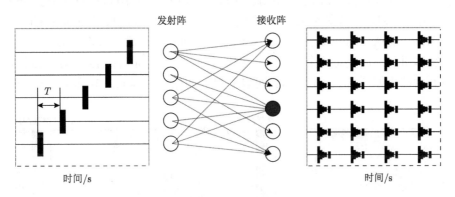

图 5.10　双波束形成提取声场结构示意图

5.3.2　声波到达结构特征

以一个夏季声速剖面的典型浅海环境为例，如图 5.11 所示。采用 41 元的等间距垂直声源阵和接收阵，阵元间距为 0.375m，阵元中心深度为 90m。海底假设为半空间，密度为 1.7g/cm³，声速为 1600m/s，吸收系数为 0.15dB/λ。射线

在水体的下半部分传播，掠射角接近水平，其他经过海面反射的信号传播损失较大。图 5.11(b) 为波导中群速度和相速度的关系曲线，虚线表示右边的海面反射射线和左边的海底多途射线的区分。虚线对应的相速度为 1534.2m/s，虚线左边为海水底部折射波，虚线右边为海面反射波。在海面反射波附近，群速度迅速增加，这是因为声速在海面附近变大，而海面反射后，由于传播路径变长，群速度下降。图 5.11(b) 中，当群速度大于 1525.5m/s 时，许多相速度对应的群速度是一样的，这表明多条声线可能以不同的掠射角几乎同时到达接收水听器。

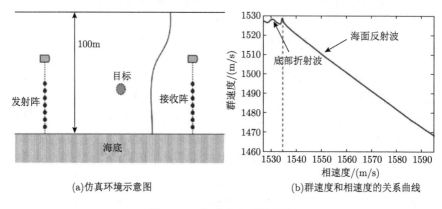

(a)仿真环境示意图　　　　　　　　(b)群速度和相速度的关系曲线

图 5.11　仿真水声环境条件

　　垂直发射阵和接收阵之间的间距为 5km。声源发射 100ms 的宽带脉冲信号，中心频率为 2kHz，带宽为 2kHz。假设物体为短半轴 4m、长半轴 30m 的刚性旋转椭球体，运动方向垂直于基线，深度为水下 90m，距离声源阵 1.5km。仿真中假设物体引起声波模态的全耦合。如果仅考虑发射为 90m 深的点声源，接收阵的声波到达结构如图 5.12(a) 所示。可以看出，在相对时延 0.275s 处到达信号的掠

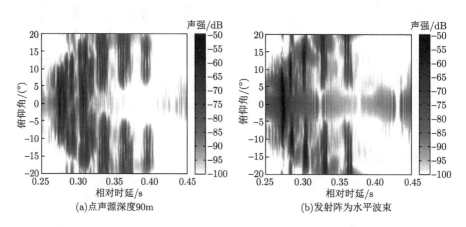

(a)点声源深度90m　　　　　　　　(b)发射阵为水平波束

图 5.12　接收阵上的声波到达结构

射角非常小，到达结构存在着模糊现象，此时不同角度到达的声波不能被明显地区分开。如果采用双波束形成技术，令发射波束为水平，得到接收阵上的声波到达结构如图 5.12(b) 所示。在这种情况下，直达波掠射角非常小，主要集中在水平方向附近，而前向散射信号在垂直空间上分散，且时延随掠射角增大而增大，因此物体的前向散射信号与直达信号明显区分。

在声波到达的相对时延为 0.275s 处，前向散射信号与直达信号叠加，用双波束形成技术得到声波到达结构分布如图 5.13 所示。当不存在物体时，接收的直达信号主要在 (0°, 0°) 附近分布，其他亮点由波束旁瓣形成。当物体进入收发连线区域时，在 0.275s 处的结果处理表明，(0°, 0°) 附近的声强变化不大，主要是直达信号，在旁瓣以外的区域中还存在着其他亮斑，这些亮斑对应物体的前向散射到达信号。

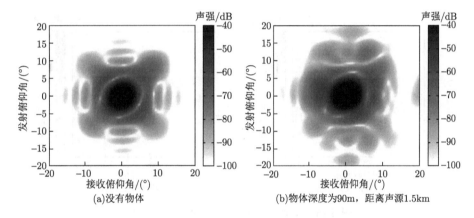

(a)没有物体   (b)物体深度为90m，距离声源1.5km

图 5.13   采用双波束形成的声波到达结构 (相对时延 0.275s)

如果发射阵和接收阵深度同为 50m，阵元间距 1m，目标距离声源为 8km，收发距离为 20km，信号频率为 500～1500Hz，旋转椭球体处于基线中心，声波由物体正横方向入射。若只采用接收阵提取声波到达结构，如图 5.14 所示，物体深度较浅时，很难看出物体进入信道引起的声波到达结构变化。采用双垂直阵作波束形成，则很容易区分声波的到达结构变化，如图 5.15 所示。波束经过海底的多次反射，损失较大，因此这里的结果做了归一化处理。图 5.15(a) 中，物体深度为 10m，发射波束方向为 15°，在 0.25s 左右，俯仰角度约为 −10° 和 10°，和图 5.14(a) 存在明显区别。图 5.15(b) 对应的物体深度为 60m，该现象变得更加明显。

仿真中的发射阵和接收阵均为短阵，未对声场模态进行充分采样，因此得到的声场垂直到达结构和 4.2 节中的有显著差异。在应用中利用短阵来获得声波到达结构的研究具有更加实际的意义。由上述的仿真讨论可以看出，双波束形成可以提供更加丰富的前向散射声波到达结构信息，前向散射引起的声波到达结构变

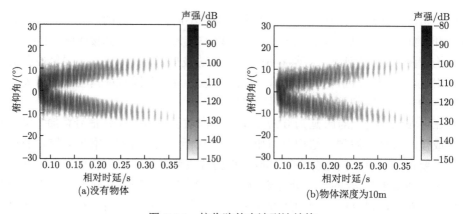

图 5.14　接收阵的声波到达结构

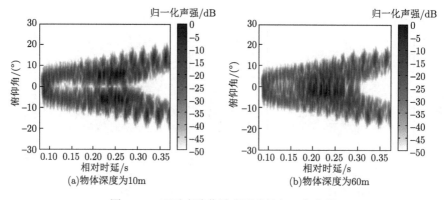

图 5.15　双垂直阵作波束形成的归一化声强

化与物体的位置密切相关, 这些信息可以作为物体入侵收发连线区域的重要声场特征, 也可为物体定位提供更多的声波到达结构信息 (Roux et al., 2008)。若采用覆盖全水深的大尺度阵列, 理论上会得到更好的分辨结果。

5.3.3　声速剖面变化对声波到达结构的影响

在水下环境中, 声速受温度、盐度及海流等的影响, 声速剖面存在着起伏, 盐度相对稳定, 使得温度对声速影响最大。利用经验正交函数表示声速剖面在一些文献中已证明是可行的, 该方法能反映声速剖面的平均变化 (何利等, 2006; 沈远海等, 2000)。如果受内波、孤子波等的影响, 声速剖面突然发生变化, 这种方法则会失效。图 5.16(a) 为 SW06 实验 (Newhall et al., 2007; Tang et al., 2007) 得到的声速剖面数据, 在深度上按照经验正交函数进行了插值, 每 30s 记录一次数据。可以看出, 在深度 15m 左右, 声速剖面起伏剧烈。假设声源的深度为水下 70m, 信号的频带为 250～350Hz, 接收点距离为 10km, 利用简正波模型 (Porter, 1992)

得到接收声波能量起伏如图 5.16(b) 所示，接收声波能量的起伏较强。50m 接收深度的声波到达方向结构如图 5.16(c) 所示，虽然声速剖面有较大的起伏，但声波到达方向始终保持着类似抛物曲线的形状。

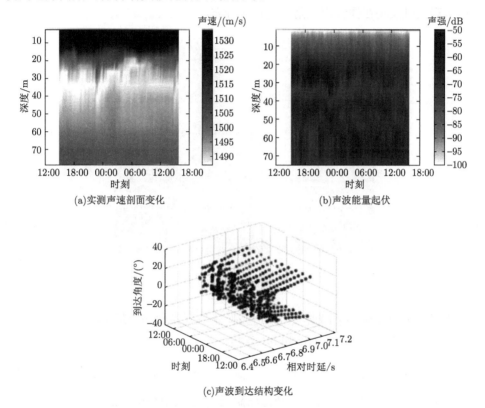

(a)实测声速剖面变化

(b)声波能量起伏

(c)声波到达结构变化

图 5.16 声波能量及到达结构随声速剖面的变化

由对实测声速的仿真结果可以看出，声速剖面的变化会引起接收信号强度的起伏，但是声波的到达角度变化很小，始终保持着抛物线的形状，可以区别出由于物体入侵引起的声波到达结构的变化。这里仅对某种特定条件下的结果进行了仿真，实际中的声波随声速剖面起伏规律，仍有待大量的实验数据分析。

5.4 声强变化的虚拟时反检测方法

5.4.1 时间反转镜检测基本原理

时间反转 (简称"时反") 镜是利用水声信道中的互易原理，即发射和接收点的位置互换，声场响应保持不变。在时间反转镜探测中，主要有声源 – 接收阵列

(简称"时反阵")(source-receiver array, SRA)、探针声源 (probe source, PS)、垂直接收阵 (vertical receiving array, VRA)，如图 5.17 所示。探针声源用来发射脉冲信号，时反阵用来接收探针声源发射的信号，并对其进行时反发射，垂直接收阵用来观测时反场在探针声源附近的声压分布。

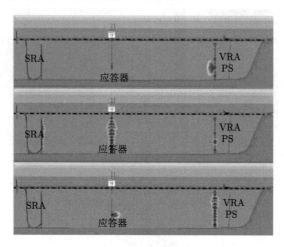

图 5.17　时反镜探测示意图

当探针声源发射一个简谐波时，时反阵上阵元接收的声场 $G_\omega(r; z, z_{\mathrm{ps}})$ 满足理想流体介质的 Helmholtz-Kirchhoff 方程：

$$\nabla^2 G_\omega(r; z, z_{\mathrm{ps}}) + k^2(z)G_\omega(r; z, z_{\mathrm{ps}}) = -\delta(r - r_{\mathrm{ps}})\delta(z - z_{\mathrm{ps}}) \tag{5.23}$$

其中，$k^2(z) = \omega^2/c^2(z)$，求解得到远场简正波的声压格林函数为

$$G_\omega(r; z, z_{\mathrm{ps}}) = \frac{\mathrm{j}}{\rho(z_{\mathrm{ps}})(8\pi r)^{1/2}} \exp(-\mathrm{j}\pi/4) \times \sum_n \frac{u_n(z_{\mathrm{ps}})u_n(z)}{k_n^{1/2}} \exp(\mathrm{j}k_n r) \tag{5.24}$$

式中，u_n、k_n 分别是通过求解边界条件和特征值得到的各阶简正波的特征函数和水平波数，满足：

$$\frac{\mathrm{d}^2 u_n}{\mathrm{d}z^2} + [k^2(z) - k_n^2]u_n = 0 \tag{5.25}$$

各阶特征函数形成了一个完备集，并满足正交条件：

$$\int_0^\infty \frac{u_m(z)u_n(z)}{\rho(z_{\mathrm{s}})}\mathrm{d}z = \delta_{mn} \tag{5.26}$$

式中，δ_{mn} 是冲激响应函数。在距离声源 R 的位置时反阵上第 k 个阵元上的响应表示为 $G_\omega(R; z_k, z_{\mathrm{ps}})$。若将 $G_\omega(R; z_k, z_{\mathrm{ps}})$ 取共轭 (相对于时间上反转)，再以一定的形式发射到海洋波导中，这时波导中任意观测点 (r, z) 处的声压 P_{pc} 满足

以下波动方程:

$$\nabla^2 P_{\mathrm{pc}}(r, z) + k^2(z) P_{\mathrm{pc}}(r, z) = \sum_{i=1}^{N} \delta(z - z_i) G_\omega^*(R; z_i, z_{\mathrm{ps}}) \tag{5.27}$$

式中, r 为相对于时反阵的距离。应用格林函数理论, 式 (5.27) 的解称 NR-TR, 为

$$P_{\mathrm{pc}}(r, z; \omega) = \sum_{i=1}^{N} G_\omega(r; z, z_i) G_\omega^*(R; z_i, z_{\mathrm{ps}}) \tag{5.28}$$

将式 (5.24) 代入式 (5.28) 中, 得

$$P_{\mathrm{pc}}(r, z; \omega) = \frac{1}{8\pi} \sum_m \sum_n \sum_i \frac{u_m(z) u_m(z_i) u_n(z_{\mathrm{ps}}) u_n(z_i)}{\rho(z_i) \rho(z_{\mathrm{ps}}) \sqrt{k_m k_n r R}} \times \exp\left[\mathrm{j}(k_m r - k_n R)\right] \tag{5.29}$$

如果 VRA 布满了水域的全部深度, 那么它可以探测到所有阶的简正波, 可以近似认为这个累加求和为积分, 这样就可以利用各阶特征函数的正交性化简式 (5.29), 得

$$P_{\mathrm{p}}(r, z; \omega) = \frac{1}{8\pi} \sum_m \frac{u_m(z) u_m(z_{\mathrm{ps}})}{\rho(z_{\mathrm{ps}}) k_m \sqrt{r R}} \times \exp\left[\mathrm{j} k_m(r - R)\right] \tag{5.30}$$

式 (5.30) 中每一项都随简正波阶数剧烈变化, 但是对于声源产生的声场, 当 $r = R$ 时, 该式近似满足完备集的条件 (假定 k_m 在各阶模态间是常数), 这样有

$$P_{\mathrm{pc}}(r, z) \approx \delta(z - z_{\mathrm{ps}}) \tag{5.31}$$

而在其他观测点处, 声压较声源声压会随简正波阶数的变化而显著下降。

当有目标进入时间反转镜的覆盖区域时, SRA 和 VRA 之间的某些发射–接收通道被破坏, 导致式 (5.31) 不能成立。也就是说, 目标的前向散射导致了声场聚焦现象被破坏。在没有时反聚焦的情况下, 目标前向散射引起的声强变化非常微弱, 经过时间反转聚焦后, 聚焦声场对格林函数敏感, 因此时反聚焦声场的变化可以用来表征声强变化。理论上讲, 聚焦声场能量的变化体现在两个方面: 聚焦能量的降低和旁瓣能量的升高, 这两种情况应该是同时存在的。

5.4.2 时反散焦数值仿真

若时反阵持续发射已存储的时反信号, 便会在时反阵与声源之间形成持续的时反声场警戒线。当有目标进入时反系统的警戒线时发生散射, 目标前向散射信号使焦点位置的能量分布发生变化, 产生散焦现象。在图 5.18 所示的 Pekeris 浅海波导环境中, 假设声源距离时反阵 5.5km, 信号频率为 5kHz。目标距离时反阵 2km, 目标强度近似为 60dB。在 10~15m 深度布置 10 个阵元。时反声场和前向散射声场叠加, 会在焦点周围的位置产生扰动, 仿真结果如图 5.19 所示。

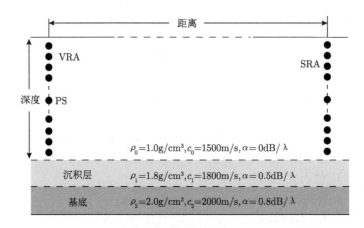

图 5.18　时反镜技术抑制直达波原理示意图

ρ-密度；c-声速；α-衰减系数

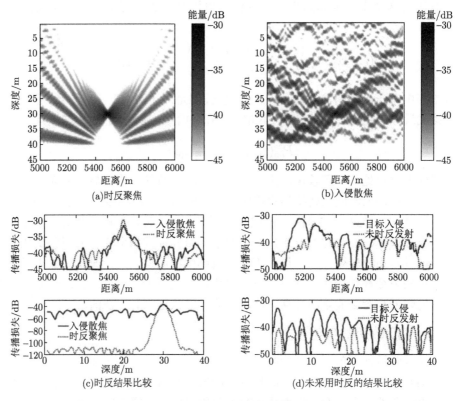

图 5.19　时反镜和前向散射散焦仿真结果

在图 5.19(a) 所示的聚焦场中，焦点周围能量与焦点相比低 10～15dB，深度方向上除焦点之外几乎没有能量能被接收到。当物体入侵时，目标前向散射引起安静区能量升高,如图 5.19(b) 所示。在深度方向除焦点之外,旁瓣位置 (非聚焦区域) 能量有近 60dB 的提高。若不采用时反发射,如图 5.19(d) 所示,直达信号并不会全部聚焦在声源位置,而是和前向散射信号混在一起,目标入侵时能量变化不明显。

5.4.3 实验及虚拟时反处理方法

美国的 MPL 自 2004 年开始,分别在意大利特拉罗海岸具有强反射海底特征的岩石海底区域及以泥泞软底及良性海面为特征的港口环境中,使用时间反转镜进行了两次水下声屏障实验。本小节介绍特拉罗地区的实验结果。

SRA 和 VRA 相隔 135m,几乎覆盖整个深度。水深约 11.5m。SRA 换能器单元在纵向平面中有 19° 的波束宽度,在横向平面中有 44° 的波束宽度,声源级为 185dB。SRA 包含间隔 59.5cm 的 12 个换能器,最底部的换能器位于离海底约 30cm 处。VRA 在 7m 高的便携式塔架上,由一条 210m 长的主干电缆将阵列连接到船或岸。

在接收阵列的时反聚焦焦点建立后,在 SRA 和 VRA 之间分别放入固定和移动的目标,观测目标被引入后在接收阵列上时间或空间像差。在形成焦点的过程中,若传播介质保持足够的静止,时反聚焦焦点在时间上具有长达几十分钟的稳定性。

对 VRA 数据在 $10\sim20$kHz 进行滤波后,应用以下数据处理步骤。

(1) 通过对滤波后的数据进行解码,构建格林函数的 NR-TR 矩阵,产生 SRA 的第 i 个元素和 VRA 的第 j 个元素之间的 12×16 对格林函数 $g(i,j;t)$,其包括了 VRA 与 SRA 之间的所有路径。

(2) 基于对数据的时间稳定性分析,仅选择格林函数的前 1.3ms 数据进行处理。这个时间段包含了直达波、一次海底反弹和一次海面反弹,两紧邻的脉冲串大约有 80% 的波形相干。不同 NR-TR 的波形则变为非相干。如果 t_0 是直达波前到达的时间,则截断的格林函数 $g(i,g,t)^s$ 对应于

$$g(i,g,t)^s = g(i,j;|t-t_0| < 1.3\text{ms}) \tag{5.32}$$

(3a) 时间反转焦点是通过对相同 NR-TR 扫描的 SRA 发射记录的 VRA 信号进行自相关来构建的。考虑到环境波动的显著影响,使用相同的 NR-TR 脉冲串来模拟正向传播 (从 SRA 到 VRA),然后基于 SRA 和 VRA 单元之间的声学互易性对反向传播 (即 VRA 至 SRA) 使用相同的测量方法。使用 NR-TR 第 k 次扫描,当聚焦在 SRA 的第 L 个阵元上时记录在 SRA 的第 i 个阵元上的信号可以通过式 (5.33) 预估:

$$\text{Focal}^{k,k}(i,L;t) = \sum_{j=1}^{16} g^k(i,j;t) \otimes g^k(i,L;t) \tag{5.33}$$

式 (5.33) 可用于聚焦到 SRA 所有单元上,从而构建 12 个焦点。这 12 个焦

点为测量提供了一些空间多样性，使得这 12 个焦点中至少 1 个与目标穿越相关的可能性增大。焦点的主瓣集中在第 L 个阵元上，通常主瓣的尺寸在第 L 个阵元的每一侧上延伸超过 2 个或 3 个阵元 (例如，根据 SRA 上第 L 个阵元的位置，在聚焦于阵元 $L = 8$ 个之后，主瓣大致在 $L = 6$ 个和 $L = 10$ 个之间)。通常，SRA($L = 1$ 个或 $L = 12$ 个) 边缘上焦点的空间分辨率低。

当根据式 (5.33) 建立焦点时，可选择一种简单而稳健的处理方法来检测目标通道。定义时反聚焦主瓣的变化量为

$$E_L^{k,k} = \int \text{Focal}^{k,k}(L, L; t)^2 \mathrm{d}t \tag{5.34}$$

并且对所有 SRA 阵元进行平均，即

$$E_{\text{AV}}^{k,k} = \sum_{L=1, \text{overSRA}}^{12} E_L^{k,k} \tag{5.35}$$

(3b) 当允许信道波动和变化条件时，也可以通过将当前第 k 个脉冲序列测量的格林函数与未扰动信道 ($k = 0$) 的历史测量相互关联来建立聚焦。此外，能量也可以聚焦在 VRA，就好像探测源处于 VRA 阵元 M 的深度处，有

$$\text{Focal}^{k,0}(j, M; t) = \sum_{i=1}^{12} g^k(i, j; t) \otimes g^0(i, M; t) \tag{5.36}$$

总体而言，式 (5.34) 适用于缓慢或几乎稳定的目标，但对于环境强烈的时变波动不太稳健; 式 (5.36) 特别适合快速移动的目标。

如果 $F^k(M; t) = \{\text{Focal}^{k,0}(j, M; t), j = 1, 2, \cdots, N_{\text{VRA}}\}$ 是当能量聚焦在信道 M 时沿着 VRA 的第 k 个脉冲序列的聚焦信号，则其在第 j 个接收阵元处的时间包络为 $x^k(M; t) = \text{env}(F^k(M; t))$。给出沿 $x^0(M; t)$ 和当前接收数据 $x^k(M; t)$ 未受干扰的聚焦数据历史快拍，则在阵元 j 处变化为

$$y_j = \int_{t_0 - \Delta t}^{t_0 + \Delta t} \left| x^k(j, M; t) - x^0(j, M; t) \right|^2 \mathrm{d}t \tag{5.37}$$

式中，t_0 是上述传播时间。若将焦点深度为 $j = M$ 处计算结果或者 VRA 单元上所有计算结果的和作为检测量 y，则当目标存在时会引起这个变量增加。

可选择一种简单而稳健的处理方法来检测目标通道，基于第 k 个聚焦信号和 $k = 0$ 时聚焦信号的相关系数 $\rho_{k0}(j, M) = x^k(j, M; t) \otimes x^0(j, M; t)$ 来检测。在距焦深度处的 $y = |\rho_{k0}(M, M)|$、所有通道上求和或者仅用聚焦深度周围的单元输出，均可作为目标前向散射引起声场散焦的检测量。

每个阵列阵元 j 上的第 k 个脉冲串的自相关输出表示为 $R_{xx}^k(j, M; \tau)$，可用于测量脉冲串之间变化量。由于聚焦场通常是非周期性、快速波动的信号，当 τ

值较小时，它们的自相关输出将降低到 0。对于正在穿越收发连线的目标，由于散射体将非相干分量引入聚焦区域，聚焦场的相干性被破坏。当有目标存在时，其相关系数的变化可由自相关输出在较短时延的积分来评估，即

$$y = \sum_{j=1}^{N_{\mathrm{VRA}}} \int_0^{\Delta\tau} R_{xx}^k(j, M; \tau)\,\mathrm{d}\tau \tag{5.38}$$

5.4.4 时反声场异常特征提取结果

半径为 0.5m 的钢质球壳体以 0.25m/s 的速度穿越收发连线。采用式 (5.35) 对接收信号处理后得到的结果如图 5.20 所示。当目标处于 SRA 与 VRA 之间时，目标前向散射会产生声阴影，导致 SRA 阵元上发出的信号损失增大。因此，VRA 接收信号的能量降低。通过对当前数据和历史数据的格林函数的相关性计算得到了图 5.21～图 5.23 所示的聚焦结果。图 5.21 为基于式 (5.37) 的差分技术获得的

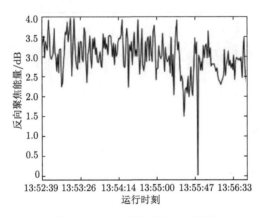

图 5.20　SRA 阵列上自相关输出

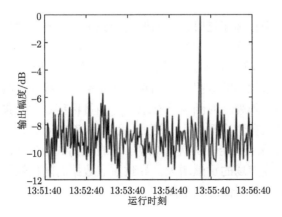

图 5.21　VRA 的互相关输出

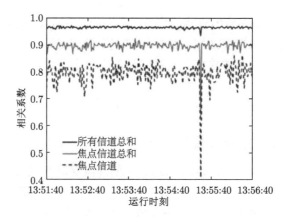

图 5.22　VRA 的互相关输出 (当前数据与历史数据)

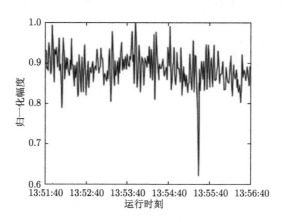

图 5.23　VRA 的自相关输出

结果。结果表明，当目标穿过时，前向散射导致信道格林函数发生变化，产生了声影区，导致输出强度增大。

图 5.22 为使用当前数据和历史数据之间的相关系数计算结果。当受到目标干扰时，当前数据和未扰动的数据之间的相关性减小，目标穿过收发连线时相关系数急剧下降。在整个阵列上对结果进行求和，当目标穿过时结果可以导致整个信号余量下降，该效果在焦点深度周围更加显著。随着时间的持续，当信道不被目标扰动时，VRA 上聚焦信号的方差非常小，具有较高的稳定性。在图 5.23 中，不相干散射成分对接收声场的贡献增大，导致焦点数据的随机性增加，目标通过时对应的聚焦区域信号相干性急剧下降。

5.5 本章小结

当物体进入收发连线附近时，物体对声波的前向散射作用会引起接收声场的微弱起伏，但是由于信号起伏和海洋背景噪声等的影响，该微弱起伏很容易被淹没。本章基于浅海信道中的声波到达结构特点和前向散射声场扰动规律，介绍了物体前向散射引起声场异常特征的检测方法。

本章阐述了物体入侵后前向散射引起的信号包络变化检测方法、相位突变检测方法等，并介绍了湖上实验进展和结果。针对在远距离情况下前向散射引起的声波到达结构变化，介绍了利用双波束形成提取出特定方向发射和接收的畸变声线的检测方法。仿真表明，物体入侵后可以引起声波到达结构的明显变化。该方法的优点是采用远小于水深的短阵接收方式，并将发射和接收系统分开，降低了系统的复杂度。当声速剖面发生扰动时，仍可以探测到入侵物体。

本章介绍了虚拟时反聚焦探测的物理原理和处理方法。虚拟时反检测方法通过对垂直发射阵和接收阵上的信号进行相关处理，可以达到时反聚焦的效果，当物体入侵后，能够引起虚拟时反检测量的显著变化，并对国外的典型时反实验处理方法和结果进行分析。

参 考 文 献

布列霍夫斯基, 1983. 海洋声学[M]. 山东海洋学院海洋物理系, 中国科学院声学研究所水声研究室, 译. 北京: 科学出版社.

何利, 李整林, 张仁和, 等, 2006. 东中国海声速剖面的经验正交函数表示与匹配场反演[J]. 自然科学进展, 16: 351-355.

雷波, 2010. 水下物体声散射与前向散射信号检测[D]. 西安: 西北工业大学.

刘伯胜, 雷家煜, 2010. 水声学原理[M]. 哈尔滨: 哈尔滨工程大学出版社.

沈远海, 马远良, 屠庆平, 2000. 声速剖面的分层经验正交函数表示[J]. 西北工业大学学报, 18: 90-93.

DZIECIUCH M, WORCESTER P, MUNK W, 2001. Turning point filters: Analysis of sound propagation on a gyre-scale[J]. J. Acoust. Soc. Am., 110: 135-149.

FOLEGOT T, MARTINELLI G, GUERRINI P, et al., 2008. An active acoustic tripwire for simultaneous detection and localization of multiple underwater intruders[J]. J. Acoust. Soc. Am., 124: 2852-2860.

HE C L, YANG K D, MA Y L, 2016. Analysis of the arriving-angle structure of the forward scattered wave on a vertical line array in shallow water[J]. Journal of the Acoustical Society of American, 140(3): EL256-EL262.

MARANDET C, ROUX P, NICOLAS B, et al., 2011. Target detection and localization in shallow water: An experimental demonstration of the acoustic barrier problem at the laboratory scale[J]. J. Acoust. Soc. Am., 129: 85-97.

MATVEEV A L, 2000. Complex matched filtering of diffraction sound signals received by a vertical array[J]. Acoust. Phys., 46: 80-86.

MATVEEV A L, MITYUGOV V V, 2002. Determination of the parameters of motion for an underwater object[J]. Acoust. Phys., 48: 576-583.

MATVEEV A L, SPINDEL R C, ROUSEFF D, 2007. Forward scattering observation with partially coherent spatial processing of vertical array signals in shallow water[J]. IEEE J. Ocean. Eng., 32: 626-639.

NALUAI N K, LAUCHLE G C, GABRIELSON T B, et al., 2007. Bi-static sonar applications of intensity processing[J]. J. Acoust. Soc. Am., 121: 1909-1915.

NEWHALL A E, DUDA T F, KEITH V D H, et al., 2007. Acoustic and oceanographic observations and configuration information for the WHOI moorings from the SW06 experiment[R]. Woods Hole Oceanogr. Inst. Technical Report.

PORTER M B, 1992. The KRAKEN normal mode program[R]. Rep. SM-245. SACLANT Undersea Research Centre, La Spezia, Italy.

RAPIDS B R, LAUCHLE G C, 2002. Processing of forward scattered acoustic fields with intensity sensors[C]. Proceeding of IEEE/MTS Oceans'02, Biloxi: 1911-1914.

ROUX P, CORNUELLE B D, KUPERMAN W A, et al., 2008. The structure of raylike arrivals in a shallow-water waveguide[J]. J. Acoust. Soc. Am., 124: 3430-3439.

SABRA K G, CONTI S, ROUX P, et al., 2010. Experimental demonstration of a high-frequency forward scattering acoustic barrier in a dynamic coastal environment[J]. J. Acoust. Soc. Am., 127: 3430-3439.

SONG H C, KUPERMAN W A, HODGKISS W S, et al., 2003. Demonstration of a high hrequency acoustic barrier with a time reversal mirror[J]. IEEE J. Ocean. Eng., 28: 246-249.

TANG D, MOUM J, LYNCH J, et al., 2007. Shallow water'06: A joint acoustic propagation/nonlinear internal wave physics experiment[J]. Oceanography, 20: 156-167.

TESEI A, SONG H C, GUERRINI P, et al., 2004. A high-frequency active underwater acoustic barrier experiment using a time reversal mirror; model-data comparison[C]. High Freq. Ocean Acoust, La Jolla: 539-546.

VDOVICHEVA N K, MATVEEV A L, SAZONTOV A G, 2002. Experimental and theoretical study of the vertical coherence of the sound field in a shallow sea[J]. Acoust. Phys., 48: 263-267.

YILDIZ S, ROUX P, RAKOTONARIVO S T, et al., 2014. Target localization through a data-based sensitivity kernel: A perturbation approach applied to a multistatic configuration[J]. J. Acoust. Soc. Am., 135: 1800-1807.

ZVEREV V A, KOROTIN P I, MATVEEV A L, et al., 2001. Experimental studies of sound diffraction by moving inhomogeneities under shallow-water conditions[J]. Acoust. Phys., 47: 184-193.

ZVEREV V A, MATVEEV A L, MITYUGOV V V, 1995. Matched filtering of acoustic diffraction signals for incoherent accumulation with a vertical antenna[J]. Acoust. Phys., 41: 518-521.

第 6 章　基于直达波抑制的前向散射特征检测方法

由第 5 章的内容可以看出，前向散射波受直达波的强干扰，在远距离情况下比直达波低 20dB 以上，因此对前向散射声场特征的检测极其困难，必须充分合理利用声场结构或有效地抑制直达波，从而提高接收信号的信直比。

关于前向散射探测中直达波抑制的研究,主要有基于广义空域处理原理、直达波相消原理、高分辨时延等处理方法。广义空域处理原理通过对直达波的空域滤波实现信直比的提高，如基于时反镜散焦处理方法 (Tsurugaya et al., 2008; Tesei et al., 2004; Song et al., 2003)、双波束形成方法 (Marandet et al., 2011; Iturbe et al., 2009; Roux et al., 2008) 等；直达波相消原理是采用自适应相消技术 (Lei et al., 2017; He et al., 2015)、主分量提取技术 (Sabra et al., 2010) 等对直达波进行时域或特征域滤除；高分辨时延处理是在一般探测方法的基础上对信号做高分辨脉冲压缩 (Lei et al., 2012; Yao et al., 2012; Goodman et al., 2000; Cohen, 1990) 和模糊度处理 (Deferrari et al., 2005; Chang, 1992)，从而在时域上实现直达波和前向散射波的分离，如采用宽带主动发射信号提高时延分辨力。

本章是在课题组长期研究的基础上，针对直达波前向散射检测抑制方法和双基地检测中的一般方法，做进一步的总结和探讨,用于提高前向散射声场特征。6.1 节阐述一种空域滤波和主分量分析相结合的直达波抑制方法，通过对湖上实验数据进行处理，获得增强的水中目标前向散射声场特征。6.2 节基于广义匹配场的思想，介绍一种直达波广义空域滤波技术，仿真给出方法的抑制效果。6.3 节阐述一种基于自适应相消原理的直达波抑制方法，给出湖上实验的前向散射特征增强效果。6.4 节提出一种基于频域子空间投影的检测方法，实现基于前向散射的目标恒虚警检测。6.5 节介绍一种低旁瓣脉冲压缩滤波器设计方法，实现对直达波旁瓣干扰下的前向散射信号检测。6.6 节给出一种基于无监督机器学习的前向散射目标检测方法，湖上实验结果表明，方法可检测到入侵目标与穿越时间。

6.1　前向散射声场的主分量分析方法

主分量分析 (PCA) 方法在信号处理和图像处理领域中已获得了广泛应用 (Amiri-Simkooei et al., 2011; Kusuma et al., 2011; Liu et al., 2007; Wen et al., 2007; Chitwong, 2002)。在前向散射中，由于直达波和前向散射波在空域响应特征上的区别，利用主分量分析原理对接收的阵元域或者波束域数据进行处理，以提取出直达波和前向散射波对应的特征向量，实现直达波和前向散射波在特征域上的分离，进而利用各个特征向量来重新构建前向散射波数据矩阵 (Lei et al., 2014)。

6.1.1　空域声场响应特征分解方法原理

目标穿越收发连线时，会导致接收声场发生异常，但是一般情况下前向散射波比直达波弱得多，如果采用空域滤波方法将某个方向上的接收信号提取出来，该方向上到达的前向散射波与直达波之差较小，那么就可以实现接收声场扰动的增强。因此，当目标穿过声源与垂直接收阵 (VRA) 波束的连线而产生前向散射声场时，会导致 VRA 孔径记录的波场中出现时域和空域的瞬态声学像差。满足以下两个假设：①目标穿过收发连线的过程中，环境变动很小，使得所记录的介于声源位置和接收位置之间的波形特性在所考虑的时间域内保持相对稳定；②瞬时声波波动的幅度要大于瞬态噪声级，可用于前向散射声场特征检测。如果这些假设都满足，这种瞬态波形结果就可以被单独拿出来应用，当目标穿过收发连线时，就可以对一组所记录的声源与每一个 VRA 波束之间的连续若干个波形应用主分量分析提取变异特征。

假设第 i 个 VRA 波束记录的来自声源的第 k 次照射的接收信号表示为 $p_i^k(t)$，对于每一个 VRA 波束，离散采集波形用列向量的形式表示为 $\bar{\pmb{p}}_i^k(\tilde{t})$，且每个向量都含有 N_t 个时间采样点 $(1 < \tilde{t} < N_t)$，采样间隔为 Δt。这 N 个离散信号的观测结果 $\bar{\pmb{P}}_i^k$ 可以按照列顺序连接成一个 $N_t \times N$ 维的数据矩阵 $\pmb{P}_i$。这里假设 $N_t > N$，就是说每一个观测次序 k 对应的时间采样点数大于总的观测次数 N。因此，对第 i 个 VRA 波束上记录的 N 个波形的主分量分析，依赖于数据矩阵 $\pmb{P}_i$ 的前 N 个奇异值和其对应的特征向量, 即

$$\pmb{P}_i = \pmb{U}_i \pmb{\Delta}_i \pmb{V}_i^{\mathrm{T}} \tag{6.1}$$

式中，左奇异向量矩阵 $\pmb{U}_i$ 的维数是 $N_t \times N$；右奇异向量矩阵 $\pmb{V}_i$ 和奇异值矩阵 $\pmb{\Delta}_i$ 都是 $N \times N$ 维的 (图 6.1)。因此，对于第 s 个奇异值，N 次数据矩阵 $\pmb{P}_i$ 有效的主成分 $P_i^{(s)}$ 可以由 $\pmb{U}_i$ 和 $\pmb{V}_i$ 各自的第 s 个列向量做矢量乘积得到，这两个对应的列向量分别表示为 $\bar{\pmb{U}}_i^{(s)}(\tilde{t})(N_t \times 1$ 维) 和 $\bar{\pmb{V}}_i^{(s)}(\tilde{t})(N \times 1$ 维)。如此，基于奇异值分解的定义，式 (6.1) 等价于：

$$\pmb{P} = \pmb{U} \pmb{\Delta} \pmb{V}^{\mathrm{T}} = \sum_{s=1}^{N} \pmb{P}^{(s)} = \sum_{s=1}^{N} \pmb{\Delta}^{(s)} \bar{\pmb{U}}^{(s)}(\tilde{t}) \bar{\pmb{V}}^{(s)}(\tilde{t})^{\mathrm{T}} \tag{6.2}$$

式中，$\pmb{\Delta}^{(s)}$ 表示对角阵 $\pmb{\Delta}$ 的第 s 个奇异值。依据 PCA 的定义，左边第一个奇异向

量 $\bar{\boldsymbol{U}}_i^{(1)}(\tilde{t})$ 与矩阵 $\boldsymbol{P}_i$ 的第一个或最大特征值有关。因此，它就定义了 VRA 的第 i 个波束测得的 N 个信号 $\bar{\boldsymbol{P}}_i^k(1 < k < N)$ 的方差的最大部分。也就是说，$\bar{\boldsymbol{U}}_i^{(1)}(\tilde{t})$ 是离散信号中与 N 次测量的信号中的每一个分量相关得最好的。另外 $(N-1)$ 个奇异向量 $\bar{\boldsymbol{U}}_i^{(s)}(\tilde{t})(s = 2, 3, \cdots, N)$ 都是与主成分 $\bar{\boldsymbol{U}}_i^{(1)}(\tilde{t})$ 正交的成分。因此，这些量定义了 N 次观测矩阵 $\bar{\boldsymbol{P}}_i^k(1 < k < N)$ 的方差中余下的部分。

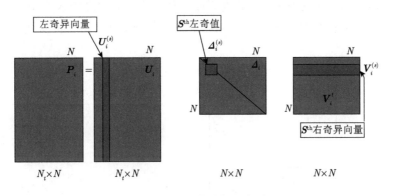

图 6.1 奇异值分解示意图

如果目标正通过声源和 VRA 的连线时刻刚好位于 N 个记录信号 $\bar{\boldsymbol{P}}_i^k$ 的观测时间段内，那么相比于目标不在的情况，通过 PCA 得到的左右两个奇异值向量 $\bar{\boldsymbol{U}}_i^{(s)}(\tilde{t})$ 和 $\bar{\boldsymbol{V}}_i^{(s)}(\tilde{t})$ 很有可能会发生变化。一方面，如果环境波动很小 (只有检测到稳定的到达波) 并且没有目标穿过，连续发射的波形在这种情形下变化很小，这时逐次记录的波形的时间相干性很高。那么，PCA 中的第一个奇异向量 $\bar{\boldsymbol{U}}_i^{(1)}(\tilde{t})$ 就承载了最多的声学信息，并且足以单独地重构出 N 次数据矩阵 $\boldsymbol{P}_i$。因此，与第一个奇异值相比，其他所有的奇异值都被认为很小，则右边的第一个奇异向量 $\bar{\boldsymbol{V}}_i^{(1)}(\tilde{t})$(对应观测周期) 的 N 个元素值应该是接近相等的。另一方面，对于目标出现在声源和 VRA 之间的测量情形，在穿过的时刻，PCA 会对 $\bar{\boldsymbol{U}}_i^{(2)}(\tilde{t})$ 产生很大的局部贡献。与之对应，在目标穿过的时间内，右边第二个奇异向量 $\bar{\boldsymbol{V}}_i^{(2)}(\tilde{t})$ 的值在所有的标注 $k(1 \leqslant k \leqslant N)$ 中是最大的。值得注意的是，这种情形只有可能在前向散射波场的瞬态幅值满足如下两个条件时才发生：①大于各次发射之间受环境波动影响而产生的直达波的变化；②大于瞬态噪声级。否则，右边第二个奇异向量 $\bar{\boldsymbol{V}}_i^{(2)}(\tilde{t})$ 及所有的后续奇异向量都会出现明显的幅值变化，这些变化与随机分布在 N 次观测的时间内而非穿过时间的环境波动有很大的关系。

前面提到，物体的前向散射波受到直达波和海洋背景噪声的强干扰，物体前向散射引起的声场扰动容易被直达波淹没。对垂直阵波束输出的信号做特征分解，其在理论上潜在的优点：①提高了特征分解信号的信噪比，克服了噪声引起的声场起伏；②抑制了其他方向到达的直达波干扰信号，降低了直达波的干扰，从而使得前向散射波引起的声场异常更加明显。

6.1.2　声场响应异常实验方法

前向散射实验原理如图 6.2 所示。实验水域具有良好的水文条件，声速剖面 18m 以上为等声速，约 1484m/s，18m 以下呈现明显的负梯度效应。由 1#～13# 水听器阵元组成间距为 0.25cm 的垂直接收阵，阵中心深度为水下 10m。声源为谐振频率为 11kHz 的球形换能器，发射深度为水下 10m，发射和接收阵距离约为 1100m。

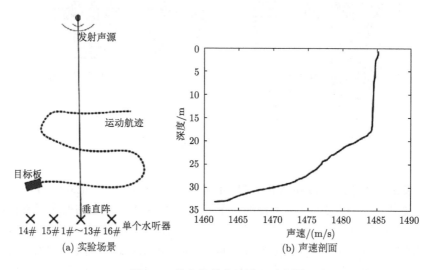

图 6.2　前向散射实验原理示意图

目标由 6 块 1m×2m 的铝板拼成 2m×6m 的铝板，两层铝板中间夹有 5cm 厚泡沫，如图 6.3 所示。目标深度约为 10m。为了保持目标平衡，目标下吊有配重，上端配有浮体，并由小船拖动多次穿过收发连线。

图 6.3　接收 13 元垂直阵与采用的目标

在如上所述的环境下，采用 BELLHOP 模型 (Jensen et al., 2011; Porter, 2011) 计算频率为 10kHz 时的特征声线，如图 6.4 所示 (由于多次海底和海面反射的强衰减，这里仅考虑海面海底反射之和在 3 次内的声线)。可以看出，由于在深度 18m 以上近似为等声速，到达接收点的主要声线接近水平方向，由水面反射接收到的声线到达角在 4° (仰角) 以内，由水底反射接收到的声线到达角在 7° (俯角) 以内。

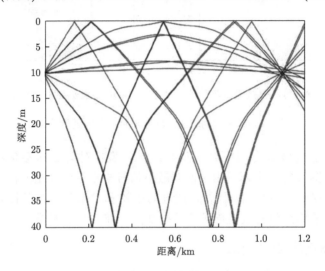

图 6.4 实验中声波传播的特征声线

发射信号为 10kHz 的 CW 脉冲信号，脉冲间隔为 0.5s，脉冲长度为 0.5ms，目标运动轨迹如图 6.5(a) 所示。对接收信号进行正交变换后，得到第 1 次穿越位置的第 7 通道信号强度变化，如图 6.5(b) 所示，此时目标距离接收点距离约为 186m。在目标穿越收发连线过程中，前向散射信号相位在信道中发生反转，前向散射信号与直达信号同相叠加，导致接收信号增强。

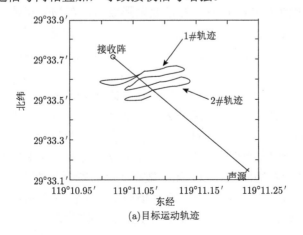

(a)目标运动轨迹

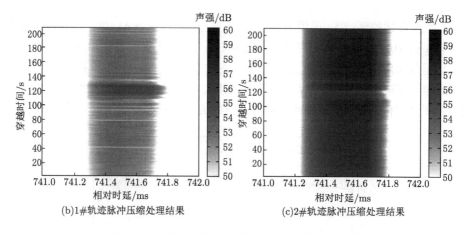

(b)1#轨迹脉冲压缩处理结果　　　　　　　　(c)2#轨迹脉冲压缩处理结果

图 6.5　目标运动轨迹及单通道脉冲压缩处理结果

　　目标向发射端移动后，距接收点约 324m，直接对第 2 次穿越接收信号进行处理，结果如图 6.5(c) 所示，由于前向散射信号与直达信号相位相反，与直达信号干涉相消，接收信号减弱。同样，通过第 1 次和第 2 次穿越的比较，当物体靠近接收点时，前向散射对接收声场的贡献增大，前向散射变得明显。

6.1.3　声场响应测量结果

　　由上述的单通道水听器接收数据处理结果可以看出，当物体距离接收阵(第 1 次穿越)186m 时，对接收声场的扰动也只有约 3dB，物体距接收阵 324m时，对接收声场的扰动更小，也就是说，此时直接利用接收信号检测入侵物体引起的声场异常变得非常困难。接收信号大部分能量来自水平方向附近，因此对 13元接收阵进行常规时延叠加波束形成，权值采用切比雪夫加权，由于声源、物体和接收阵中心位于同一深度，令波束的指向方向为水平方向。

　　对第 1 次物体穿越收发连线时的波束输出信号进行声场异常增量处理，如图 6.6 所示。由图 6.6(a) 可见，经过波束形成后，在物体穿越收发连线的时刻(100～130s)，接收信号有明显的增强，这与单通道处理结果是一致的。对该数据按本书的方法进一步做增强处理，处理过程中每 30 个接收脉冲数据块作一次特征分解，对接收脉冲序列按此依次处理，得到图 6.6(b)～(d) 的结果。图 6.6(b) 为按式 (6.2) 中第一个特征值和特征向量得到的数据矩阵 $\boldsymbol{P}^{(1)}$。由于在进行特征值分解时要进行数据块处理，无法获得 200s 后的数据矩阵 $\boldsymbol{P}^{(1)}$。图 6.6(a) 和 (b) 比较表明，两图的数据是非常接近的，也就是说，第一个特征值和特征向量中已经包含了直达波和部分前向散射波。图 6.6(c) 为由第二个特征值和特征向量获得的数据矩阵 $\boldsymbol{P}^{(2)}$，该数据矩阵已经与原始的数据矩阵有着明显的变化，在物体入侵引起声场变化的时刻 (约 104s) 和离开后声场恢复原始状态的时刻 (约 127s)，声强远远高出其他时刻。这是因为在该时刻附近，声场产生较大的变化，此时第二个特征值对应着使得声场产生变化的扰动量 (前向散射信号)。从到达时间上看,该扰动量延后于图 6.6(a) 和 (b) 中的直达波,位于接收信号包络的下降沿附近,表明当物体入侵后,在接收信号包络下降沿附近引起了明显的变化,由图 6.6(a) 也可以明显地观察到。

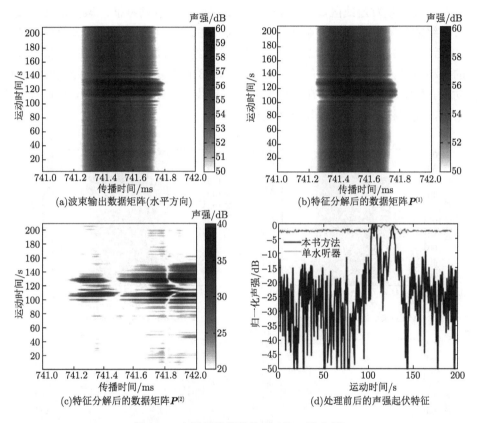

(a)波束输出数据矩阵(水平方向)

(b)特征分解后的数据矩阵 $\boldsymbol{P}^{(1)}$

(c)特征分解后的数据矩阵 $\boldsymbol{P}^{(2)}$

(d)处理前后的声强起伏特征

图 6.6 声场异常增强处理 (第 1 次穿越)

由图 6.6(a) 和 (c) 得到的数据中,提取声强随脉冲序列时间的变化并作归一化处理 (最大值为 0dB) 后进行比较,得到图 6.6(d) 的结果。可以看出,在未进行特征分解前,波束输出的声强起伏约为 3dB,与单通道水听器结果相近,而经过特征分解后,物体穿越时引起的声强特征扰动值可以达到 10dB。物体位于收发连线时刻 (120s),虽然接收信号中包含了直达信号与前向散射信号,但由于叠加后的声强起伏不大,而且每次只处理 30 个接收脉冲数据块,因此声强异常特征没有明显的提高,大约为 −15dB,与没有物体入侵时的声强异常特征处于一个量级。

同样,按此方法对物体第 2 次穿越收发连线过程中的接收数据进行处理,得到的结果如图 6.7 所示。波束输出后的数据矩阵如图 6.7(a) 所示,由于物体距离接收阵很远，仍看不到明显的声场起伏。对接收数据每 30 个脉冲序列数据块做特征分解后，得到图 6.7(b) 所示的数据矩阵 $\boldsymbol{P}^{(1)}$ 与原始数据非常相似，表明 $\boldsymbol{P}^{(1)}$ 中已经包含了直达波与部分的前向散射波，无法由 $\boldsymbol{P}^{(1)}$ 中获得明显的接收声场扰动增强特征。图 6.7(c) 所示的数据矩阵 $\boldsymbol{P}^{(2)}$ 中包含了物体进入收发连线区域 (110s) 和离开收发连线区域 (约 132s) 时的接收声场扰动特征，该扰动处于接收信号包络的下降沿。提出声强随脉冲序列时间的变化并作归一化处理 (最大值为 0dB) 后进行比较，得到图 6.7(d) 所示的结果，经过特征分解处理后，物体引起声场的扰动值高出没有物体时的声场扰动值 10dB 以上，远远大于未处理前的 1dB 扰动值。与图 6.6(d) 相似，在物体位于收发连线上时刻 (120s 左右)，声场扰动值非常小，无法将前向散射波与直达波分开。

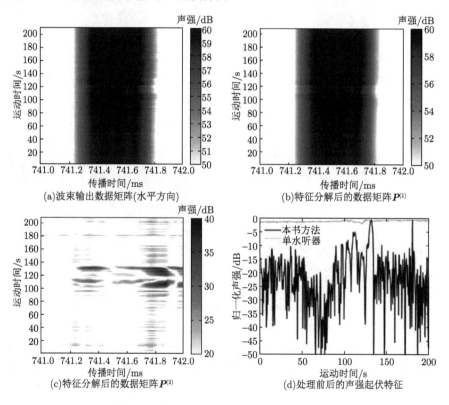

图 6.7　声场异常增强处理 (第 2 次穿越)

6.1.4　不同深度特征提取仿真

在实验环境下，发射声源、接收阵中心及目标体位于同样深度上，因此水平方向的波束形成可以覆盖目标。为了研究不同深度上特征提取性能，这里采用 3.2 节的前向散射声场模型进行仿真。

假设目标为半径 3m 的硬球体，垂直穿过实验所述的收发连线，距离声源 400m，深度为 35m。信号为 10kHz 的单频脉冲信号，每 0.5s 周期性发射。在波束输出端信噪比为 15dB。采用上述的方法对数据进行处理，结果如图 6.8 所示。物体靠近水底，水平方向传播声线很少受到影响，因此水平波束输出仅有 0.2dB 左右的起伏。采用 PCA 方法处理后，也只有不超过 4dB 的变化。当波束向下 5° 后，结果如图 6.8(c) 和 (d) 所示，在这种情况下，部分受扰动的声线到达波束的主瓣中。处理前的声强扰动约为 0.5dB，处理后可达到 5dB。与水平方向的波束相比，强度得到了稍许增强。

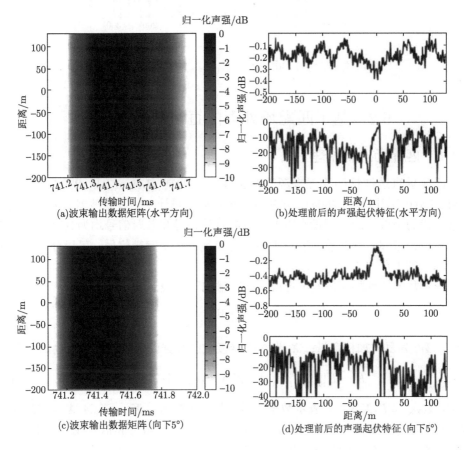

图 6.8　球体目标穿过收发连线的仿真结果 (目标深度为 35m)

产生上述现象的原因是声速梯度在下层水体中为负梯度，大部分的声波能量在 18m 以下传输，到达接收阵上的能量非常微弱。然而，当接收阵置于水底附近时 (深度为 30m)，前向散射引起的声强扰动得到显著提升，如图 6.9 所示。经过处理后的声强扰动可以达到 10dB。

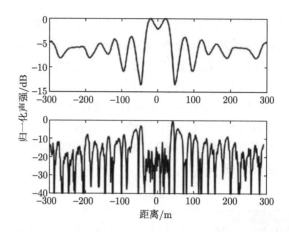

图 6.9　接收阵置于 30m 时的球体目标穿过收发连线仿真结果

6.2　基于匹配场处理的直达波抑制方法

6.2.1　匹配场抑制原理

匹配场直达波抑制原理来源于匹配场噪声抑制 (Lei et al., 2007; Vaccaro et al., 2004; 鄢社锋等, 2004)，其基本思想是通过设计一矩阵滤波器，实现对已知位置干扰的空域抑制。假设水听器接收的直达信号和散射信号均为具有相同中心频率的窄带过程，这在前向散射中很容易满足。对于宽带信号，可以分解为若干具有相同频带和中心频率的窄带过程。

用复数域线性加权作波束形成，波束输出可以表示为

$$y = \boldsymbol{W}^{\mathrm{H}} \boldsymbol{X} \tag{6.3}$$

式中，$\boldsymbol{W}$ 为复数加权向量；$\boldsymbol{X}$ 为水听器接收的数据向量。该波束的输出功率为

$$P = E[y \cdot y^*] = \boldsymbol{W}^{\mathrm{H}} \boldsymbol{X} \boldsymbol{X}^{\mathrm{H}} \boldsymbol{W} = \boldsymbol{W}^{\mathrm{H}} \boldsymbol{R}_{\mathrm{XX}} \boldsymbol{W} \tag{6.4}$$

式中，$\boldsymbol{R}_{\mathrm{XX}} = E[\boldsymbol{X} \boldsymbol{X}^{\mathrm{H}}]$，表示数据向量的协方差矩阵；$\boldsymbol{X} = \boldsymbol{X}_{\mathrm{s}} + \boldsymbol{X}_{\mathrm{d}}$，$\boldsymbol{X}_{\mathrm{s}}$ 表示散射信号成分，$\boldsymbol{X}_{\mathrm{d}}$ 表示直达信号成分。假设直达信号成分和信号成分不相关 (若两者是相关的，会引起算法性能的下降)，因此有

$$\boldsymbol{R}_{\mathrm{XX}} = E[\boldsymbol{X}_{\mathrm{s}} \boldsymbol{X}_{\mathrm{s}}^{\mathrm{H}}] + E[\boldsymbol{X}_{\mathrm{d}} \boldsymbol{X}_{\mathrm{d}}^{\mathrm{H}}] = \boldsymbol{R}_{\mathrm{ss}} + \boldsymbol{R}_{\mathrm{dd}} \tag{6.5}$$

$$P = \boldsymbol{W}^{\mathrm{H}} \boldsymbol{R}_{\mathrm{ss}} \boldsymbol{W} + \boldsymbol{W}^{\mathrm{H}} \boldsymbol{R}_{\mathrm{dd}} \boldsymbol{W} \tag{6.6}$$

为了抑制拖曳线列阵接收数据中的直达信号成分，而对感兴趣的目标信号没有

影响，则要求设计一个 $N \times N$(N 为接收阵列的水听器个数) 矩阵滤波器 $\boldsymbol{H}$，使得

$$\boldsymbol{H}\boldsymbol{X}_{\mathrm{s}} = \boldsymbol{X}_{\mathrm{s}}, \quad \boldsymbol{H}\boldsymbol{V} = 0 \tag{6.7}$$

式中，$\boldsymbol{V}$ 为声源的拷贝向量。根据匹配场噪声抑制原理，经过矩阵滤波后，拖曳线列阵对直达声源的响应为 0。波束输出功率重新写为

$$P = \boldsymbol{W}^{\mathrm{H}}\boldsymbol{H}\boldsymbol{R}_{\mathrm{XX}}\boldsymbol{H}^{\mathrm{H}}\boldsymbol{W} = \boldsymbol{W}^{\mathrm{H}}\boldsymbol{H}\boldsymbol{R}_{\mathrm{ss}}\boldsymbol{H}^{\mathrm{H}}\boldsymbol{W} + \boldsymbol{W}^{\mathrm{H}}\boldsymbol{H}\boldsymbol{R}_{\mathrm{dd}}\boldsymbol{H}^{\mathrm{H}}\boldsymbol{W} \tag{6.8}$$

在波束扫描中，假设对于所有的扫描方向，矩阵滤波器 $\boldsymbol{H}$ 的值保持不变，则式 (6.7) 可以写为

$$\boldsymbol{H}\boldsymbol{S} = \boldsymbol{S}, (\forall \boldsymbol{S} \in \boldsymbol{\varTheta}), \quad \boldsymbol{H}\boldsymbol{V} = 0 \tag{6.9}$$

式中，$\boldsymbol{\varTheta}$ 为信号方向向量集，它可以根据在实际扫描中扫描角度的分辨率确定。完全满足式 (6.9) 的矩阵滤波器是不存在的，可以采用优化设计算法，使式 (6.9) 尽量得以满足。用优化问题的数学表述式描述该问题，即

$$\begin{aligned}\min_{\boldsymbol{H}} \quad & \sum_{i=1}^{p} \|\boldsymbol{H}\boldsymbol{S}_i - \boldsymbol{S}_i\| \\ \text{s.t.} \quad & \|\boldsymbol{H}\boldsymbol{V}\| \leqslant \delta\end{aligned} \tag{6.10}$$

式中，δ 约束了矩阵滤波器对直达波拷贝向量的抑制效果。理论上，δ 设置得越小，抑制效果越好，但是可能引起优化算法的不收敛。通过矩阵滤波后，信号方向向量会产生畸变。在输出中含有信号和干扰多个分量，因此将输出功率的表达式进一步改进为

$$P = (\boldsymbol{H}\boldsymbol{W})^{\mathrm{H}}\boldsymbol{H}\boldsymbol{R}_{\mathrm{XX}}\boldsymbol{H}^{\mathrm{H}}(\boldsymbol{H}\boldsymbol{W}) \tag{6.11}$$

这里采用基于最小均方准则的二阶锥优化算法求解矩阵滤波器，为了提高方法的稳健性，假设矩阵滤波器对空间中的某个区域进行抑制，因此存在多个直达波信号拷贝向量。将数学表述式 (6.10) 转换成二阶锥约束优化 (Liu et al., 2003; Coleman et al., 1999; Sturm, 1998) 的表述形式，令 $(\boldsymbol{I} - \boldsymbol{H})^{\mathrm{T}} = [\boldsymbol{h}_1, \boldsymbol{h}_2, \cdots, \boldsymbol{h}_N]$，定义 $\boldsymbol{y} = \left[\varepsilon, \boldsymbol{h}_1^{\mathrm{T}}, \boldsymbol{h}_2^{\mathrm{T}}, \cdots, \boldsymbol{h}_N^{\mathrm{T}}\right]^{\mathrm{T}}$ 和 $\boldsymbol{b} = [1, \boldsymbol{0}_{1 \times N^2}]^{\mathrm{T}}$，以及

$$\boldsymbol{V}_{si} = \boldsymbol{I}_{N \times N} \otimes \boldsymbol{S}_i^{\mathrm{T}} = \begin{bmatrix} 0 & \boldsymbol{S}_i^{\mathrm{T}} & \boldsymbol{0}_{1 \times N} & \cdots & \boldsymbol{0}_{1 \times N} \\ 0 & \boldsymbol{0}_{1 \times N} & \boldsymbol{S}_i^{\mathrm{T}} & \cdots & \boldsymbol{0}_{1 \times N} \\ \vdots & \vdots & \vdots & & \vdots \\ 0 & \boldsymbol{0}_{1 \times N} & \boldsymbol{0}_{1 \times N} & \cdots & \boldsymbol{S}_i^{\mathrm{T}} \end{bmatrix} \tag{6.12}$$

$$\boldsymbol{V}_{vi} = \boldsymbol{I}_{N \times N} \otimes \boldsymbol{V}_i^{\mathrm{T}} = \begin{bmatrix} 0 & \boldsymbol{V}_i^{\mathrm{T}} & \boldsymbol{0}_{1 \times N} & \cdots & \boldsymbol{0}_{1 \times N} \\ 0 & \boldsymbol{0}_{1 \times N} & \boldsymbol{V}_i^{\mathrm{T}} & \cdots & \boldsymbol{0}_{1 \times N} \\ \vdots & \vdots & \vdots & & \vdots \\ 0 & \boldsymbol{0}_{1 \times N} & \boldsymbol{0}_{1 \times N} & \cdots & \boldsymbol{V}_i^{\mathrm{T}} \end{bmatrix} \tag{6.13}$$

式中, 运算符 $\otimes$ 表示克罗内克 (Kronecker) 乘积。再对 $\left[\sum_{i=1}^{p}\left(\boldsymbol{V}_{si}^{\mathrm{H}}\boldsymbol{V}_{si}\right)\right]$ 进行楚列斯基 (Cholesky) 分解，得到

$$\left[\sum_{i=1}^{p}\left(\boldsymbol{V}_{si}^{\mathrm{H}}\boldsymbol{V}_{si}\right)\right]=\tilde{\boldsymbol{V}}^{\mathrm{H}}\tilde{\boldsymbol{V}} \tag{6.14}$$

最终优化问题用二阶锥形式表述为

$$\min_{\boldsymbol{y}} \boldsymbol{b}^{\mathrm{T}}\boldsymbol{y}$$

$$\text{s.t. } \left\|\begin{bmatrix}\boldsymbol{0}_{N^2\times 1} & \tilde{\boldsymbol{V}}\end{bmatrix}\boldsymbol{y}\right\| \leqslant \begin{bmatrix} 1 & \boldsymbol{10}_{1\times N^2}\end{bmatrix}\boldsymbol{y},$$

$$\left\|\begin{bmatrix}\boldsymbol{0}_{N\times 1} & \boldsymbol{V}_{vi}\end{bmatrix}\boldsymbol{y}-\boldsymbol{V}_i\right\| \leqslant \delta, \quad i=1,2,\cdots,J \tag{6.15}$$

6.2.2 直达波抑制仿真

在深度为 100m 的 Pekeris 波导中，接收阵采用 60 元水平阵，间距 0.75m。由于在海底附近接收阵可以采集更多的信号简正波模态，将阵布放在 99m 深度处，垂直于基线方向，直达波的入射方向为 90°。声源布放深度为水下 98m。当物体偏离基线 1.5km 时，散射波与直达波的夹角为 16.7°，由于物体偏离基线，假设目标强度为 18dB，到达接收阵的散射波的强度约为 62dB，比直达波弱 50dB，目标信号与噪声的信噪比为 −10dB。计算信号相关矩阵的样本数为 100。采用匹配场直达波抑制技术 (MF) 和常规波束形成 (CBF) 技术对接收信号进行处理，结果如图 6.10(a) 所示，可见经过处理后可以很好地判别出散射波的到达方向。当物体靠近基线时，距离基线 400m 时，假设目标强度为 36dB，散射波比直达波弱 30dB，同样采用该方法，结果如图 6.10(b) 所示，此时散射波的到达方向接近于直达波方向，但仍然可以看到散射波的到达方向。

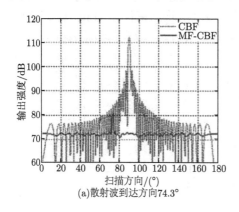
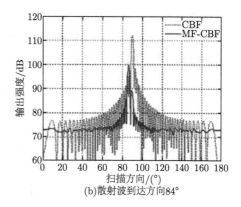

图 6.10 不同方向上的匹配场直达波抑制

由仿真可以看出，对于基于匹配场处理原理的直达波抑制方法，只要对声源在接收阵上的响应估计正确，那么就可以很好地抑制直达波干扰信号。在实际海洋海况较差的情况下，往往很难对拷贝场响应进行准确估计。假设目标信号和噪声的信噪比降为 −20dB，当物体距基线 1.5km 时，结果如图 6.11(a) 所示。此时，虽然能将直达波抑制下去，但已经不能看到前向散射波的到达方向。如果其他条件不变，仅考虑水声环境的缓慢变化、海面起伏及位置估计误差等，导致声源的拷贝场向量失配，假设拷贝场向量的相位起伏为 10%，仿真结果如图 6.11(b) 所示。在直达波的方向上，仍然存在着干扰，也就是说算法的性能下降。

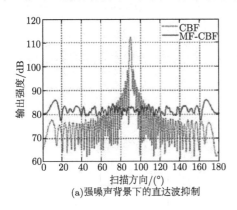
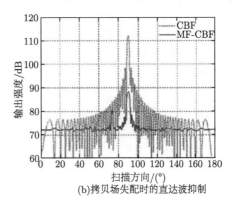

(a)强噪声背景下的直达波抑制   (b)拷贝场失配时的直达波抑制

图 6.11　环境对匹配场直达波抑制的影响

可见，基于匹配场直达波抑制的方法，可以对直达波产生很好的抑制作用，能够估计出前向散射波的到达方向，但该方法具有匹配场处理共同的缺点，当产生环境失配时，方法的性能下降，甚至失效。

6.3 基于自适应相消原理的增强方法

6.3.1 自适应相消基本原理

自适应滤波技术 (Bernard et al., 1985) 已广泛应用于干扰抑制，在直达波抑制中也展现了良好的性能 (Lei et al., 2017; He et al., 2015)。自适应相消方法的原理如图 6.12 所示。在该方法中，由发射换能器周期性发射短脉冲信号，经过水声信道后，每个发射脉冲的接收信号会发生严重的拉长和失真，且直达信号 (即在水中最早的直达信号) 的相位在动态环境中会发生波动。这里采用了一种分段自适应方法对每个采样的直达信号都进行自适应处理，并以定义的计算误差序列累积指数作为目标前向散射的声场特征量。直达信号是每个接收脉冲序列的起始部分。将对应于第一个发射脉冲 (不存在目标) 接收信号记为输入 $x(k)$，而第二个脉冲的到达信号作为参考输入信号, 记作 $d_j(k)$, 其中 k 表示时间指数, j 表示脉冲序号。为方便起见, 下面省略 d 的下标 j。由于浅水环境的多径和频散效应, 直达信号的长度明显比发射脉冲长。用自适应滤波器 H_k 对输入信号 $x(k)$ 进行滤波。从物理角度来说, 滤波器的长度与输入信号 $x(k)$ 和参考信号 $d(k)$ 的长度有关。为使得自适应方案更好收敛, 经验上让滤波器的长度小于传输脉冲的一半。针对这种有限脉冲响应 (FIR) 滤波器的求解已有许多简单自适应算法。用 H_k 与输入向量 X_k 进行卷积, 得到拷贝 $\hat{d}(k)$, 其中,

$$X_k = [x(k), x(k-1), \cdots, x(k-L+1)]^{\mathrm{T}}, \quad H_k = [h_0(k), h_1(k), \cdots, h_L(k)]^{\mathrm{T}}$$

式中, L 表示滤波器的长度。将拷贝 $\hat{d}_k = H_k^{\mathrm{T}} x_k$ 减去参考输入 $d(k)$, 得到误差 $e(k) = d(k) - \hat{d}(k)$。自适应 FIR 滤波器 H_k 通过降低每个采样点的误差功率进行调整。

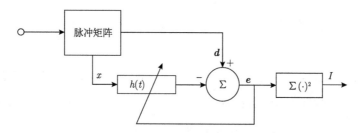

图 6.12　自适应相消方法原理

这里采用归一化最小均方 (NLMS) 自适应算法, 数学形式表示为

$$H_{k+1} = H_k + \alpha \frac{e(k)}{\|X_k\|^2} X_k \tag{6.16}$$

$$e(k) = d(k) - H_k^{\mathrm{T}} X_k \tag{6.17}$$

式中, α 是标量步长 $(0 < \alpha < 2)$; $\|\cdot\|$ 是欧拉范数。滤波器 H_k 与误差 $e(k)$ 和输入 X_k 成正比, 当 $0 < \alpha < 2$ 时, 可以保证均方误差得到收敛。作为一个简化的递推最小二乘 (RLS) 算法, NLMS 算法虽比 RLS 算法稍慢, 但在实际应用中比 RLS 更加稳健。

对每个采样的接收信号进行自适应处理, 当算法收敛时得到一组滤波器系数。经过 Q 次迭代后固定滤波器系数, 并用它与输入信号 $x(k)$ 卷积。误差序列 $\tilde{e}(k) = d(k) - x(k) \otimes H_Q$, 其中 $\otimes$ 表示卷积。定义误差序列的累积指数为

$$I_j = \sum_{k=1}^{M} \tilde{e}_j^2(k) \tag{6.18}$$

式中，j 是脉冲序号；M 是考虑的采样点数量。在动态环境中传输短脉冲，接收到的波形可能会波动，在这种情况下，仅对部分的直达波能够起到良好的抑制效果。因此，由于误差序列的起始段具有最小误差，可用来计算累积指数。在以下实验中，M 取值对结果几乎不造成影响。

在式 (6.18) 中并未考虑 $\bar{e}(k)$ 的总长度，因此该累积指数与散射信号的强度不同。累积指数是衡量入侵目标在穿越该区域时造成声场变化的一种物理量。一旦接收到的信号都经过处理，就可以获得与目标运动时间相关的累积数。该方法与 He 等 (2015) 的文献的主要区别在于，在整个过程中过滤器没有保持 "冻结"，这种差异可以归因于以下几个因素：①环境是动态变化的，导致在时间延迟和到达信号相位的变化；②由于入侵目标对散射信号造成严重畸变，前向散射信号与直达信号相关性较弱。

6.3.2 湖上实验分析

1. 实验过程

湖上实验示意如图 6.13 所示，实验在水深约 6m 的湖上开展，湖底为泥底。声源为谐振频率 10kHz 的无指向性换能器，布放在 4m 的深度。10 元线列阵垂直固定于水中，阵元间距为 25cm，底部水听器位于湖底上方 2.4m 处。声源和接收阵距离为 893m，大约为水深的 149 倍。用一个尺寸为 6m × 1m 的物体 (与 6.1 节中相同) 作为目标，目标中心的深度约为 2m。在目标下方增加配重，目标被拖在船后 10m 处，以大约 1.4m/s 的速度穿过收发连线。水中声速大约为 1485m/s。目标运动 GPS 航迹如图 6.14 所示，航迹 2# 和 3# 中目标几乎沿直线垂直穿过收发连线。

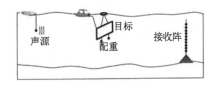

图 6.13　湖上实验示意图

发射信号为 1ms 的 10kHz 正弦信号的脉冲，每 0.1s 重复一次。采样频率为 223kHz 的接收波形如图 6.15(a) 所示。记录的波形中包括水底混响，由于浅水环境中存在严重的多径传播效应，波形有明显的延展。之后，河岸的反射占信号的主要部分。因此，从直达信号中分离出散射信号十分困难。接收阵的顶部和底部单元接收到的直达信号之间存在明显的时间延迟，这可能是因为接收阵在水中由于水流发生轻微倾斜。

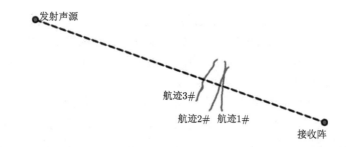

图 6.14　目标运动 GPS 航迹

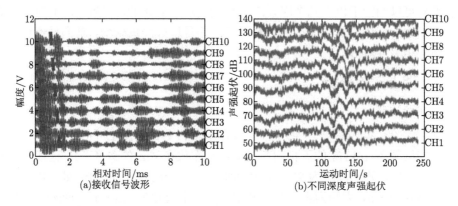

图 6.15　不同深度上接收信号波形与声强变化

CH-通道数

2. 实验数据理论分析

由于入射声场和散射声场之间复杂的声耦合，实际中很难直接预测接收阵上的声场响应畸变。但是，可以在实验环境中通过前向散射声呐方程来估计声场畸变。在浅水波导中，传播损耗 (TL) 可以使用以下公式进行计算：

$$
\begin{cases}
\text{TL}\,(R) = 20\lg R_0 + 10\lg\left(\dfrac{R}{R_0}\right) + \alpha R \\
R_0 = \dfrac{H}{2\tan\beta_0}
\end{cases}
\tag{6.19}
$$

式中，H 是波导的水深；R 是声源和接收器之间的距离；α 是波导吸收损失系数，dB/km；β_0 是湖底的最大掠射角。式 (6.19) 第一个公式等号右端前两项是声场的几何扩展损失，最后一项是吸收损失，吸收损失通常远小于几何扩展损失。

在没有目标的情况下，接收信噪比 (SNR) 可以估计如下：

$$
\text{SNR}_0 = \text{SL} - \text{TL}\,(R) + \text{AG} - \text{NL}
\tag{6.20}
$$

式中，SL 是声源级；NL 是噪声级；AG 是增益。入侵目标强度为 TS，与接收阵

距离为 D, 其信噪比表示为

$$\text{SNR} = \text{SL} - \text{TL}(R - D) - \text{TL}(D) + \text{TS} + \text{AG} - \text{NL} \tag{6.21}$$

其中, 前向目标强度 TS 与投影截面 A 和波长 λ 有关, 用 $20\lg(A/\lambda)$ 对 TS 进行粗略估计。由于介质中存在吸收损失, 浅水波导中的目标强度将小于其在自由空间中的值。假设在目标穿过收发连线过程中 NL 保持恒定, 则信号余量 $\Delta S = \text{SNR} - \text{SNR}_0$, 在接收阵可以估计为

$$\Delta S = \text{TS} + 10\lg\left[\frac{R}{D(R-D)}\right] - 10\lg R_0 \tag{6.22}$$

式 (6.22) 的解和实验结果均表明, 当物体穿过声源和接收阵之间的中点时, 前向散射声场表现出最小的信号强度。这样, 沿着航迹3#的前向散射波强度低于前两个航迹。

对于实验中使用的目标 $(A = 6\text{m}^2, \lambda = 0.15\text{m}, \text{TS} \approx 32\text{dB})$, 沿着航迹3# ($D$=369m), 式 (6.22) 中 $\Delta S \approx -4\text{dB}$, 服从理论估计。该结果表明, 与直达波相比, 前向散射信号几乎不可见。由于入射波在水声信道中传播的多途效应, 实际上 TS 低于理论值 32dB。因此, 声呐方程过高估计了散射信号强度。

图 6.15(b) 中绘制了不同深度的场变化图。在运动时间 100~150s, 场强变化表明目标正在穿过收发连线。显然, 当目标接近收发连线时, 背景场的最大场畸变约为 2.5dB。总声场由前向散射声场和直达声场干涉叠加而成。目标穿越收发连线时, 产生的前向散射波与直达波干涉增强。当物体离开收发连线时, 前向散射波与直达波干涉相消, 总声强降低。由于旁瓣的散射波远远低于直达波, 当物体远离收发连线时, 总声强接近直达波声强。

6.3.3 前向散射声场增强特征

1. 实验结果

由于浅水环境的波动, 接收信号在幅度和时间上都是动态变化的, 因此在做自适应滤波之前, 通过选择与每个直达信号开始时几乎相同的最大值, 使得直达信号必须在时延上对齐。第一个水听器接收到脉冲信号波形如图 6.16(a) 所示。可以看出, 在大约 1ms 的相对时间 (对应于采样点 223) 之前, 到达的波形相对稳定。随后, 多径效应导致波形延长。在处理过程中, 选择第一个记录脉冲中的直达信号作为输入信号, 并选择第二个以后的采集脉冲信号作为参考输入信号。滤波器的长度设定为 100, 步长为 0.2。在 NLMS 算法中采用 50 次迭代循环 (Q =50 次) 后得到滤波器系数, 通过从参考输入 $d(k)$ 中减去滤波器的输出来获得误差序列, 如图 6.16(b) 所示。因为滤波器长度为 100, 输出开始于第 100 个采样点。接收到的信号没有进入短脉冲的稳定状态, 只有最前面的部分 (采样点从 100~160)

很好地抑制了干扰, 因此将误差序列 $e(k)$ 中的前 60 个点 (其结果几乎与被抑制部分的采样点无关) 用于评估。

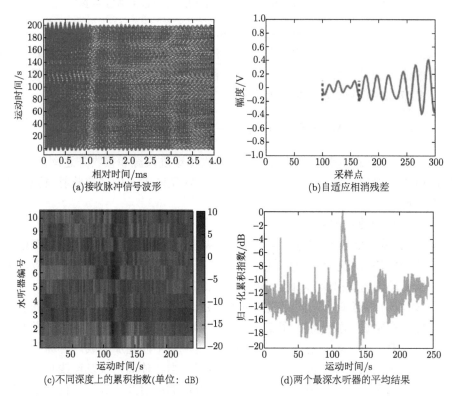

(a)接收脉冲信号波形

(b)自适应相消残差

(c)不同深度上的累积指数(单位: dB)

(d)两个最深水听器的平均结果

图 6.16　实验数据处理结果

所有水听器的累积指数如图 6.16(c) 所示。显然, 在目标运动时间为 110～120s 时, 每个水听器的累积指数均出现了最大值, 这些值表示入侵目标的穿越时间。由于深层水听器的到达信号相对稳定, 当目标远离收发连线时, 累积指数水平很低。相反, 浅层水听器的指数相对较高。两个最深水听器的归一化累积指数平均结果如图 6.16(d) 所示。当目标接近收发连线时, 强度提高了 12dB。此外, 目标横穿时间在不同深度水听器之间略有变化, 如图 6.16(c) 所示。这些差异部分是入射信号的多径传播引起的前向散射信号的复杂性, 即使在散射模型中, 也很难精确预测峰值的具体时间。

2. 不同穿越距离的结果比较

使用与航迹1#相同的参数对其他 2 个航迹的数据进行处理, 结果如图 6.17 所示。类似于航迹1#的结果, 来自深水听器的结果明显优于浅水听器。可能由于航迹2#时刻的环境波动较弱, 其结果似乎比航迹1#的结果好得多。这个原因可以通过图 6.17(a) 中的浅水听器的结果来验证。在目标穿过收发连线时间段的累积指数强度提高了接近 10dB，当入侵目标远离收发连线时，累积指数级明显降低，也就是说弱随机扰动环境中可得到更好的性能。

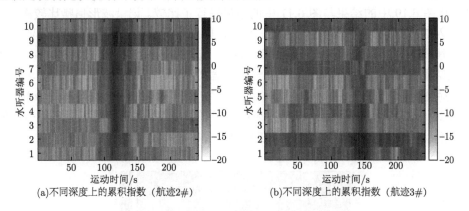

图 6.17　不同航迹处理结果 (累积指数，dB)

相比背景场，在目标穿越过程中累积指数沿航迹2#和航迹3#分别大约提升了 13.5dB 和 8.5dB，如图 6.18 所示。因为入侵目标沿前两个航迹的距离几乎相同，这两个轨迹的结果应该是相似的，但是在航迹1#情况下，目标不垂直于收发连线，所以前向散射强度略有下降。与沿航迹3#结果比较表明前两个航迹上的结果都优于航迹3#结果，这与理论结果一致。

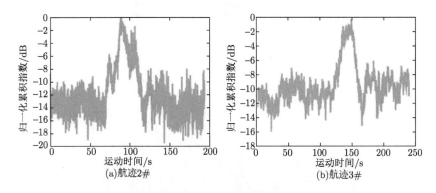

图 6.18　不同航迹两个最深水听器的归一化累积指数

3. 对输入信号的灵敏度

在实验中采集的信号具有较高信噪比，然而实际上环境噪声可能降低自适应滤波方法的性能。因此，应仔细选择输入信号以提高方法的性能。PCA 处理可以通过从噪声中提取信号来产生较少的失真。采用类似 6.1 节中的 PCA 处理方法，对某一参考通道的接收信号进行处理，并利用最大特征值和对应的特征向量进行重构，获得新的数据信号。

在记录的波形中，对前 100 个记录的脉冲矩阵 $\boldsymbol{P}$ 进行 PCA 处理，将 $\boldsymbol{P}^{(1)}$ 第一列选作输入信号。对每个水听器的记录数据都做该处理，得到图 6.19 所示的结果。将图 6.19 中的结果与图 6.17 中的结果进行了比较。记录波形信噪比较高，新的输入信号与第一个记录的脉冲几乎相同，因此自适应滤波性能得到了保留。考虑环境噪声为高斯白噪声，信噪比为 0dB。选择加入噪声的第一个脉冲和 PCA 处理结果中 $\boldsymbol{P}^{(1)}$ 作为输入信号。9 号水听器的两种结果如图 6.20 所示。可以看出，穿越时间发生在 100~150s 处，经过 PCA 处理后，累积指数提高了 3dB，如图 6.20 中的黑色线条所示。该结果表明，经过 PCA 处理后，降低了环境引起的信号起伏，所确定的输入信号可以在噪声环境中获得更好的性能。

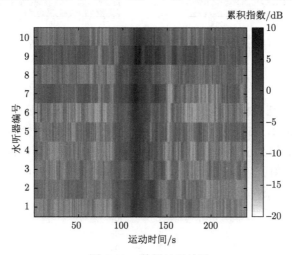

图 6.19 数据处理结果

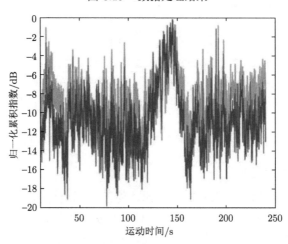

图 6.20 加性白噪声 PCA 处理后的两种结果

6.4 基于频域子空间投影的恒虚警检测方法

假设检验是数理统计学中根据一定假设条件由样本推断总体的一种方法。事先对总体参数或分布形式做出某种假设，然后利用样本信息来判断原假设是否成立。广义似然比检验是一种用于假设检验的统计方法，通过比较两种假设下的最大似然估计值来评估哪种假设更符合观测数据。二者在雷达领域有较多的研究和应用 (Chalise et al., 2018; Burgess et al., 1996)。本节提出一种基于广义似然比检验的前向散射目标探测方法 (Lei et al., 2022)，通过建立有无目标时的信号模型并计算多参数最大似然估计，建立广义似然比分布表征，可实现恒虚警的目标探测。

6.4.1 广义似然比原理

1. 建立假设检验

要检测盲区内是否存在目标，可以做如下假设：

$$
\begin{cases}
\mathcal{H}_0 : \text{盲区内无目标} \\
\mathcal{H}_1 : \text{盲区内有目标}
\end{cases}
\tag{6.23}
$$

对于双基地声呐，检测盲区内是否存在目标，即检测双基地接收信号中是否包含目标前向散射信号，将其写作如下形式：

$$
\begin{cases}
\mathcal{H}_0 : \boldsymbol{X} = \boldsymbol{\Phi}_{\mathrm{d}}(\boldsymbol{\tau})\boldsymbol{a} + \boldsymbol{W} \\
\mathcal{H}_1 : \boldsymbol{X} = \boldsymbol{\Phi}_{\mathrm{d}}(\boldsymbol{\tau})\boldsymbol{a} + \boldsymbol{\Phi}_{\mathrm{s}}(\boldsymbol{\tau})\boldsymbol{b} + \boldsymbol{W}
\end{cases}
\tag{6.24}
$$

上述假设即为式 (6.23) 的频域信号形式。假设 0 表示无目标，此时接收信号即为直达波，假设 1 表示盲区内存在目标，即接收信号同时包含直达波和目标散射波。对于该模型，需要做出以下几点假设。

(1) 直达波经过的多径数量 M 和目标散射波经过的多径数量 K 应该是未知的，但对于水声环境，大掠射角的声波会经过多次界面反射才能到达接收点，这样的传输路径的传播损失巨大，可以忽略不计。

(2) 直达波的多径因子 $\boldsymbol{a} = [a_1, a_2, \cdots, a_M]$ 和多径时延 $\boldsymbol{\tau}^{\mathrm{d}} = [\tau_1^{\mathrm{d}}, \tau_2^{\mathrm{d}}, \cdots, \tau_M^{\mathrm{d}}]$ 是未知的。同样，目标散射波的多径因子 $\boldsymbol{b} = [b_1, b_2, \cdots, b_K]$ 和多径时延 $\boldsymbol{\tau}^{\mathrm{s}} = [\tau_1^{\mathrm{s}}, \tau_2^{\mathrm{s}}, \cdots, \tau_K^{\mathrm{s}}]$ 也是未知的。

(3) 在该假设中，忽略目标运动引起的多普勒效应。这是因为：① 水下目标的运动速度普遍较低，因此其运动引起的多普勒效应并不显著；② 目标散射信号的多普勒频移与发射信号波长、目标位置、倾斜角度等因素相关，当目标位于基线附近区域时，双基地分置角 β 接近 $180°$，此时多普勒频移接近于零。本小节所讨论的检测问题中，目标恰好在基线附近，因此这里假设模型中忽略多普勒频移是合理的。

(4) 对于噪声方差，分已知和未知两种情况分别讨论。

在假设 $\mathcal{H}_0$ 下接收信号 $\boldsymbol{X}$ 的概率密度函数可表述为

$$f\left(\boldsymbol{X} \mid \mathcal{H}_0\right) = \frac{1}{\left(2\pi\sigma^2\right)^{N/2}} \exp\left[-\frac{\left(\boldsymbol{X} - \boldsymbol{\Phi}_\mathrm{d}\boldsymbol{a}\right)^\mathrm{H}\left(\boldsymbol{X} - \boldsymbol{\Phi}_\mathrm{d}\boldsymbol{a}\right)}{2\sigma^2}\right] \tag{6.25}$$

式中，σ^2 是噪声频域方差。同样，在假设 $\mathcal{H}_1$ 下接收信号 $\boldsymbol{X}$ 的概率密度函数可表述为

$$f\left(\boldsymbol{X} \mid \mathcal{H}_1\right) = \frac{1}{\left(2\pi\sigma^2\right)^{N/2}} \exp\left[\frac{\left(\boldsymbol{X} - \boldsymbol{\Phi}_\mathrm{d}\boldsymbol{a} - \boldsymbol{\Phi}_\mathrm{s}\boldsymbol{b}\right)^\mathrm{H}\left(\boldsymbol{X} - \boldsymbol{\Phi}_\mathrm{d}\boldsymbol{a} - \boldsymbol{\Phi}_\mathrm{s}\boldsymbol{b}\right)}{2\sigma^2}\right] \tag{6.26}$$

根据奈曼–皮尔逊准则 (Neyman-Pearson criterion)，假设检验问题的最优解是似然比检验，然而参数 $\boldsymbol{a}$、$\boldsymbol{b}$、$\{\tau_i^\mathrm{d}\}_{i=1}^M$、$\{\tau_i^\mathrm{s}\}_{i=1}^K$ 是未知的，因此需要首先估计这些参数。

2. 参数估计

路径因子估计，假设 $\mathcal{H}_0$ 下此时目标不存在，接收信号即为直达波，因此路径因子的最大似然估计 (maximum likelihood estimates，MLE) 如下：

$$\hat{\boldsymbol{a}}_0 = \left(\boldsymbol{\Phi}_\mathrm{d}^\mathrm{H}\boldsymbol{\Phi}_\mathrm{d}\right)^{-1}\boldsymbol{\Phi}_\mathrm{d}^\mathrm{H}\boldsymbol{X} \tag{6.27}$$

相对于假设 $\mathcal{H}_0$，假设 $\mathcal{H}_1$ 下的参数估计更加复杂，为方便描述，定义：

$$\boldsymbol{Q} = \left[\boldsymbol{\Phi}_\mathrm{d}, \boldsymbol{\Phi}_\mathrm{s}\right] \tag{6.28}$$

$$\boldsymbol{c} = \begin{bmatrix} \boldsymbol{a} \\ \boldsymbol{b} \end{bmatrix} \tag{6.29}$$

这样，式 (6.26) 可简化为

$$f\left(\boldsymbol{X} \mid \mathcal{H}_1\right) = \frac{1}{\left(2\pi\sigma^2\right)^{N/2}} \exp\left[-\frac{\left(\boldsymbol{X} - \boldsymbol{Q}\boldsymbol{c}\right)^\mathrm{H}\left(\boldsymbol{X} - \boldsymbol{Q}\boldsymbol{c}\right)}{2\sigma^2}\right] \tag{6.30}$$

此时路径参数 $\boldsymbol{c}$ 可估计如下：

$$\hat{\boldsymbol{c}}_1 = \left(\boldsymbol{Q}^\mathrm{H}\boldsymbol{Q}\right)^{-1}\boldsymbol{Q}^\mathrm{H}\boldsymbol{X} = \begin{bmatrix} \boldsymbol{\Phi}_\mathrm{d}^\mathrm{H}\boldsymbol{\Phi}_\mathrm{d} & \boldsymbol{\Phi}_\mathrm{d}^\mathrm{H}\boldsymbol{\Phi}_\mathrm{s} \\ \boldsymbol{\Phi}_\mathrm{s}^\mathrm{H}\boldsymbol{\Phi}_\mathrm{d} & \boldsymbol{\Phi}_\mathrm{s}^\mathrm{H}\boldsymbol{\Phi}_\mathrm{s} \end{bmatrix}^{-1} \begin{bmatrix} \boldsymbol{\Phi}_\mathrm{d}^\mathrm{H}\boldsymbol{X} \\ \boldsymbol{\Phi}_\mathrm{s}^\mathrm{H}\boldsymbol{X} \end{bmatrix} \tag{6.31}$$

对于一个分块矩阵，如果各部分的逆都存在，则有如下关系：

$$\begin{bmatrix} \boldsymbol{A} & \boldsymbol{B} \\ \boldsymbol{E} & \boldsymbol{F} \end{bmatrix}^{-1} = \begin{bmatrix} \boldsymbol{A}^{-1} + \boldsymbol{A}^{-1}\boldsymbol{B}\boldsymbol{K}\boldsymbol{A} & -\boldsymbol{A}^{-1}\boldsymbol{B}\boldsymbol{K} \\ -\boldsymbol{K}\boldsymbol{C}\boldsymbol{A}^{-1} & \boldsymbol{K} \end{bmatrix} \tag{6.32}$$

式中，$K = \left(F - EA^{-1}B\right)^{-1}$。因此，

$$
\begin{bmatrix} \hat{a}_1 \\ b_1 \end{bmatrix} = \begin{bmatrix} \hat{a}_0 + \left(\boldsymbol{\Phi}_d^H \boldsymbol{\Phi}_d\right)^{-1} \boldsymbol{\Phi}_d^H \boldsymbol{\Phi}_s K \boldsymbol{\Phi}_s^H \left(\boldsymbol{\Phi}_d \hat{a}_0 - X\right) \\ -K \boldsymbol{\Phi}_s^H \left(\boldsymbol{\Phi}_d \hat{a}_0 - X\right) \end{bmatrix} \tag{6.33}
$$

这样，各假设下的路径因子即转化为对多径时延的估计。

时延估计是声呐领域的经典问题，研究者提出了许多时延估计算法，如匹配滤波器、加权傅里叶变换和松弛 (weighted Fourier transform and relaxation，WRE-LAX) 算法以及最大期望 (expectation maximization，EM) 算法等。广义似然比内均采用参数最大似然估计，因此采用 EM 算法估计时延。

使用 EM 算法对接收端信号进行多径时延估计，具体过程如下所述。

设多径数量为 K，对 $k = 1, 2, \cdots, K$，计算

$$
\hat{x}_k^{(n)}(t) = \hat{\alpha}_k^{(n)} s\left(t - \hat{\tau}_k^{(n)}\right) + \beta_k \left[y(t) - \sum_{l=1}^{K} \hat{\alpha}_l^{(n)} s\left(t - \hat{\tau}_l^{(n)}\right)\right]
$$

式中，β_k 随机选取且使 $\sum\limits_{k=1}^{K} \beta_k = 1$；$y(t)$ 为重构信号；$\hat{\alpha}_k^{(n)}, \hat{\tau}_k^{(n)}$ 的初值随机选取，更新为

$$
\hat{\tau}_k^{(n+1)} = \arg \max_{\boldsymbol{\tau}} |g_k^{(n)}(\tau)| \tag{6.34}
$$

$$
\hat{\alpha}_k^{(n+1)} = \frac{g_k^{(n)}\left(\hat{\tau}_k^{(n+1)}\right)}{E} \tag{6.35}
$$

式中，$g_k^{(n)}(\tau) = \int_T \hat{x}_k^{(n)}(t) s^*(t - \tau) \mathrm{d}t$，$E = \int_T |s(t)|^2 \mathrm{d}t$。经过数次迭代，得到 K 个 $\hat{\tau}_k^{(n)}$ 即为接收信号多径时延的估计。

若方差未知，则需要对方差进行估计：假设 $\mathcal{H}_0$ 下，$\sigma_0^2 = \dfrac{1}{N^2}[X - \boldsymbol{\Phi}_d a]^H \cdot [X - \boldsymbol{\Phi}_d a]$；假设 $\mathcal{H}_1$ 下，$\sigma_1^2 = \dfrac{1}{N^2}[X - \boldsymbol{\Phi}_d a - \boldsymbol{\Phi}_s b]^H [X - \boldsymbol{\Phi}_d a - \boldsymbol{\Phi}_s b]$。这样，各个参数就完成了估计，可以对广义似然比进行计算。

3. 构建广义似然比检验

若噪声方差已知，广义似然比检验可以定义如下：

$$
L_{\mathrm{GLR}}(\boldsymbol{X}) = \frac{\max\limits_{\boldsymbol{a}, \boldsymbol{b}, \boldsymbol{\tau}^d, \boldsymbol{\tau}^s} f(\boldsymbol{X} \mid \boldsymbol{a}, \boldsymbol{b}, \boldsymbol{\tau}^d, \boldsymbol{\tau}^s; \mathcal{H}_1)}{\max\limits_{\boldsymbol{a}, \boldsymbol{\tau}^d} f(\boldsymbol{X} \mid \boldsymbol{a}, \boldsymbol{\tau}^d; \mathcal{H}_0)} \underset{\mathcal{H}_0}{\overset{\mathcal{H}_1}{\gtrless}} \eta \tag{6.36}
$$

完成参数估计，即可计算上述广义似然比。将上述估计式代入式 (6.36)，两侧取对数可以得到

$$
\begin{aligned}
\ln L_{\mathrm{GLR}}\left(\boldsymbol{X}\right) &= -\frac{1}{2\sigma^2}\Big\{\left[\boldsymbol{X}-\boldsymbol{\Phi}_{\mathrm{d}}\hat{\boldsymbol{a}}_1-\boldsymbol{\Phi}_{\mathrm{s}}\boldsymbol{b}_1\right]^{\mathrm{H}}\left[\boldsymbol{X}-\boldsymbol{\Phi}_{\mathrm{d}}\hat{\boldsymbol{a}}_1-\boldsymbol{\Phi}_{\mathrm{s}}\boldsymbol{b}_1\right] \\
&\quad -\left[\boldsymbol{X}-\boldsymbol{\Phi}_{\mathrm{d}}\hat{\boldsymbol{a}}_0\right]^{\mathrm{H}}\left[\boldsymbol{X}-\boldsymbol{\Phi}_{\mathrm{d}}\hat{\boldsymbol{a}}_0\right]\Big\} \\
&= \frac{\boldsymbol{X}^{\mathrm{H}}\left[\boldsymbol{Q}\left(\boldsymbol{Q}^{\mathrm{H}}\boldsymbol{Q}\right)^{-1}\boldsymbol{Q}^{\mathrm{H}}-\boldsymbol{\Phi}_{\mathrm{d}}\left(\boldsymbol{\Phi}_{\mathrm{d}}^{\mathrm{H}}\boldsymbol{\Phi}_{\mathrm{d}}\right)^{-1}\boldsymbol{\Phi}_{\mathrm{d}}^{\mathrm{H}}\right]\boldsymbol{X}}{2\sigma^2} \\
&= \frac{1}{2\sigma^2}\Big\{\boldsymbol{X}^{\mathrm{H}}\left[\boldsymbol{I}-\boldsymbol{\Phi}_{\mathrm{d}}\left(\boldsymbol{\Phi}_{\mathrm{d}}^{\mathrm{H}}\boldsymbol{\Phi}_{\mathrm{d}}\right)^{-1}\boldsymbol{\Phi}_{\mathrm{d}}^{\mathrm{H}}\right]\boldsymbol{K}\boldsymbol{\Phi}_{\mathrm{s}}\cdot\left[\boldsymbol{I}-\boldsymbol{\Phi}_{\mathrm{d}}\left(\boldsymbol{\Phi}_{\mathrm{d}}^{\mathrm{H}}\boldsymbol{\Phi}_{\mathrm{d}}\right)^{-1}\boldsymbol{\Phi}_{\mathrm{d}}^{\mathrm{H}}\right]\boldsymbol{X}\Big\} \\
&\geqslant \eta
\end{aligned}
\tag{6.37}
$$

其中，

$$
\begin{aligned}
\boldsymbol{K} &= \left[\boldsymbol{\Phi}_{\mathrm{s}}^{\mathrm{H}}\boldsymbol{\Phi}_{\mathrm{s}}-\boldsymbol{\Phi}_{\mathrm{s}}^{\mathrm{H}}\boldsymbol{\Phi}_{\mathrm{d}}\left(\boldsymbol{\Phi}_{\mathrm{d}}^{\mathrm{H}}\boldsymbol{\Phi}_{\mathrm{d}}\right)^{-1}\boldsymbol{\Phi}_{\mathrm{d}}^{\mathrm{H}}\boldsymbol{\Phi}_{\mathrm{s}}\right]^{-1} \\
&= \left[\boldsymbol{\Phi}_{\mathrm{s}}^{\mathrm{H}}\left(\boldsymbol{I}-\boldsymbol{\Phi}_{\mathrm{d}}\left(\boldsymbol{\Phi}_{\mathrm{d}}^{\mathrm{H}}\boldsymbol{\Phi}_{\mathrm{d}}\right)^{-1}\boldsymbol{\Phi}_{\mathrm{d}}^{\mathrm{H}}\right)\boldsymbol{\Phi}_{\mathrm{s}}\right]^{-1}
\end{aligned}
\tag{6.38}
$$

$$
\begin{aligned}
T_0(\boldsymbol{X}) &= 2\ln L_{\mathrm{GLR}}(\boldsymbol{X}) \\
&= \frac{1}{\sigma^2}\boldsymbol{X}^{\mathrm{H}}\left[\boldsymbol{I}-\boldsymbol{\Phi}_{\mathrm{d}}\left(\boldsymbol{\Phi}_{\mathrm{d}}^{\mathrm{H}}\boldsymbol{\Phi}_{\mathrm{d}}\right)^{-1}\boldsymbol{\Phi}_{\mathrm{d}}^{\mathrm{H}}\right]\boldsymbol{\Phi}_{\mathrm{s}} \\
&\quad \cdot\left[\boldsymbol{\Phi}_{\mathrm{s}}^{\mathrm{H}}\left(\boldsymbol{I}-\boldsymbol{\Phi}_{\mathrm{d}}\left(\boldsymbol{\Phi}_{\mathrm{d}}^{\mathrm{H}}\boldsymbol{\Phi}_{\mathrm{d}}\right)^{-1}\boldsymbol{\Phi}_{\mathrm{d}}^{\mathrm{H}}\right)\boldsymbol{\Phi}_{\mathrm{s}}\right]^{-1}\boldsymbol{\Phi}_{\mathrm{s}}^{\mathrm{H}}\cdot\left[\boldsymbol{I}-\boldsymbol{\Phi}_{\mathrm{d}}\left(\boldsymbol{\Phi}_{\mathrm{d}}^{\mathrm{H}}\boldsymbol{\Phi}_{\mathrm{d}}\right)^{-1}\boldsymbol{\Phi}_{\mathrm{d}}^{\mathrm{H}}\right]\boldsymbol{X} \\
&= \frac{1}{\sigma^2}\boldsymbol{X}^{\mathrm{H}}\boldsymbol{P}_{\mathrm{d}}^{\perp}\boldsymbol{\Phi}_{\mathrm{s}}\left[\boldsymbol{\Phi}_{\mathrm{s}}^{\mathrm{H}}\boldsymbol{P}_{\mathrm{d}}^{\perp}\boldsymbol{\Phi}_{\mathrm{s}}\right]^{-1}\boldsymbol{\Phi}_{\mathrm{s}}^{\mathrm{H}}\boldsymbol{P}_{\mathrm{d}}^{\perp}\boldsymbol{X} \\
&= \frac{1}{\sigma^2}\left\|\boldsymbol{\Lambda}^{-\frac{1}{2}}\boldsymbol{U}^{\mathrm{H}}\boldsymbol{\Phi}_{\mathrm{s}}^{\mathrm{H}}\boldsymbol{P}_{\mathrm{d}}^{\perp}\boldsymbol{X}\right\|^2 \mathop{\gtrless}\limits_{\mathcal{H}_0}^{\mathcal{H}_1} \eta
\end{aligned}
\tag{6.39}
$$

式中，$\boldsymbol{P}_{\mathrm{d}}=\boldsymbol{\Phi}_{\mathrm{d}}\left(\boldsymbol{\Phi}_{\mathrm{d}}^{\mathrm{H}}\boldsymbol{\Phi}_{\mathrm{d}}\right)^{-1}\boldsymbol{\Phi}_{\mathrm{d}}^{\mathrm{H}}$，是 $\boldsymbol{\Phi}_{\mathrm{d}}$ 空间上的投影矩阵；$\boldsymbol{P}_{\mathrm{d}}^{\perp}=\boldsymbol{I}-\boldsymbol{\Phi}_{\mathrm{d}}\left(\boldsymbol{\Phi}_{\mathrm{d}}^{\mathrm{H}}\boldsymbol{\Phi}_{\mathrm{d}}\right)^{-1}\cdot$ $\boldsymbol{\Phi}_{\mathrm{d}}^{\mathrm{H}}$，$\boldsymbol{\Phi}_{\mathrm{s}}^{\mathrm{H}}\boldsymbol{P}_{\mathrm{d}}^{\perp}\boldsymbol{\Phi}_{\mathrm{s}}=\boldsymbol{U}\boldsymbol{\Lambda}\boldsymbol{U}^{\mathrm{H}}$，$\boldsymbol{P}_{\mathrm{d}}^{\perp}$ 是自共轭矩阵也是幂等矩阵，即 $\boldsymbol{P}_{\mathrm{d}}^{\perp}=\left(\boldsymbol{P}_{\mathrm{d}}^{\perp}\right)^{\mathrm{H}}$，$\boldsymbol{P}_{\mathrm{d}}^{\perp}=\left(\boldsymbol{P}_{\mathrm{d}}^{\perp}\right)^2$。此时，就推导出了接收信号的广义似然比计算公式，式中输入量为频域接收信号 $\boldsymbol{X}$，包含的全部未知参数均转化为了与时延的关系式。

若噪声方差未知，广义似然比检验可以定义如下：

$$
\begin{aligned}
L_{\mathrm{GLR}}(\boldsymbol{X}) &= \frac{\mathop{\max}\limits_{\boldsymbol{a},\boldsymbol{b},\boldsymbol{\tau}^{\mathrm{d}},\boldsymbol{\tau}^{\mathrm{s}},\sigma^2} f\left(\boldsymbol{X}\mid\boldsymbol{a},\boldsymbol{b},\boldsymbol{\tau}^{\mathrm{d}},\boldsymbol{\tau}^{\mathrm{s}},\sigma^2;\mathcal{H}_1\right)}{\mathop{\max}\limits_{\boldsymbol{a},\boldsymbol{\tau}^{\mathrm{d}},\sigma^2} f\left(\boldsymbol{X}\mid\boldsymbol{a},\boldsymbol{\tau}^{\mathrm{d}},\sigma^2;\mathcal{H}_0\right)} = \left(\frac{\sigma_0^2}{\sigma_1^2}\right)^{N/2} \\
&= \left[\frac{(\boldsymbol{X}-\boldsymbol{\Phi}_{\mathrm{d}}\hat{\boldsymbol{a}}_0)^{\mathrm{H}}(\boldsymbol{X}-\boldsymbol{\Phi}_{\mathrm{d}}\hat{\boldsymbol{a}}_0)}{(\boldsymbol{X}-\boldsymbol{\Phi}_{\mathrm{d}}\hat{\boldsymbol{a}}_1-\boldsymbol{\Phi}_{\mathrm{s}}\boldsymbol{b}_1)^{\mathrm{H}}(\boldsymbol{X}-\boldsymbol{\Phi}_{\mathrm{d}}\hat{\boldsymbol{a}}_1-\boldsymbol{\Phi}_{\mathrm{s}}\boldsymbol{b}_1)}\right]^{N/2} \\
&= \left[\frac{\boldsymbol{X}^{\mathrm{H}}(\boldsymbol{I}-\boldsymbol{\Phi}_{\mathrm{d}}(\boldsymbol{\Phi}_{\mathrm{d}}^{\mathrm{H}}\boldsymbol{\Phi}_{\mathrm{d}})^{-1}\boldsymbol{\Phi}_{\mathrm{d}}^{\mathrm{H}})\boldsymbol{X}}{\boldsymbol{X}^{\mathrm{H}}(\boldsymbol{I}-\boldsymbol{Q}(\boldsymbol{Q}^{\mathrm{H}}\boldsymbol{Q})^{-1}\boldsymbol{Q}^{\mathrm{H}})\boldsymbol{X}}\right]^{N/2}
\end{aligned}
\tag{6.40}
$$

令检测量为

$$T_1(\boldsymbol{X}) = L_{\mathrm{GLR}}(\boldsymbol{X})^{2/N} - 1$$

$$= \frac{\boldsymbol{X}^{\mathrm{H}} \boldsymbol{P}_{\mathrm{d}}^{\perp} \boldsymbol{\Phi}_{\mathrm{s}} (\boldsymbol{\Phi}_{\mathrm{s}}^{\mathrm{H}} \boldsymbol{P}_{\mathrm{d}}^{\perp} \boldsymbol{\Phi}_{\mathrm{s}})^{-1} \boldsymbol{\Phi}_{\mathrm{s}}^{\mathrm{H}} \boldsymbol{P}_{\mathrm{d}}^{\perp} \boldsymbol{X}}{\boldsymbol{X}^{\mathrm{H}} \boldsymbol{P}_{\mathrm{d}}^{\perp} \boldsymbol{X}}$$

$$= \frac{\boldsymbol{X}^{\mathrm{H}} \boldsymbol{P}_{\mathrm{d}}^{\perp} \boldsymbol{\Phi}_{\mathrm{s}} \left[\boldsymbol{\Phi}_{\mathrm{s}}^{\mathrm{H}} \boldsymbol{P}_{\mathrm{d}}^{\perp} \boldsymbol{\Phi}_{\mathrm{s}} \right]^{-1} \boldsymbol{\Phi}_{\mathrm{s}}^{\mathrm{H}} \boldsymbol{P}_{\mathrm{d}}^{\perp} \boldsymbol{X} / \sigma^2}{\boldsymbol{X}^{\mathrm{H}} \boldsymbol{P}_{\mathrm{d}}^{\perp} \boldsymbol{X} / \sigma^2}$$

$$= \frac{M(\boldsymbol{X})}{D(\boldsymbol{X})} \mathop{\gtrless}_{\mathcal{H}_0}^{\mathcal{H}_1} \eta \tag{6.41}$$

预先完成对两种假设下的多径时延估计，即可计算各个接收信号的广义似然比，根据门限判决是否存在目标散射信号，从而完成对盲区内的目标检测。基于广义似然比的检测方法流程如图 6.21 所示。

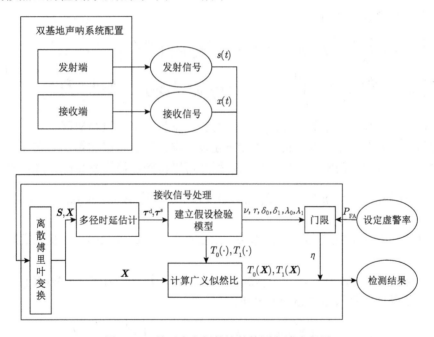

图 6.21 基于广义似然比的检测方法流程图

4. 恒虚警率

恒虚警率是雷达或声呐系统在保持虚警率恒定条件下对接收机输出的信号与噪声作判别以确定目标信号是否存在的技术。要实现恒虚警率检测，需要正确的设置适合的门限，可以通过下述内容得到门限的设置方法。

对于噪声方差已知的情况，检验统计量 T_0 为 $T_0(\boldsymbol{X}) = \dfrac{1}{\sigma^2} \boldsymbol{X}^{\mathrm{H}} \boldsymbol{P}_{\mathrm{d}}^{\perp} \boldsymbol{\Phi}_{\mathrm{s}} (\boldsymbol{\Phi}_{\mathrm{s}}^{\mathrm{H}} \boldsymbol{P}_{\mathrm{d}}^{\perp} \cdot$ $\boldsymbol{\Phi}_{\mathrm{s}})^{-1} \boldsymbol{\Phi}_{\mathrm{s}}^{\mathrm{H}} \boldsymbol{P}_{\mathrm{d}}^{\perp} \boldsymbol{X}$ 矩阵 $\boldsymbol{P}_{\mathrm{d}}^{\perp} \boldsymbol{\Phi}_{\mathrm{s}} (\boldsymbol{\Phi}_{\mathrm{s}}^{\mathrm{H}} \boldsymbol{P}_{\mathrm{d}}^{\perp} \boldsymbol{\Phi}_{\mathrm{s}})^{-1} \boldsymbol{\Phi}_{\mathrm{s}}^{\mathrm{H}} \boldsymbol{P}_{\mathrm{d}}^{\perp}$ 为幂等矩阵，对于幂等矩阵 $\boldsymbol{A}$，

$\boldsymbol{X}^{\mathrm{H}} \boldsymbol{A} \boldsymbol{X}$ 服从卡方分布，因此有

$$\frac{\boldsymbol{X}^{\mathrm{H}}}{\sigma} \boldsymbol{P}_{\mathrm{d}}^{\perp} \boldsymbol{\Phi}_{\mathrm{s}} \left(\boldsymbol{\Phi}_{\mathrm{s}}^{\mathrm{H}} \boldsymbol{P}_{\mathrm{d}}^{\perp} \boldsymbol{\Phi}_{\mathrm{s}} \right)^{-1} \boldsymbol{\Phi}_{\mathrm{s}}^{\mathrm{H}} \boldsymbol{P}_{\mathrm{d}}^{\perp} \frac{\boldsymbol{X}}{\sigma} \sim \begin{cases} \chi_{\nu}^{2}(\delta_{0}), & \mathcal{H}_{0} \\ \chi_{\nu}^{2}(\delta_{1}), & \mathcal{H}_{1} \end{cases} \tag{6.42}$$

式中，$\chi_{\nu}^{2}(\cdot)$ 是自由度为 ν 的非中心卡方分布；δ 是非中心参数；自由度即矩阵 $\boldsymbol{P}_{\mathrm{d}}^{\perp} \boldsymbol{\Phi}_{\mathrm{s}} \left(\boldsymbol{\Phi}_{\mathrm{s}}^{\mathrm{H}} \boldsymbol{P}_{\mathrm{d}}^{\perp} \boldsymbol{\Phi}_{\mathrm{s}} \right)^{-1} \boldsymbol{\Phi}_{\mathrm{s}}^{\mathrm{H}} \boldsymbol{P}_{\mathrm{d}}^{\perp}$ 的秩：

$$\begin{aligned} \nu &= \mathrm{rank} \left\{ \boldsymbol{P}_{\mathrm{d}}^{\perp} \boldsymbol{\Phi}_{\mathrm{s}} \left(\boldsymbol{\Phi}_{\mathrm{s}}^{\mathrm{H}} \boldsymbol{P}_{\mathrm{d}}^{\perp} \boldsymbol{\Phi}_{\mathrm{s}} \right)^{-1} \boldsymbol{\Phi}_{\mathrm{s}}^{\mathrm{H}} \boldsymbol{P}_{\mathrm{d}}^{\perp} \right\} \\ &\leqslant \min \left\{ \mathrm{rank} \left\{ \boldsymbol{P}_{\mathrm{d}}^{\perp} \boldsymbol{\Phi}_{\mathrm{s}} \left(\boldsymbol{\Phi}_{\mathrm{s}}^{\mathrm{H}} \boldsymbol{P}_{\mathrm{d}}^{\perp} \boldsymbol{\Phi}_{\mathrm{s}} \right)^{-1} \right\}, \mathrm{rank} \left\{ \boldsymbol{\Phi}_{\mathrm{s}}^{\mathrm{H}} \boldsymbol{P}_{\mathrm{d}}^{\perp} \right\} \right\} \\ &= \min \left\{ \mathrm{rank} \left\{ \boldsymbol{\Phi}_{\mathrm{s}} \right\}, \mathrm{rank} \left\{ \boldsymbol{\Phi}_{\mathrm{s}}^{\mathrm{H}} \right\} \right\} = \mathrm{rank} \left\{ \boldsymbol{\Phi}_{\mathrm{s}} \right\} \end{aligned} \tag{6.43}$$

非中心参数计算如下：

$$\begin{cases} \delta_{0} = \left(\dfrac{\boldsymbol{\Phi}_{\mathrm{d}} \boldsymbol{a}}{\sigma} \right)^{\mathrm{H}} \boldsymbol{P}_{\mathrm{d}}^{\perp} \boldsymbol{\Phi}_{\mathrm{s}} \left(\boldsymbol{\Phi}_{\mathrm{s}}^{\mathrm{H}} \boldsymbol{P}_{\mathrm{d}}^{\perp} \boldsymbol{\Phi}_{\mathrm{s}} \right)^{-1} \boldsymbol{\Phi}_{\mathrm{s}}^{\mathrm{H}} \boldsymbol{P}_{\mathrm{d}}^{\perp} \left(\dfrac{\boldsymbol{\Phi}_{\mathrm{d}} \boldsymbol{a}}{\sigma} \right) \\ \delta_{1} = \left(\dfrac{\boldsymbol{\Phi}_{\mathrm{d}} \boldsymbol{a} + \boldsymbol{\Phi}_{\mathrm{s}} \boldsymbol{b}}{\sigma} \right)^{\mathrm{H}} \boldsymbol{P}_{\mathrm{d}}^{\perp} \boldsymbol{\Phi}_{\mathrm{s}} \left[\boldsymbol{\Phi}_{\mathrm{s}}^{\mathrm{H}} \boldsymbol{P}_{\mathrm{d}}^{\perp} \boldsymbol{\Phi}_{\mathrm{s}} \right]^{-1} \boldsymbol{\Phi}_{\mathrm{s}}^{\mathrm{H}} \boldsymbol{P}_{\mathrm{d}}^{\perp} \left(\dfrac{\boldsymbol{\Phi}_{\mathrm{d}} \boldsymbol{a} + \boldsymbol{\Phi}_{\mathrm{s}} \boldsymbol{b}}{\sigma} \right) \end{cases} \tag{6.44}$$

得到了检验统计量的分布形成，即可计算虚警概率和检测概率。对于一个选取的门限，若在 $\mathcal{H}_{0}$ 条件下检验统计量超过门限，就会造成虚警；若在 $\mathcal{H}_{1}$ 条件下检验统计量超过门限，则检测成功，因此可以得到虚警概率和检测概率如下：

$$P_{\mathrm{FA}} = \mathrm{Pr} \left\{ T_{0}(\boldsymbol{X}) > \eta; \mathcal{H}_{0} \right\} = Q_{\chi_{\nu}^{2}(\delta_{0})}(\eta), P_{\mathrm{D}} = \mathrm{Pr} \left\{ T_{0}(\boldsymbol{X}) > \eta; \mathcal{H}_{1} \right\} = Q_{\chi_{\nu}^{2}(\delta_{1})}(\eta) \tag{6.45}$$

这样，可以根据式 (6.45) 计算某一给定虚警率下的检测门限，从而实现恒虚警率检测。

同样，对于噪声方差未知的情况，检验统计量 T_{1} 为 $T_{1}(\boldsymbol{X}) = M(\boldsymbol{X})/D(\boldsymbol{X})$，分子和分母分别服从非中心卡方分布：

$$M(\boldsymbol{X}) \sim \begin{cases} \chi_{\nu}^{2}(\delta_{0}), & \mathcal{H}_{0} \\ \chi_{\nu}^{2}(\delta_{1}), & \mathcal{H}_{1} \end{cases}, \quad D(\boldsymbol{X}) \sim \begin{cases} \chi_{r}^{2}(\lambda_{0}), & \mathcal{H}_{0} \\ \chi_{r}^{2}(\lambda_{1}), & \mathcal{H}_{1} \end{cases} \tag{6.46}$$

其中，分子的非中心参数：

$$\begin{cases} \lambda_{0} = \left(\dfrac{\boldsymbol{\Phi}_{\mathrm{d}} \boldsymbol{a}}{\sigma} \right)^{\mathrm{H}} \boldsymbol{P}_{\mathrm{d}}^{\perp} \left(\dfrac{\boldsymbol{\Phi}_{\mathrm{d}} \boldsymbol{a}}{\sigma} \right) \\ \lambda_{1} = \left(\dfrac{\boldsymbol{\Phi}_{\mathrm{d}} \boldsymbol{a} + \boldsymbol{\Phi}_{\mathrm{s}} \boldsymbol{b}}{\sigma} \right)^{\mathrm{H}} \boldsymbol{P}_{\mathrm{d}}^{\perp} \left(\dfrac{\boldsymbol{\Phi}_{\mathrm{d}} \boldsymbol{a} + \boldsymbol{\Phi}_{\mathrm{s}} \boldsymbol{b}}{\sigma} \right) \end{cases} \tag{6.47}$$

分子的自由度 $r = \mathrm{rank}(\boldsymbol{P}_{\mathrm{d}}^{\perp})$。采用自由度做归一化得到等价检测量：

$$T_1'(\boldsymbol{X}) = \frac{M(\boldsymbol{X})/\nu}{D(\boldsymbol{X})/r} \mathop{\gtrless}_{\mathcal{H}_0}^{\mathcal{H}_1} \eta \tag{6.48}$$

这样检测统计量就服从双重非中心 F 分布:

$$T_1'(\boldsymbol{X}) \sim \begin{cases} F(\nu, r, \delta_0, \lambda_0), & \mathcal{H}_0 \\ F(\nu, r, \delta_1, \lambda_1), & \mathcal{H}_1 \end{cases} \tag{6.49}$$

得到虚警率 (FPR) 和检测概率 (TPR) 如下:

$$\begin{cases} P_{\mathrm{FA}} = \Pr\{T_1'(\boldsymbol{X}) > \eta; \mathcal{H}_0\} = Q_{F(\nu, r, \delta_0, \lambda_0)}(\eta), \\ P_D = \Pr\{T_1'(\boldsymbol{X}) > \eta; \mathcal{H}_1\} = Q_{F(\nu, r, \delta_1, \lambda_1)}(\eta) \end{cases} \tag{6.50}$$

可以根据式 (6.50) 计算某一给定虚警率下的检测门限, 从而实现恒虚警率检测。

6.4.2 数值仿真

双基地探测系统配置如下: 发射信号为线性调频信号, 持续时间为 0.5s, 发射周期为 2s。信号中心频率为 2000Hz, 带宽为 200Hz。收发间距为 3km, 发射换能器在水下 10m 深度, 接收端换能器同样在水下 10m 深度。水下目标为长椭球体, 其短半轴长度 $x_0 = 2\mathrm{m}$, 长半轴长度 $y_0 = 8\mathrm{m}$, 故纵横比 $\varsigma = 0.25$。水体环境参数: 水深为 40m, 声速剖面如图 6.22(a) 所示, 底部密度为 $1.6\mathrm{g/cm^3}$, 底部声速为 1720m/s。

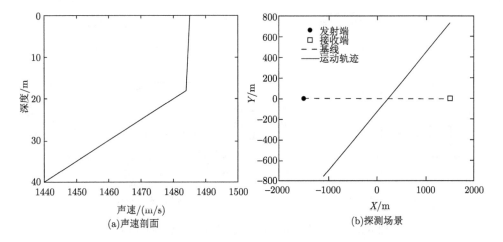

图 6.22 仿真条件

目标深度同样为 10m, 做匀速直线运动且运动速度为 3m/s。设 $\theta_v = 7\pi/6$, 目标起始位置坐标为 (1500m,750m), 在第 500s 时目标运动到基线上, 坐标为 (200m,0m), 探测场景如图 6.22(b) 所示。在 1000s 时间内目标从上方倾斜穿过双基地收发连线，接收端共收到 500 组信号。对接收信号添加高斯白噪声，信噪比为 0dB。可以看到，在 400~600s，目标穿过双基地基线。在此期间，接收信号的能量有小幅度的提高；由于直达波能量依然占据主导地位，并且位置接近基线中点，因此能量变化不大，最大时比其他时间增加不到 0.5dB。

首先考虑已知噪声方差的情况，将上述 500 组接收信号做 FFT 后计算其广义似然比，结果如图 6.23 所示。其中在相对时间 400~600s，由于目标距离基线的垂直距离小于 200m，基本位于双基地基线附近的盲区之中，此时接收信号的 GLR 达到 10dB 以上，最高可达到约 40dB。这说明接收信号更加相似于存在目标时的接收信号，其他时刻接收信号的 GLR 在 0~10dB 附近。计算虚警率 $P_{FA} = 10^{-2}$ 时的门限 $\eta \approx 15.28\text{dB}$，检测结果如图 6.23(c)，其中 1 代表检测到目标，0 代表未检测到目标。显然，当目标靠近双基地声呐基线附近时，该方法成功的检测得了目标的存在，完成了对双基地声呐盲区内目标检测的任务。

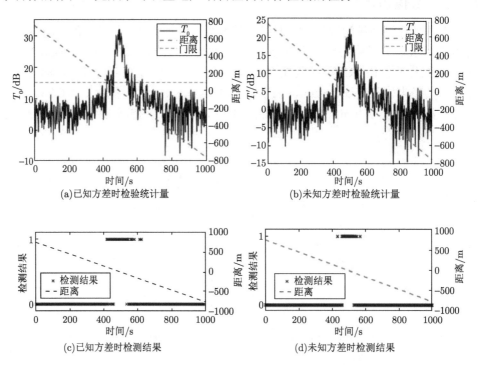

图 6.23　已知和未知噪声方差时接收信号的检测结果

考虑未知噪声方差的情况，将上述 500 组接收信号计算其广义似然比，结果如图 6.23(b) 所示。在相对时间 400~600s，由于目标距离基线的垂直距离小于 200m，基本位于双基地基线附近的盲区之中，此时接收信号的 GLR 达到 10dB 以上，最高可达到约 30dB，说明接收信号更加相似于存在目标时的接收信号，其他时刻接收信号的 GLR 在 $-10\sim 0$dB。根据式 (6.41) 计算虚警率 $P_{\mathrm{FA}} = 10^{-6}$ 时的门限为 10.79dB，检测结果如图 6.23(d)，其中 1 代表检测到目标，0 代表未检测到目标。显然，由于先验信息更少，相比噪声方差已知的情况，噪声未知时的检测器性能有一定下降。当目标靠近双基地声呐基线附近时，该方法也成功检测了目标的存在，完成了对双基地声呐盲区内目标检测的任务。

6.4.3 性能分析

下面进一步考虑信噪比对检测性能的影响，不同信噪比下检验统计量如图 6.24(a) 和 (b) 所示。可以看到，假设 $\mathcal{H}_0$ 与假设 $\mathcal{H}_1$ 的广义似然比有较大的差异，随着信噪比下降，广义似然比检验的性能逐渐下降。同样设置虚警率 $P_{\mathrm{FA}} = 10^{-6}$，不同信噪比下的理论检测概率如图 6.24(c) 实线所示，进行 1000 次蒙特卡洛实验，得到两种情况下的实际检测概率与信噪比关系。

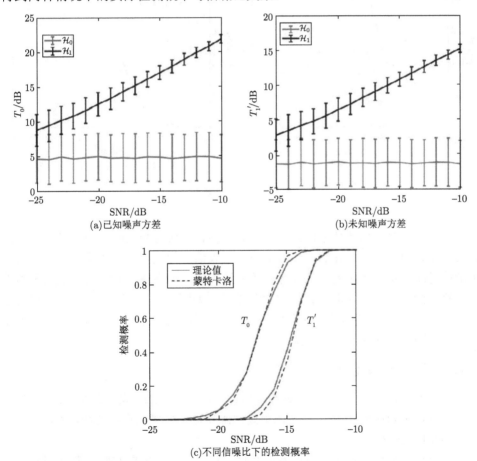

(a)已知噪声方差

(b)未知噪声方差

(c)不同信噪比下的检测概率

图 6.24　已知和未知噪声方差时接收信号的检测统计量

　　由于已知噪声方差时的检测相比位置方差时的检测多了先验信息，引起其性能好于未知噪声方差时的检测性能。上述结果证明，该方法有效地实现了对双基地声呐盲区内目标的检测，并且该方法具有恒虚警率特性，可以根据给定的虚警率来计算不同信噪比条件下的门限值并保证虚警率不变。

　　进一步考虑信直比 (SDR) 的影响，由于检验统计量与直达波有关，通过改变直达波的能量来得到不同的信直比，计算 T_0 和 T_1' 在 $P_{FA} = 10^{-6}$ 条件下的检测概率如图 6.25(a) 所示。结果显示，高 SDR 条件下该方法具有更好的检测性能。与 SDR=−10dB 相比，当 SDR 为 −15dB 时性能会有小幅下降，而 SDR 下降至 −20dB 时性能出现较大的下降。

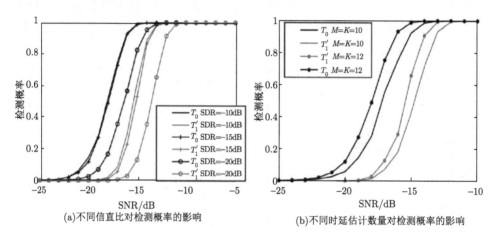

(a)不同信直比对检测概率的影响　　　　　　　　(b)不同时延估计数量对检测概率的影响

图 6.25　检测概率分析

　　前文多径时延估计部分已经说明了时延估计会对检测性能有很大影响。数值仿真结果说明，如果估计的时延数量小于接收信号的主要多径数量，则两种假设下的检验统计量分布相近，从而导致该方法失败。如果估计的时延数量大于等于主要路径的数量，则能取得较好的检测效果。如图 6.25(b) 所示，仿真接收信号有 10 条路径时，如果进行 10 条多径延迟估计则该方法有效。如果估计 12 个多径延迟，则该方法性能会微小提升。

6.4.4　湖上实验验证

　　采用 6.1.2 小节湖上实验数据验证所提方法，声源采用谐振频率 11kHz 的球形换能器，声源深度 10m。目标在距离声源 160m 处穿越收发连线，对深度 9m 水听器数据进行处理。

　　提取目标穿越收发连线附近 65s 数据，将接收信号依据发射周期分解为一个信号矩阵，矩阵的行和列分别代表接收到的脉冲数和每个脉冲中的采样点数。对数据进行带通滤波和脉冲压缩处理，信号矩阵呈现多条峰值条纹，每个峰值对应一个声传播路径，结果如图 6.26(a) 所示。可见该点主要由 4 条声线簇内的若干条声线组成，由左至右分别对应直达声线和界面反射声线，幅度随到达时间推移而衰减。整个时段内接收信号幅度与时延基本一致，因此若不进行进一步处理难以检测到目标。

采用了所提方法 (未知的频谱功率噪声) 处理数据，计算 T_1'，结果如图 6.26(b) 所示。当目标接近基线时，T_1' 在 27～53s 达到了局部最大值，超过了 15.4dB 的阈值 ($P_{FA} = 10^{-2}$)。这一结果证明了所提检测器的有效性。

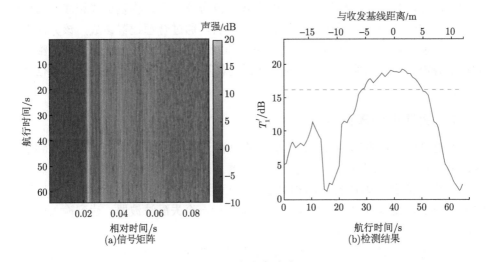

图 6.26　湖上实验验证

6.5　低旁瓣脉冲压缩滤波器设计方法

在声呐的回波信号检测中，经常用到匹配滤波器，它可以在高斯白噪声环境中达到最优的检测效果。对于双基地声呐系统，存在着多个信号接收的情况，经过匹配滤波后，可以根据信号之间的时延和多普勒频移将信号分开。但是，当两个信号的到达时间差很小时，采用常规的匹配滤波器输出具有很高的旁瓣，弱回波信号被直达波完全淹没，很难实现物体的探测。因此，脉冲压缩后需要有一个优良的旁瓣特性，才能保证减少虚警率，提高系统的探测范围。一方面，人们致力于波形综合和编码方法的研究 (Collins et al., 1998)；另一方面，引入失配滤波器抑制旁瓣，研究这种滤波器的设计方法很有意义。

抑制滤波器性能的指标主要有三项：峰值旁瓣电平 (peak sidelobe level，PSL)、累积旁瓣电平 (integrated sidelobe level，ISL) 和增益处理损失 (loss in process gain，LPG) (伊伏斯等, 1991)，它们分别定义为最大旁瓣功率与峰值响应的比值、旁瓣总功率与峰值响应的比值以及与匹配滤波器相比失配引起的信噪比损失。关于低旁瓣脉冲压缩的研究，已经出现许多方法 (Richards, 2005; Xu et al., 2005; Goodman et al., 2000; Ackroyd, 1982; Ackroyd et al., 1973)。

　　上述各种旁瓣抑制滤波器的设计中，未考虑增益处理损失的控制，在某些低信噪比情况下，增益处理损失可能过大，影响弱信号的检测。本节介绍一种基于二阶锥优化算法 (Lei et al., 2007; 鄢社锋等, 2004; Sturm, 1998) 的脉冲压缩旁瓣抑制滤波器的最优设计 (Lei et al., 2012)，使旁瓣抑制滤波器的增益和匹配滤波器相等，然后分别最小化累积旁瓣电平和峰值旁瓣电平，将表达式转成二阶锥约束优化形式，从而达到最优解。仿真结果表明，通过合理设置参数，该方法在理论上可以使主峰附近的峰值旁瓣电平提高 50dB 以上，要远远优于常规匹配滤波器输出旁瓣级，从而实现直达波脉冲压缩旁瓣中对前向散射目标信号时延信息的获取。

6.5.1　旁瓣抑制表述

　　旁瓣抑制通常有两种方法：一种是在匹配滤波器之后级联一个旁瓣抑制滤波器，另一种是用失配滤波器替代匹配滤波器。若将第一种方法中的两个滤波器等效为一个滤波器，则该滤波器相对于输入信号也是一个失配滤波器 (王飞雪等, 2003)。因此，这里采用第二种方法，直接设计一个失配滤波器，达到输入信号的脉冲压缩旁瓣抑制的目的。

　　假设输入的信号序列为 $r(n)$，长度为 N，即 $\boldsymbol{r}=[r_0, r_1, \cdots, r_{N-1}]$。需要设计的滤波器 $\boldsymbol{H}$ 长度为 M，定义一个输入序列矩阵 $\boldsymbol{R}$，即

$$\boldsymbol{R} = \begin{bmatrix} r_0 & 0 & 0 & \cdots & 0 \\ r_1 & r_0 & 0 & \cdots & 0 \\ \vdots & \vdots & \vdots & & \vdots \\ r_{N-1} & r_{N-2} & r_{N-3} & \cdots & 0 \\ 0 & r_{N-1} & r_{N-2} & \cdots & 0 \\ \vdots & \vdots & \vdots & & \vdots \\ 0 & 0 & \cdots & r_1 & r_0 \\ \vdots & \vdots & \vdots & \vdots & \vdots \\ 0 & 0 & 0 & 0 & r_{N-1} \end{bmatrix} \tag{6.51}$$

式中，$\boldsymbol{R}$ 为 $(M+N-1) \times M$ 的特普利茨 (Toeplitz) 矩阵。失配滤波器的输出序列为

$$\boldsymbol{Y} = \boldsymbol{R}\boldsymbol{H} \tag{6.52}$$

设定 $n_c = \lceil (M+N)/2 \rceil - 1$ 为滤波器输出的峰值位置，滤波器 $\boldsymbol{H}$ 的输出峰值为 y_{n_c}，其中 $\lceil x \rceil$ 表示不大于 x 的最大整数。记矩阵 $\boldsymbol{R}$ 的第 n_c 个行向量为 $\boldsymbol{B}$，则

$$y_{n_c} = \boldsymbol{BH} \tag{6.53}$$

滤波器输出的累积旁瓣电平为

$$\text{ISL} = \frac{\|\boldsymbol{Y}\|^2 - y_{n_c}^2}{y_{n_c}^2} = \frac{\|\boldsymbol{RH}\|^2 - y_{n_c}^2}{y_{n_c}^2} \tag{6.54}$$

式中，$\|\boldsymbol{Y}\|$ 表示向量 $\boldsymbol{Y}$ 的 2 范数，如果进一步约束滤波器的输出峰值为 1，即

$$y_{n_c} = \boldsymbol{BH} = 1$$

那么根据旁瓣抑制滤波器增益损失的定义 (伊伏斯等, 1991)，滤波器的增益和匹配滤波器类似，可以达到白噪声情况下的最优解，此时有

$$\text{ISL} = \|\boldsymbol{RH}\|^2 - 1 \tag{6.55}$$

6.5.2 最佳累积旁瓣抑制滤波器

最佳累积旁瓣抑制滤波器可以设计为保持脉冲压缩的增益不变，最小化 ISL，用数学表达式可以表示为

$$\begin{aligned} \min \quad & \|\boldsymbol{RH}\|^2 - 1 \\ \text{s.t.} \quad & \boldsymbol{BH} = 1 \end{aligned} \tag{6.56}$$

如果只考虑实系数的滤波器，式 (6.44) 可以等效为

$$\begin{aligned} \min \quad & \|\boldsymbol{RH}\| \\ \text{s.t.} \quad & \boldsymbol{BH} = 1 \end{aligned} \tag{6.57}$$

定义 $\boldsymbol{b} = -\begin{bmatrix} 1, & \boldsymbol{0}_{1 \times N} \end{bmatrix}^{\text{T}}$，$\boldsymbol{y} = \begin{bmatrix} \varepsilon, & \boldsymbol{H}^{\text{T}} \end{bmatrix}^{\text{T}}$，最优化问题可以用凸优化问题表述为

$$\begin{aligned} \max_{\boldsymbol{y}} \quad & \boldsymbol{b}^{\text{T}} \boldsymbol{y} \\ \text{s.t.} \quad & \left\| \begin{bmatrix} \boldsymbol{0}_{(N+M-1) \times 1} & \boldsymbol{R} \end{bmatrix} \boldsymbol{y} \right\| \leqslant -\boldsymbol{b}^{\text{T}} \boldsymbol{y} \\ & \begin{bmatrix} 0 & \boldsymbol{B} \end{bmatrix} \boldsymbol{y} = 1 \end{aligned} \tag{6.58}$$

在 Sturm(1998) 的文献中，标准二阶锥优化形式定义为

$$\max_{\boldsymbol{y}} \quad \boldsymbol{b}^{\text{T}} \boldsymbol{y}$$

$$\text{s.t.} \quad \boldsymbol{c} - \boldsymbol{A}^{\mathrm{T}} \boldsymbol{y} \in \boldsymbol{K} \tag{6.59}$$

式中，$\boldsymbol{y}$ 是一个包含有变量的向量；$\boldsymbol{A}$ 是任意矩阵；$\boldsymbol{b}$ 和 $\boldsymbol{c}$ 是任意的向量；$\boldsymbol{K}$ 是一个对称锥集合。注意 $\boldsymbol{A}$、$\boldsymbol{b}$ 和 $\boldsymbol{c}$ 可以是复数形式，并且要在维数上匹配。

对于这里要解决的问题，锥元是二阶锥约束形式 (不等式约束) 和 0 阶锥 (等式约束)。q 维二阶锥约束形式定义为

$$\text{SOC}^q \triangleq \{(x_1, \boldsymbol{x}_2) \in \mathbb{R} \times \mathbb{C}^{q-1} | x_1 \geqslant \|\boldsymbol{x}_2\|\} \tag{6.60}$$

式中，x_1 是实数；$\boldsymbol{x}_2$ 是 q 维向量；$\|\cdot\|$ 表示欧拉范数。将凸优化问题式 (6.58) 表示成二阶锥优化形式式 (6.59)，就可以方便地采用内点算法来有效地解决优化问题。式 (6.58) 问题重写为

$$
\begin{aligned}
\max_{\boldsymbol{y}} \quad & \boldsymbol{b}^{\mathrm{T}} \boldsymbol{y} \\
\text{s.t.} \quad & \begin{pmatrix} 0 \\ \boldsymbol{0}_{(N+M-1)\times 1} \end{pmatrix} - \begin{pmatrix} \boldsymbol{b}^{\mathrm{T}} \\ \boldsymbol{0}_{(N+M-1)\times 1} \quad -\boldsymbol{R} \end{pmatrix} \boldsymbol{y} = \boldsymbol{c}_1 - \boldsymbol{A}_1^{\mathrm{T}} \boldsymbol{y} \in \text{SOC}^{N+M} \\
& 1 - \begin{bmatrix} 0 & \boldsymbol{B} \end{bmatrix} \boldsymbol{y} = \boldsymbol{c}_2 - \boldsymbol{A}_2^{\mathrm{T}} \boldsymbol{y} \in \{0\}
\end{aligned}
\tag{6.61}
$$

定义 $\boldsymbol{c} \triangleq [\boldsymbol{c}_1, \boldsymbol{c}_2]$，$\boldsymbol{A}^{\mathrm{T}} \triangleq [\boldsymbol{A}_1^{\mathrm{T}}, \boldsymbol{A}_2^{\mathrm{T}}]$，约束式 (6.61) 变成

$$\boldsymbol{c} - \boldsymbol{A}^{\mathrm{T}} \boldsymbol{y} \in \boldsymbol{K} \tag{6.62}$$

式中，$\boldsymbol{K}$ 是对应约束的对称锥，即

$$\boldsymbol{K} = \text{SOC}^{M+N} \times \{0\} \tag{6.63}$$

从而，根据 $\boldsymbol{y}$、$\boldsymbol{L}$、$\boldsymbol{A}$、$\boldsymbol{b}$、$\boldsymbol{c}$ 和 $\boldsymbol{K}$ 的定义，凸优化问题写为二阶锥约束问题的标准形式，可以根据最优解 $\boldsymbol{y}$ 得到最佳累积旁瓣电平约束下的脉冲压缩旁瓣抑制滤波器。

6.5.3　最佳峰值旁瓣抑制滤波器

同样，保持脉冲压缩旁瓣抑制滤波器增益不变，最小化峰值旁瓣电平，得到最佳峰值旁瓣抑制滤波器。峰值旁瓣电平定义为

$$\text{PSL} = \frac{\|\boldsymbol{Y}_i\|^2}{y_{n_c}^2} = \frac{\|\boldsymbol{R}_i \boldsymbol{H}\|^2}{y_{n_c}^2} \tag{6.64}$$

式中，$\boldsymbol{R}_i$ 表示矩阵 $\boldsymbol{R}$ 的第 i 行。同样，约束滤波器的输出峰值为 1，最佳峰值旁瓣滤波器优化方法用数学表达式表述为

$$
\begin{aligned}
\min \quad & \max \|\boldsymbol{R}_i \boldsymbol{H}\|^2 \quad i = 1, 2, \cdots, n_c - 1, n_c + 1, \cdots, M + N - 1 \\
\text{s.t.} \quad & \boldsymbol{B} \boldsymbol{H} = 1
\end{aligned}
\tag{6.65}
$$

采用式 (6.58) 的定义，转换为二阶锥约束的形式：

$$
\begin{aligned}
\max_{\boldsymbol{y}} \quad & \boldsymbol{b}^{\mathrm{T}}\boldsymbol{y} \\
\text{s.t.} \quad & \left\| \begin{bmatrix} 0 & \boldsymbol{R}_i \end{bmatrix} \boldsymbol{y} \right\| \leqslant -\boldsymbol{b}^{\mathrm{T}}\boldsymbol{y} \quad i=1,2,\cdots,n_c-1,n_c+1,\cdots,M+N-1 \\
& \begin{bmatrix} 0 & \boldsymbol{B} \end{bmatrix}\boldsymbol{y} = 1
\end{aligned}
\tag{6.66}
$$

根据前述方法，同样可以写成二阶锥的形式为

$$
\begin{aligned}
\max_{\boldsymbol{y}} \quad & \boldsymbol{b}^{\mathrm{T}}\boldsymbol{y} \\
\text{s.t.} \quad & \begin{pmatrix} 0 \\ 0 \end{pmatrix} - \begin{pmatrix} \boldsymbol{b}^{\mathrm{T}} \\ 0-\boldsymbol{R}_i \end{pmatrix}\boldsymbol{y} = \boldsymbol{c}_{1i} - \boldsymbol{A}_{1i}^{\mathrm{T}}\boldsymbol{y} \in \mathrm{SOC}^2 \\
& 1 - \begin{bmatrix} 0 & \boldsymbol{B} \end{bmatrix}\boldsymbol{y} = \boldsymbol{c}_2 - \boldsymbol{A}_2^{\mathrm{T}}\boldsymbol{y} \in \{0\}
\end{aligned}
\tag{6.67}
$$

6.5.4 仿真结果

假设发射和接收信号为线性调频 (LFM) 脉冲信号，信号的长度为 0.25s，带宽为 1000Hz，载波频率为 6700Hz。将信号搬移到基带后进行处理，信号的采样率为 2 倍奈奎斯特 (Nyquist) 频率。信号采样点数为 501 个，失配滤波器的长度为 1002。采用脉冲压缩旁瓣抑制方法得到的结果如图 6.27 所示，其中常规匹配滤波采用 10 倍 Nyquist 频率。在近距离旁瓣上和匹配滤波器相比，ISL 和 PSL 抑制算法对应的旁瓣强度均下降至 −50dB 以下。在远距离旁瓣上，旁瓣级有所上升，和常规匹配滤波器接近，这可以通过提高失配滤波器的长度来克服。

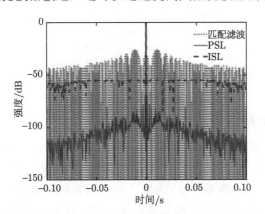

图 6.27 采用脉冲压缩旁瓣抑制方法的抑制效果

在目标的前向散射中，经过脉冲压缩后，前向散射波被强直达波的旁瓣覆盖。信号采用上述的参数，假设散射波比直达波弱 20dB，直达波和散射波到达时间分别为 0.5s 和 0.51s。噪声为高斯白噪声，直达波和噪声的信噪比为 5dB。经过匹

配滤波器，直达波的旁瓣掩埋了散射波，如图 6.28(a) 所示。但是在图 6.28(b) 和 (c) 中，采用旁瓣抑制滤波器，可以明显地看到两个信号，图中信号和直达波的时延分别为 0.51s 和 0.5s，这和假设中输入信号参数设置是非常吻合的。由于受到噪声和强信号脉冲压缩旁瓣的影响，弱信号的强度有约 1dB 的变化。

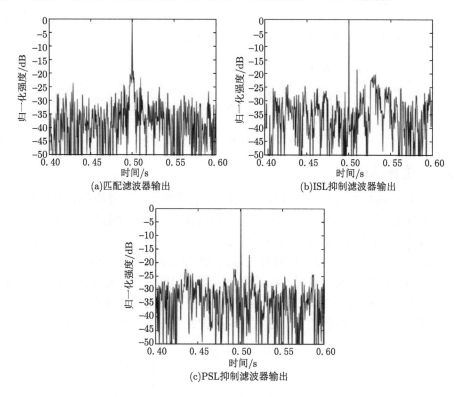

图 6.28　被强直达波覆盖的微弱信号经过脉冲压缩旁瓣抑制的结果

6.5.5　性能分析及讨论

考虑到信号的不同采样率和失配滤波器长度，分别对信号进行 Nyquist 频率采样，即 1.5 倍和 2 倍 Nyquist 频率采样，两种算法设计的滤波器对 PSL 的抑制效果如图 6.29 所示。图 6.29(a) 为第一种抑制方法输出的 PSL，可以看出，在 Nyquist 频率采样率的情况下，增加滤波器长度，对 PSL 抑制提高不大；在 2 倍 Nyquist 频率采样率的情况下，滤波器长度增加，尤其是当滤波器长度大于 2 倍信号长度时，PSL 抑制效果明显提高，但随着滤波器长度的增加，滤波器设计时的运算量和系统设计复杂度也同时提高。图 6.29(b) 中，Nyquist 频率采样率时算法失效，1.5 倍 Nyquist 频率采样率时，增加滤波器长度同样对 PSL 抑制效果提高不大；2 倍 Nyquist 频率采样率的情况下，增加滤波器长度，PSL 迅速下降，同样滤波器设计运算量和复杂度也跟着提高。采用 1.5 倍 Nyquist 频率采样率，ISL 抑制算法的效果要好于 PSL 抑制算法；采用 2 倍 Nyquist 频率采样率，滤波器长度低于 2 倍信号长度时，ISL 抑制算法的效果要好于 PSL 抑制算法，而滤波器长度增加，PSL 抑制算法性能和 ISL 抑制算法性能接近。这是因为当信号采样点数和滤波器长度较小时，ISL 抑制算法的约束条件要少于 PSL 算法，算法更容易达到收敛，随着信号采样点数和滤波器长度增大，两种算法的约束条件都增多，因此性能接近。

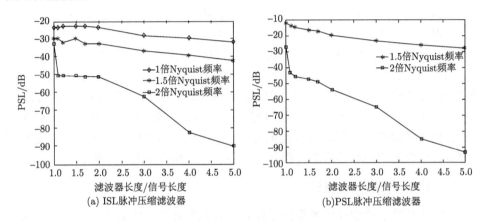

图 6.29 两种算法的抑制效果

采样率为 2kHz 时，滤波器长度为 2 倍信号长度，信号中存在噪声，经过脉冲压缩以后，滤波器的输出 PSL 会变大，如图 6.30 所示。在低信噪比情况下，

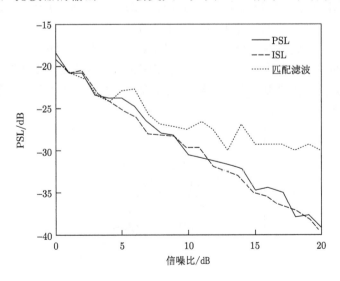

图 6.30 不同信噪比下的抑制效果

优化法和常规匹配滤波器相比已经不存在优势，脉冲压缩旁瓣主要是噪声干扰。当信噪比高于 10dB 时，ISL 和 PSL 抑制方法的峰值旁瓣级得到明显改善，在信噪比为 15dB 时，PSL 可以降低 5dB 以上。由仿真结果可以看出，在信噪比相对较高的情况下，提出的旁瓣抑制方法能够较好地抑制脉冲压缩后的旁瓣电平。

6.6　基于无监督机器学习的前向散射目标检测方法

在探测、预警等常见的声呐应用场景下，没有目标存在是常态。也就是说当目标出现，声呐接收到目标的散射信号时，是一种非常态的情况，可以将这种状态视为异常。那么，对目标的检测问题，就可以转化为一个异常检测的问题。机器学习采用历史数据进行模型参数训练，实现对新数据上的预测或分类等效果，大量用于语音识别、图像处理等领域 (Deng et al.,2013; Krizhevsky et al., 2012)，并逐渐应用于水声目标探测与定位等问题上 (Niu et al.,2017)。本节提出一种基于无监督机器学习的前向散射目标检测方法 (Lei et al., 2019)，采用孤立数提取前向散射信号引起的声场异常进行探测，并用湖上实验数据进行了验证。

6.6.1　检测方法基本原理

孤立森林算法检测异常数据的思路在于寻找离群点。所谓离群点，即在数据空间上距离其他多数数据点较远、不合群的点。寻找离群点的方法是不断使用超平面对样本空间进行分割，直到所有数据点被"孤立"，根据每个数据点被"孤立"的难易程度来检测异常。

如图 6.31 所示，假设数据空间为 2 维，即数据有两个属性，那么数据空间即为平面，分割数据空间的超平面即退化为直线。用直线对数据集所张成的样本空间进行分割。经过几次随机分割后，实线圈中的数据点就被"孤立"在了一个单独的小空间中，而虚线圈中的数据则分布密集，不容易被"孤立"。用某个数据点经过几次分割后被"孤立"这一标准来评价某个数据点被"孤立"的难易程度。越容易被孤立的数据点，就越可能是异常数据。

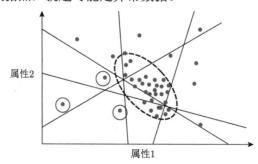

图 6.31　孤立森林异常检测原理

1. 数据预处理

在使用异常检测方法对盲区内侵入目标进行检测之前，首先需要利用特征提取来提高检测方法的稳定性及其泛化能力。预处理步骤如下：首先对接收到的信号进行希尔伯特变换，以获得接收声信号的包络，提取幅度信息，然后根据接收信号的功率对信号进行归一化，以消除时变信道中的能量衰减变化带来的影响。此时得到了归一化的接收信号包络波形。使用频谱作为算法的特征向量可以避免时域波形的不稳定性，如信号长度不同等问题，因此对其进行快速傅里叶变换。接收信号的归一化包络的频谱表示如下：

$$\boldsymbol{X}(f) = [x_1(f), x_2(f), \cdots, x_N(f)] \tag{6.68}$$

式中，f 为频率 (Hz)；$x_i(f)$ 为第 i 个接收脉冲信号归一化包络的频谱；N 为脉冲信号个数。设单个接收脉冲信号归一化包络的频谱由 L 个频率点组成，则 $\boldsymbol{X}(f)$ 为 $L \times N$ 的矩阵。经过预处理后的信号，即可用作下一步算法的训练数据或者测试数据。

2. 目标检测

在检测由目标散射引起的声场像差时，直达波脉冲是构成数据集中最主要的元素。水声环境在一定时间内可以视为平稳的，因此直达波之间存在相似性，大量的直达波被视为正常的数据点。由目标散射引起的声场像差存在较少并且相对于直达波在数据集中更加孤立，可视为异常值。孤立森林方法中，用超平面连续分割数据集的属性所覆盖的属性空间，直到每个被分割出来的子空间中仅包含一个数据点。直达波在属性空间中分布较为集中，需要多次分割才能被相互隔离。受到目标散射信号影响的接收信号分布分散，更容易从数据空间中的孤立，并且仅需要少量的分割次数就能够与其他数据点隔离开来。因此，可以通过分析孤立各个数据点的难度来实现异常检测，从而实现盲区目标检测。

接收信号经过上述预处理后得到的数据，即可用于训练孤立森林。在训练过程中用预处理的训练集建立多棵孤立树 (iTree)，再通过评估方法对每一个经过预处理后的接收信号 (训练数据) 计算异常得分，根据异常得分的高低即可判断是否为异常数据。

记训练数据集为 $\boldsymbol{X}$。要构建一棵孤立树，首先需要从训练数据集 $\boldsymbol{X}$ 中随机抽取一个子集 $\tilde{\boldsymbol{X}}$，子集大小为 $L \times \tilde{N}$，$\tilde{N} < N$。再从 L 个频率点中随机选取一个频率点 q。子集 $\tilde{\boldsymbol{X}}$ 中所有数据最初都位于根节点上。用 T 代表孤立树上的一个节点，在节点 T 上，随机选取一个数值 p，p 的取值应该介于频率点 q 上整个数据集的最大值和最小值之间。此时，在节点 T 上进行一项判断，即 $\tilde{\boldsymbol{X}}(q) > p$，子集 $\tilde{\boldsymbol{X}}$ 中满足该条件的数据点 x_i 流向节点 T 的左子节点，不满足的数据点 x_i

则流向节点 T 的右子节点。图 6.32 展示了上述建立孤立树的过程。

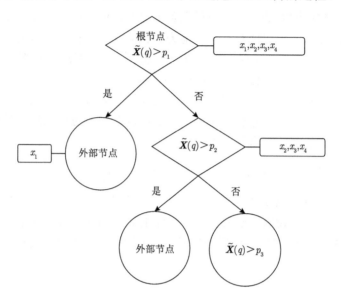

图 6.32   孤立树建立的过程

上述过程在每个节点和子节点都重复进行，直到最终 N 个数据点都被孤立。这里的孤立是指所有最外层的节点都不能再进行划分，这包含两种情况：①节点上仅有一个数据点；②节点上存在多个数据点，但这些数据点在本棵树所选取频率点 q 上均具有相同的幅值。

完成孤立森林的建立，即可得到各个数据点的异常得分。在建树的过程中，每个数据点都从根节点出发，在各个节点被分流，穿过多条分支后最终到达外部节点。记录各个数据点经过的路径长度 $h(x)$。该路径长度 $h(x)$ 表示数据点 x 从根节点穿过中间节点并最终到达孤立树中的外部节点时经过的边数，其值可以衡量脉冲包络谱的异常程度。较短的路径长度表示对数据点的孤立敏感性较高，相反，较长的路径则说明对孤立的敏感性较低。因此，受到目标散射信号干扰的接收信号谱会具有较短的路径长度，因为它们在数据集中分布分散，即比数据空间中的其他接收信号谱更孤立，而孤立的数据在孤立树上会较早与其他数据分离开。

对一个接收脉冲包络谱，计算异常得分如下：

$$s(x, \tilde{N}) = 2^{-\frac{E(h(x))}{a(\tilde{N})}} \tag{6.69}$$

式中，$E(h(x))$ 为接收脉冲包络谱 x 在孤立森林中的平均路径长度；$a(\tilde{N})$ 为给定 $\tilde{N}$ 的平均路径长度。$a(\tilde{N})$ 定义如下：

$$a(\tilde{N}) = \begin{cases} 2H(\tilde{N}-1) - 2(\tilde{N}-1)/\tilde{N}, & \tilde{N} > 2 \\ 1, & \tilde{N} = 2 \\ 0, & \tilde{N} = 1 \end{cases} \tag{6.70}$$

式中，$H(i)$ 为调和级数，计算方式为 $H(i) = \ln(i) + \xi$，其中 ζ 为欧拉常数，$\xi \approx 0.5772156649$。

在异常检测应用中，仅包含一个数据值的数据集没有意义。因此，在本章中，$\tilde{N} > 2$，$a(\tilde{N})$ 的取值不会为 0。

采用构建好的孤立森林网络处理数据，异常得分将会出现两个极限值：

(1) 若目标不存在，则接收信号均为直达波。这些数据之间相似性大，在数据空间中分布集中，最终异常得分会集中在 0.5 左右。

(2) 若目标存在，并且其散射信号使得对应的接收信号完全孤立于其他直达波，那么包含散射信号的数据异常得分将接近 1，而其他直达波数据异常得分接近 0。

实际上，检测声场像差时直达波比目标散射波强得多，这使得受到目标散射信号影响的接收信号与直达波相比孤立性并不会很强，因此包含目标散射波的接收信号的分数与仅包含直达波的接收信号的分数不会有如此明显的差异。

此外，为了孤立森林算法的泛化性能不受信道的影响，在前文预处理中进行了幅度归一化，损失了幅度信息，因此对异常得分进行补偿：

$$\begin{cases} M = \dfrac{M}{E(M)} \\ s' = (1 + |\Delta M - 1|)s \end{cases} \tag{6.71}$$

式中，M 为接收脉冲信号的最大幅值；$E(M)$ 为前 100s 内接收信号的平均最大幅值。

本节提出的目标盲区检测方案的流程如图 6.33 所示：

(1) 特征提取预处理。接收信号经过希尔伯特变换以获得包络，然后根据功率进行归一化；采用离散傅里叶变换获得信号频谱；最后根据发送信号的频带截取所需处理的频带。

(2) 将输入数据分为训练数据和测试数据，或者所有数据都用作训练数据和测试数据。因为孤立森林算法是一种无监督的机器学习算法，训练数据不需要标注，所以不需要先验知识来预先标记异常数据的位置。

(3) 将训练数据用于构建孤立森林二叉树。

(4) 若需要检测的数据为训练数据，则根据式 (6.69) 和式 (6.71) 获得每个脉冲的异常得分，即可根据异常得分来检测目标。

(5) 若需要检测的数据为测试数据，则将测试数据流过孤立森林获得每个脉冲的路径长度，再根据式 (6.69) 和式 (6.71) 获得每个脉冲的异常得分，即可根据异常得分来检测目标。

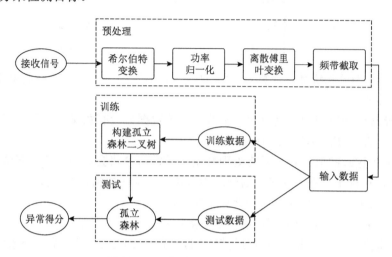

图 6.33　目标盲区检测方案流程图

6.6.2　湖上实验分析

1. 实验简介

湖上实验在水深 40m 的湖上开展，如图 6.34 所示。双基地声呐配置：发射换能器 (声源) 中心频率为 11kHz，置于水下 10m 深度；接收端为垂直阵列，包含 13 个阵元，阵元间距为 25cm，阵列中心 (第 7 号阵元) 深度同样为 10m；接收端和发射端之间距离 1.1km。水下目标为表面覆铝泡沫板，长为 6m，宽为 2m，厚度为 50cm，由船只拖行穿过收发连线，并且物体下方附加了负载来避免其浮起。泡沫板中心仍然置于水下 10m 深度上。声源间歇发送脉冲信号以减少多径传播信号的混叠。发射信号为脉宽 0.5ms，频率为 10kHz 的正弦信号，发射周期为 0.5s。接收端采样率为 223kHz。

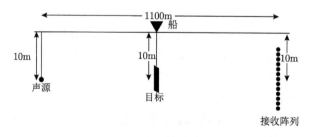

图 6.34　湖上实验

在实验过程中，水下目标由一条船拖行于其后 15m 处，该船基本垂直于收发连线航行, 穿过收发连线的位置与接收阵列的距离约为 186m(以下称为实验 1) 和 324m(以下称为实验 2)。声速剖面如图 6.35 所示, 由浅层等声速和深层负梯度组成。实测最大深度 33m, 因此基于负梯度对 33m 以下声速进行估计, 如图中虚线所示。

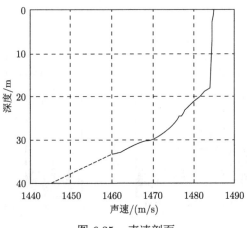

图 6.35 声速剖面

2. 目标检测

接收信号强度变化如图 6.36(a) 和 (b) 所示。可以看到, 在相对时间 100～140s 有较弱的声场相差出现, 为目标散射信号所引起。根据上述检测方法, 首先对接收信号做预处理。由于发射信号脉宽为 0.5ms, 则其包络的频带范围为 0～2kHz。故对接收信号预处理后再截取 2kHz 以下频段, 避免其他频段干扰和噪声影响检测的准确性。经过预处理进行特征提取后, 每个接收数据均包含 93 个频率点, 即训练数据是包含 93 个维度的。使用上述训练数据建立孤立森林, 其中共包括 100 棵孤立树, 建立每个孤立树的子集包含 256 个数据点, 树高限为 8。完成训练过程, 就能够得到参与建树的每条数据点的异常得分。本小节分别得到了两次实验中采用单水听器接收数据和水平波束输出数据的检测得分, 如图 6.36(c) 和 (d) 所示。

图 6.36(a) 和 (c) 中, 水下目标在 95～150s 穿过了双基地基线。在这段时间内目标散射信号与直达波均到达接收端, 使得异常得分明显高于 0.6。对于其他时刻的直达波, 异常得分大多接近 0.4。在 75～165s 时, 有几个接收信号的异常得分高于 0.5。这些高分可能是由实验环境或实验设备的干扰引起的。上述结果表明, 即使在强直达波干扰下, 该方法也能有效地检测出由当水下目标在双基地基线附近的盲区内时目标散射所引起的声场像差。

图 6.36(b) 展示了实验 2 中水下目标在更远离接收端 (更接近基线中点) 位置上穿过收发基线时的单水听器和阵列波束输出的接收信号强度变化, 此时接收到的目标散射波会比实验 1 中的目标散射波弱, 导致很难检测到入侵目标。对上

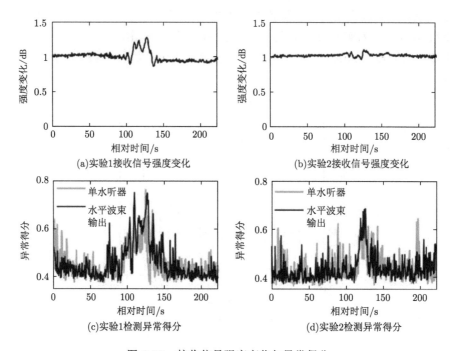

(a)实验1接收信号强度变化　　　　　(b)实验2接收信号强度变化

(c)实验1检测异常得分　　　　　　(d)实验2检测异常得分

图 6.36　接收信号强度变化与异常得分

述数据计算异常得分如图 6.36(d) 所示。其中，受目标散射波影响的脉冲包络谱的异常得分基本达到 0.6，而直达波的异常得分约为 0.4。该结果说明较弱声场的像差仍然能被成功检测。

　　上述检测结果的受试者工作特征 (ROC) 曲线如图 6.37 所示。图 6.37(a) 展示的实验 1 中波束输出和单个水听器接收信号检测结果的曲线下面积 (AUC) 分别为 0.94 和 0.85。图 6.37(b) 展示的实验 2 中波束输出和单个水听器接收信号检测

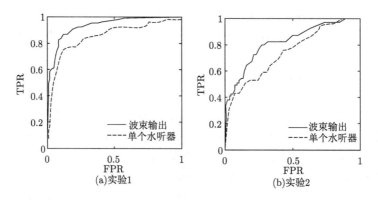

(a)实验1　　　　　　　　　　(b)实验2

图 6.37　检测器的 ROC 曲线

结果的 AUC 为 0.81 和 0.74。显然，鉴于接收到的目标散射波较弱，水下目标在距离接收器较远、接近基线中点的位置时检测性能下降。即使如此，上述 AUC 说明该方法仍可以保持较好的检测水平。从两次实验的结果来看，阵列波束输出数据的结果明显优于单个水听器的接收水听器，表明垂直阵列上的波束成形有效地抑制了由其他因素干扰引起的异常导致的虚警。因此，在有条件的情况下应预先进行波束成形来提高检测性能。

6.7 本 章 小 结

鉴于在水中目标前向散射中存在直达波强干扰，在远距离情况下前向散射声场就会极其微弱。本章从不同角度介绍了前向散射探测中的几种直达波抑制方法。通过对接收信号做空域滤波后进行主分量提取，获得次大特征值和特征向量后重构出接收信号，实现对直达波的抑制。基于自适应相消原理提出了直达波自适应相消理论与方法，对接收信号做自适应相消，获得残差的二阶累积指数。当存在目标的前向散射信号时，获得了二阶累积指数的有效提升。通过湖上实验，目标前向散射引起的声强异常由 1dB 提高到 10dB 以上，实现了对前向散射声场特征的有效检测。

本章将矩阵滤波与匹配场抑制相结合，介绍了一种直达波抑制的新方法，并给出了仿真结果。其鲜明特点是，只要具备发射声源与接收阵的几何关系和声波传输信道的先验知识，就可以抑制直达波，同时保留来自同方向或接近该方向的双基地目标散射信号。

本章提出了接收信号频域广义似然比检验方法，给出了信号模型中未知参数的最大似然估计；分别推导了噪声方差已知和噪声方差未知两种条件下的检验统计量，以及检验统计量的概率分布闭式解。在此基础上获得了广义似然比方法检测门限，实现了恒虚警率检测。分析了相关参数对该方法性能的影响。数值仿真和湖上实验结果表明，该方法能够实现基于前向散射的目标有效检测。

本章阐述了一种脉冲压缩旁瓣抑制滤波器的优化设计方法，在 ISL 和 PSL 约束下对时域窗函数进行优化设计，实现了旁瓣电平的抑制，降低了直达波旁瓣对前向散射波的影响，从而获得了前向散射信号的到达时延高分辨估计。

本章提出了基于异常检测思想的无监督机器学习方法实现目标检测。该方法具有基于数据驱动、与环境和双基地配置无关、适应性好的特点。结合湖上实验数据分析了该方法的目标检测性能，验证了该方法的有效性。

参 考 文 献

王飞雪, 欧钢, 2003. 恒增益处理损失的最佳编码旁瓣抑制滤波器[J]. 电子学报, 31: 1418-1421.

鄢社锋, 马远良, 2004. 匹配场噪声抑制: 广义空域滤波方法[J]. 科学通报, 49: 1909-1912.

伊伏斯, 里迪, 1991. 现代雷达原理[M]. 卓荣邦, 等, 译. 北京: 电子工业出版社.

ACKROYD M H, 1982. Economical filters for range sidelobe reduction with combined codes[J]. Radio Electron. Eng., 52: 309-310.

ACKROYD M H, GHANI F, 1973. Optimum mismatched filters for sidelobe suppression[J]. IEEE Trans. Aerosp. Electron. Syst., 9: 214-218.

AMIRI-SIMKOOEI A R, SNELLEN M, SIMONS D G, 2011. Principal component analysis of single-beam echo-sounder signal features for seafloor classification[J]. IEEE J. Ocean. Eng., 36: 259-272.

BERNARD W, SAMUEL D S, 1985. Adaptive Signal Processing[M]. New Jersey: Prentice-Hall.

BURGESS K A, VAN VEEN B D,1996. Subspace-based adaptive generalized likelihood ratio detection[J]. IEEE Trans. Signal Process., 44: 912-927.

CHALISE B K, HIMED B, 2018. GLRT detector in single frequency multi-static passive radar systems[J]. Signal Process., 142: 504-512.

CHANG H S I, 1992. Detection of weak,broadband signals under Doppler-scaled,multipath propagation[D]. Ann Arbor: University of Michigan.

CHITWONG S, 2002. Enhancement of color image obtained from PCA-FCM technique using local area histogram equalization[C]. Proc. SPIE Int. Soc. Opt. Eng., Seattle, 4787: 98-106.

COHEN N, 1990. Optimal peak sidelobe filters for biphase pulse compression[C]. Proc. IEEE Int. Radar Conf., Arlington: 249-252.

COLEMAN J O, SCHOLNIK D P, 1999. Design of nonlinear-phase FIR filters with second-order cone programming[C]. Proc. 42nd Midwest Symp. Circuits Syst.,Las Cruces: 409-412.

COLLINS T, ATKINS P, 1998. Doppler-sensitive active sonar pulse designs for reverberation processing[J]. IEE Radar, Sonar Navig., 145: 347-353.

DEFERRARI H, RODGERS A, 2005. Eliminating clutter by coordinate zeroing[J]. J. Acoust. Soc. Am., 117: 2494.

DENG L, LI X, 2013. Machine learning paradigms for speech recognition: An overview[J]. IEEE Trans. Audio, Speech, Language Process., 21: 1060-1089.

GOODMAN N, STILES J, 2000. A MMSE filter for range sidelobe reduction[C]. Proc. IEEE Int. Geosci. Remote Sens. Symp., Honolulu: 2365-2367.

HE C L, YANG K D, LEI B, et al., 2015. Forward scattering detection of a submerged moving target based on adaptive filtering technique[J]. J. Acoust. Soc. Am., 138: EL293-EL298.

HE C L, YANG K D, MA Y L, et al., 2017. Simultaneous detection of the acoustic field aberration and Doppler shift in forward acoustic scattering[J]. Chinese Phys. B, 26(1): 014301.

ITURBE I, ROUX P, NICOLAS B, et al., 2009. Shallow-water acoustic tomography performed from a double-beamforming algorithm: Simulation results[J]. IEEE J. Ocean. Eng., 34: 140-149.

JENSEN F B, KUPERMAN W A, PORTER M B, et al., 2011. Computational Ocean Acoustics[M]. New York: Springer Science & Business Media.

KRIZHEVSKY A, SUTSKEVER I, HINTON G E, 2012. ImageNet classification with deep convolutional neural networks[J]. Proc. Int. Conf. Neural Inf. Process. Syst., 60(6): 1097-1105.

KUSUMA G P, CHUA C S, 2011. PCA-based image recombination for multimodal 2D + 3D face recognition[J]. Image Vis. Comput., 29: 306-316.

LEI B, HE Z Y, ZHANG Y, et al., 2022. GLRT-based detection in bistatic sonar under strong direct blast with multipath propagation[J]. Digital Signal Process, 129: 103657.

LEI B, YANG K D, MA Y L, 2007. Matched field noise suppression based on matrix filter[C]. Oceans. IEEE Xplore, Vancouver: 1-5.

LEI B, YANG K D, MA Y L, 2014. Forward scattering detection of a submerged object by a vertical hydrophone array[J]. J. Acoust. Soc. Am., 136: 2998-3007.

LEI B, YANG K D, WANG Y, 2012. Optimal sidelobe reduction of matched filter for bistatic sonar[C]. Proc. Int. Conf. Comput. Distrib. Control Intell. Environ. Monit., Zhangjiajie: 469-472.

LEI B, YANG Y Y, YANG K D, et al., 2017. Detection of forward scattering from an intruder in a dynamic littoral environment[J]. J. Acoust. Soc. Am., 141: 1704-1710.

LEI B, ZHANG Y, YANG Y Y, 2019. Detection of sound field aberrations caused by forward scattering from underwater intruders using unsupervised machine learning[J]. IEEE Access, 7:17608-17616.

LIU J, GERSHMAN A, 2003. Adaptive beamforming with sidelobe control: A second-order cone programming approach[J]. Signal Process. Lett., 10: 331-334.

LIU M F, HU H J, HE Y X, 2007. Application of PCA in dimension reduction of image Zernike moments feature[J]. J. Comput. Appl., 27: 696-698, 702.

MARANDET C, ROUX P, NICOLAS B, et al., 2011. Target detection and localization in shallow water: An experimental demonstration of the acoustic barrier problem at the laboratory scale[J]. J. Acoust. Soc. Am., 129: 85-97.

NIU H, REEVES E, GERSTOFT P, 2017. Source localization in an ocean waveguide using supervised machine learning[J]. J. Acoust. Soc. Amer.,142: 1176.

PORTER M B, 2011. The BELLHOP manual and user's guide: PRELIMINARY DRAFT[R]. Heat, Light. Sound Res. Inc., La Jolla, CA, USA.

RICHARDS M A, 2005. Fundamentals of Radar Signal Processing[M]. 2rd ed. New York: McGraw-Hill Education Ebook Library.

ROUX P, CORNUELLE B D, KUPERMAN W A, et al., 2008. The structure of raylike arrivals in a shallow-water waveguide[J]. J. Acoust. Soc. Am., 124: 3430-3439.

SABRA K G, CONTI S, ROUX P, et al., 2010. Experimental demonstration of a high-frequency forward scattering acoustic barrier in a dynamic coastal environment[J]. J. Acoust. Soc. Am., 127: 3430-3439.

SONG H C, KUPERMAN W A, HODGKISS W S, et al., 2003. Demonstration of a high hrequency acoustic barrier with a time reversal mirror[J]. IEEE J. Ocean. Eng., 28: 246-249.

STURM J F, 1998. Using sedumi 1.02, a matlab toolbox for optimization over symmetric cones[R]. Department of Econometrics, Tilburg University, Tilburg, The Netherlands.

TESEI A, SONG H C, GUERRINI P, et al., 2004. A high-frequency active underwater acoustic barrier experiment using a time reversal mirror; model-data comparison[C]. High Freq. Ocean Acoust., La Jolla: 539-546.

TSURUGAYA Y, KIKUCHI T, MIZUTANI K, 2008. Passive phase conjugation processing to forward scattering waves by target in shallow water[J]. J. Acoust. Soc. Am., 123: 3595.

VACCARO R J, CHHETRI A, HARRISON B F, 2004. Matrix filter design for passive sonar interference suppression[J]. J. Acoust. Soc. Am., 115: 3010-3020.

WEN Y, SHI P, 2007. Image PCA: A new approach for face recognition[C]. IEEE Int. Conf. Acoust., Honolulu: 1241-1244.

XU Q C, YANG Z J, YE H Z, 2005. Adaptive orthogonal projective decomposition in sidelobe suppression[C]. Proc. Int. Conf. Wirel. Commun. Netw. Mob. Comput., Wuhan: 606-610.

YAO Y, ZHANG M M, YUAN J B T, 2012. Direct path interference suppression algorithm of bistatic sonar system based on spatial smoothing[C]. ICT Energy Effic. Work. Inf. Theory Secur., Dublin: 243-246.

第 7 章　前向散射声场特征在目标距离估计中的应用

前向散射声场特征的研究，主要目的是为水中目标的探测和定位提供物理依据。仿真结果和实验结果均表明，前向散射声场特征与目标的位置信息是密不可分的。也就是说，利用目标的前向散射声场所表现出的特征，结合一些先验条件，为目标的距离信息获取提供可能。

本章是作者在前向散射声场特征研究的基础上，介绍在水中目标定位中所做的一些工作，并阐述基于变异声线提取的目标定位方法。7.1 节介绍基于两个独立接收单元上的相对时间差进行目标距离估计。通过两个水平放置的接收单元上目标前向散射引起的声场扰动时间，结合收发几何关系和目标运动的先验信息进行求解，同时得到目标的距离和尺寸信息。7.2 节针对强直达波干扰背景下的目标定位问题，阐述一种干扰背景对目标信号相对时延的准确估计方法，进而利用 3 个接收点的相对时延获得目标位置。7.3 节在获得目标前向散射信号相对到达时延的基础上，阐述基于声波到达时延曲线的目标跟踪方法，并给出实验测量结果。物体穿过收发连线可导致部分传播声线发生变异。7.4 节将变异声线的波束形成提取方法与匹配场处理思想相结合，实现对目标定位。7.5 节针对小样本数据与模型迁移问题，基于目标穿越声源与接收阵列间导致的接收信号畸变特征，提出一种基于迁移学习的前向散射目标定位方法，通过仿真证明了方法的有效性和稳健性。

7.1　基于前向散射声场扰动特征的目标距离估计

7.1.1　前向散射距离估计原理

前向散射距离估计原理如图 7.1 所示 (Lei et al., 2012)，它利用声源和两路接收水听器单元组成定位系统，由声源连续循环发射宽带水声信号，并在两路分离的接收单元上接收处理该水声信号，接收信号分别与发射信号做匹配滤波处理，提取接收信号的能量，利用前几章介绍的前向散射特征检测方法判断目标进入收发连线区域的时间，通过两路信号异常的时间差来实现对目标距离的估计。

当物体穿越收发连线时，假设与水听器的距离为 d，如图 7.1 所示，那么前

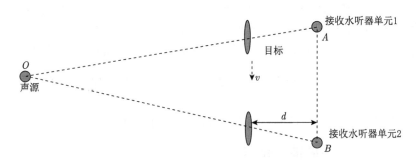

图 7.1　前向散射距离估计原理示意图

向散射的第一个菲涅耳区半径 (Ding, 1998) 可以表述为

$$R_{\mathrm{F}} = \sqrt{\lambda d(|OA| - d)/|OA|} \tag{7.1}$$

式中，λ 表示波长；$|OA|$ 表示收发连线的长度。当物体距离收发连线的距离小于 R_{F} 时，直达信号与前向散射信号的传播路径差小于 $\lambda/2$，物体上的入射信号与散射信号的相位差大约为 π，因此直达信号与前向散射信号在接收点上干涉相消。

对于入侵物体的前向散射距离估计，可采用图 7.1 中所示的 A 和 B 两点接收。当物体以恒定速度 v 穿越收发连线 OA 和 OB 时，接收声场分布在 t_1 和 t_2 时刻发生异常。如果两个接收水听器单元位置 A 和 B 靠得比较近，根据式 (7.1) 和几何关系，可以得到

$$2R_{\mathrm{F}} + L = vt \tag{7.2}$$

$$v(t_2 - t_1)/|AB| \approx (|OA| - d)/|OA| \tag{7.3}$$

式中，L 为物体的长度；t 为当物体穿过收发连线 OA 时接收单元 A 上的声场扰动时间。假设入侵物体的速度 v 已知，那么当物体穿越收发连线时，其距离和长度就可以估计出来。

因此，根据式 (7.3) 可以估计入侵物体到接收点的距离为

$$d \approx |OA| - (|OA|/|AB|) \cdot v(t_2 - t_1) \tag{7.4}$$

当两个接收单元距离很近时，如果时间差 $t_2 - t_1$ 测量准确，那么该估计方法就可以较准确地得出物体的距离。如果物体的运动轨迹平行于线 AB，式 (7.4) 就完全成立。当两个接收点距离较近时，如果时间差 $t_2 - t_1$ 能被很好地测量，那么距离估计方法能够得出相当准确的结果。如果目标的轨迹平行于 AB，则式 (7.3) 成立。在这种情况下，估计误差为

$$\Delta R/R = \Delta v/v + \Delta t/(t_2 - t_1) \tag{7.5}$$

式中，ΔR、Δv 和 Δt 分别是距离、速度和时间差扰动。当目标缓慢移动并且靠近接收点时，由于时间差大，时间误差小于速度误差，因此速度误差对于估计误差是主要的。然而，在大多数情况下，上述条件不能完全满足，存在以下关系：

$$|OA| - (|OA|/|AB|) \cdot l_1 \leqslant |OA| - (|OA|/|AB|) \cdot v(t_2 - t_1) \leqslant |OB| - (|OB|/|AB|) \cdot l_2$$
$$(7.6)$$

因此，估计距离实际上是目标与两个接收器距离的中间值。

7.1.2　前向散射距离估计结果

分别在两个水声环境差异较大的湖上进行了目标定位实验。实验原理如图 7.2 所示，固定发射声源和接收水听器，小船拖着由铝板组成的物体 (与 6.1 节相同) 在不同距离上穿越收发连线，为了保持目标平衡，目标下端吊有配重，上端配有浮体。

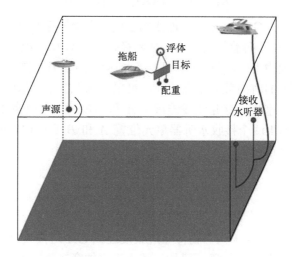

图 7.2　目标定位实验示意图

1. 实验 1 定位结果

实验区域的水深约为 40m。目标由 6 块 1m×2m 的铝板拼成 2m×6m 的铝板，两层铝板中间夹有 5cm 的厚泡沫，目标体深度约为 10m。声源和接收水听器的深度均为水下 10m，距离约为 1100m。发射信号设计为 5∼15kHz 的线性调频信号，带宽为 10kHz，调频时间为 0.5s，采用周期性循环发射的方式。两路接收单元由两个单独的水听器组成，布放深度为 10m，水听器间隔 15m，接收信号的一段波形示于图 7.3。目标用长绳拖在船后 10m，并配有 GPS 接收器确定运动航迹和速度，某次物体运动航迹示于图 7.4。

以发射的线性调频信号为参考信号，对接收的两路水听器信号做脉冲压缩，

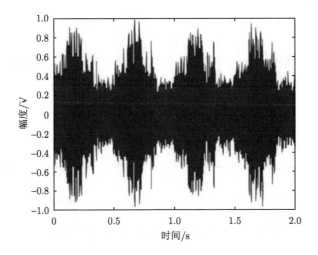

图 7.3 水听器接收波形

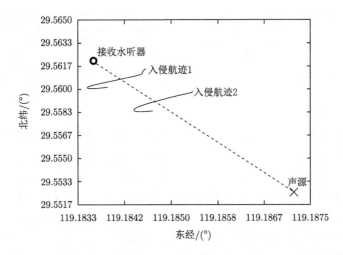

图 7.4 物体运动航迹

提取出每个发射周期接收信号的能量, 结果见图 7.5。从图 7.5(a) 和 (b) 均可以看出, 没有目标存在时, 接收信号的起伏是非常小的, 而当目标入侵后, 信号的归一化强度可以下降到没有物体入侵时的 0.7。图 7.5(a) 中, 大约在 15s 时, 信号发生明显起伏, 而图 7.5(b) 中则没有看到相应的起伏, 说明该起伏不是由目标入侵引起的。对两路脉冲压缩后的能量进行判断, 得到表 7.1 中所示的信号起伏起始时刻。根据式 (7.4), 就可以估计出入侵物体与接收水听器的距离, 见表 7.1。由表 7.1 中 GPS 测量距离与估计值比较, 可以看出在两次航迹情况下二者均非常接近。

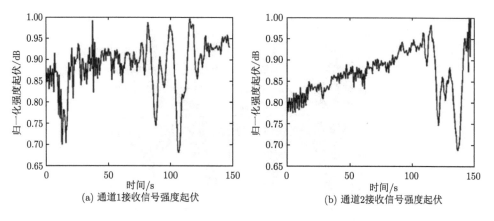

图 7.5　两路接收水听器的信号归一化强度起伏

表 7.1　入侵目标距离估计实验 1 结果

入侵航迹序号	GPS 测量距离/m	$v/(\text{m/s})$	距离估计参数		
			t_1/s	t_2/s	d/m
1	140	0.40	88.5	121.0	146
2	324	0.44	70.0	93.5	341

2. 实验 2 定位结果

实验 2 地点和实验 1 相比，水声环境较差，尤其是存在来自岸边混响的强干扰。湖水深度为 6m。声源采用无指向性的球形换能器，其谐振频率为 17kHz，声源深度为水下 4m。目标采用长 6m、宽 1m、厚度 2cm 的塑料泡沫板，泡沫板两边用铝板加紧固定，物体中心的放置深度为水下 2m，物体吊在浮体下方并用配重保持物体的垂直姿态不会发生变化。实验中的两路接收水听器距离为 30m，布放于湖底上方 1m 处。声源和接收水听器的距离大约为 1932m。发射信号为 5～15kHz 的线性调频信号，调频时间为 0.5s，采用周期性循环发射的方式。目标用长绳拖在船后 15m。

对数据进行脉冲压缩处理后，在不同接收水听器上的响应如图 7.6 所示，可以看出接收信号存在着很明显的多途传播，对目标距离估计结果如表 7.2 所示。当物体第一次穿过收发连线时，速度约为 0.40m/s，声场扰动持续时间为 26s。通过匹配滤波处理后，两条收发连线扰动时间差为 73.5s。通过式 (7.2) 和式 (7.3)，可以得到距离和物体长度的估计值分别为 38.6m 和 5.64m，与实测距离 40m 和长度 6m 非常接近。同样，可以得到第二次穿越时的距离估计值 35.3m 和长度估计值 5.56m，实测距离为 36m，长度为 6m，运动速度为 0.46m/s。实验数据处理表明，利用本书介绍的方法可以比较准确地估计出物体的距离和长度。

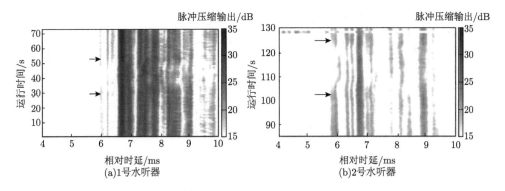

图 7.6　不同接收水听器上的响应

表 7.2　入侵目标距离估计实验 2 结果

入侵航迹序号	实际距离/m	v/(m/s)	距离估计参数	
			d/m	L/m
1	40	0.40	38.6	5.64
2	36	0.46	35.3	5.56

7.2　基于目标信号相对时延的定位方法

在前向散射定位中，来自声源的直达波可以认为是一种强干扰，而被不同位置上水听器接收的前向散射信号则可以看作不同方向到达或不同时刻到达的目标信号。从这个角度来看，在水声定位中经常采用基于相对到达时延 (TDOA) 的定位原理 (Gebbie et al., 2015, 2013; Suwal, 2012; Kaune et al., 2011; Chun et al., 2007; Young et al., 2003) 来对前向散射目标进行定位。其基本原理是利用 3 个以上接收单元之间的 TDOA 信息形成多个双曲线，从而进一步决策目标所在的位置。由于信干比低，则当两个信号的 TDOA 比较接近时，定位可能不准确。因此，必须在 TDOA 估计之前消除干扰。本节介绍一种与干扰消除相结合的混合定位方法，该方法包括三个步骤：首先，应用相位变换 (PHAT) 技术 (Qin et al., 2008; Chen et al., 2006; Brandstein et al., 1997; Knapp et al., 1976) 处理记录的数据；其次，利用基于 Radon 变换 (Deans, 2007; Beylkin, 1987) 的干扰消除方法准确地获取每对接收器上的 TDOA；最后，执行迭代以搜索声源位置 (Lei et al., 2016)。

7.2.1　干扰背景下定位原理

在水下定位中，目标信号被强干扰所影响，并且这种影响可能导致不准确的 TDOA 测量，因此常规定位方法的效果受到影响。本书介绍的干扰消除的定位方法框架包括三个处理过程, 如图 7.7 所示。

图 7.7　干扰消除的定位方法框架

1. 相位变换处理

令 $s(t)$ 和 $p(t)$ 分别表示目标的信号和来自干扰声源 (简称 "干扰源") 的干扰, 并且 $x_1(t)$ 和 $x_2(t)$ 分别表示已知几何阵形的两个水听器接收信号, 分别表示为

$$x_1(t) = s(t - D_1) + p(t - D_{i1}) + n_1(t) \tag{7.7}$$

$$x_2(t) = s(t - D_2) + p(t - D_{i2}) + n_2(t) \tag{7.8}$$

式中, 未知参数 D_1 和 D_2 是两路信号的时延; D_{i1} 和 D_{i2} 是干扰的时延; n_1 和 n_2 是两个水听器上的加性噪声。通常, 干扰与目标信号不相关。因此, TDOA 的 $D_1 - D_2$ 和 $D_{i1} - D_{i2}$ 可通过两个水听器信号互相关函数的峰值获得。然而, 如果信干比较低, 则目标信号输出的峰值可能被淹没在干扰中。广义互相关中的 PHAT 具有抑制干扰信号能量的能力, 其数学表达式为

$$y(t) = \mathrm{IFFT}\left(\frac{X_1(f) X_2^*(f)}{|X_1(f)| \left|X_2^*(f)\right|}\right) \tag{7.9}$$

式中, "*" 表示复共轭; $X_1(f)$ 和 $X_2(f)$ 分别表示 $x_1(t)$ 和 $x_2(t)$ 的频谱。在 PHAT 的输出量 $y(t)$ 中, 存在对应于干扰和目标信号的两个峰值。当两个 TDOA 接近时, 由于 PHAT 输出的目标信号峰值被掩盖, 目标信号的 TDOA 将难以准确获得。因此, 在 TDOA 估计之前应进行干扰抑制。即使在两个峰完全分离的情况下, 消除过程也有利于 TDOA 的自动确定。

2. 干扰消除

如果背景场中存在强干扰源, 则在 PHAT 输出中将出现明显的附加峰值。在块处理中, 声源移动时的目标信号被分成块进行 PHAT 处理。将 PHAT 输出以互相关矩阵形式表示, 行向量表示 PHAT 输出, 则对应峰值的伪轨迹可代表沿着运行时间的维度。在大多数情况下, 轨迹不呈现直线。如果 PHAT 的输出被重新排列, 以产生显著干扰分量的直线时, 则可以利用对于线检测有效的 Radon 变

换。该方法的过程如图 7.8 所示，具体步骤描述如下所示。

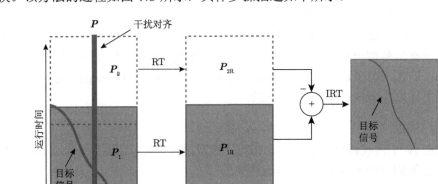

图 7.8 基于 PHAT 输出的干扰消除处理过程

(1) 通过 PHAT 对每个接收器的接收信号进行连续块处理，生成互相关矩阵。Radon 变换可以对线条有比较好的检测效果，因此可将矩阵中每个相关输出的强峰值进行对准，这些峰值将沿着时间轴产生对应的线。因此，生成如图 7.8 左边所示的新矩阵，记为具有 $N \times M$ 维度的输出矩阵 $\boldsymbol{P}$，其中 N 是处理块的数量，M 是 PHAT 输出的长度。沿着运行时间轴输出矩阵几乎是一条直线，且该线对应于干扰的互相关峰值。每个 PHAT 峰值的偏移被存储以供后期使用。

(2) 矩阵 $\boldsymbol{P}$ 的前 M 行构成矩阵块 $\boldsymbol{P}_1$，其大小为 $M \times M$。当目标信号和干扰具有相同或相似的 TDOA 时就会产生交叉重叠。在 $\boldsymbol{P}_1$ 之后产生同样大小的 $M \times M$ 子矩阵 $\boldsymbol{P}_2$。对两个矩阵执行 Radon 变换，即

$$\boldsymbol{P}_{1R} = \mathrm{RT}\left(\boldsymbol{P}_1\right) \tag{7.10}$$

$$\boldsymbol{P}_{2R} = \mathrm{RT}\left(\boldsymbol{P}_2\right) \tag{7.11}$$

式中，$\mathrm{RT}\left(\cdot\right)$ 表示 Radon 变换；变换矩阵 $\boldsymbol{P}_{1R}$ 包含沿运行时间维度的干扰和目标信号的 TDOA 变换；$\boldsymbol{P}_{2R}$ 仅包含干扰的信息。如果 $\boldsymbol{P}_2$ 包含部分目标信号，则干扰消除结果中将出现负峰值。

(3) 令 $\Delta \boldsymbol{P}_R = \boldsymbol{P}_{1R} - \boldsymbol{P}_{2R}$，使得 $\boldsymbol{P}_{1R}$ 中的干扰被消除，然后利用 $\Delta \boldsymbol{P}_R$ 逆 Radon 变换 (IRT) 得到

$$\widetilde{\boldsymbol{P}} = \mathrm{IRT}\left(\Delta \boldsymbol{P}_R\right) \tag{7.12}$$

式 (7.12) 表明，在保留目标信号的 PHAT 输出的同时，干扰的 PHAT 输出被消

除。然后，可通过从上述步骤 (1) 记录的偏移进行补偿，根据相对时间轴上的峰值位置来估计目标信号的 TDOA。

理论上，参数 M 与声源的移动速度无关。只有 PHAT 结果的峰值变化可以降低对干扰信号的消除性能，如果干扰信号的变化较弱，则可以设置较大的 M 值，反之亦然。当接收器对上的 TDOA 确定后，通过估计每对双曲线函数的交点或其他某种方法来进一步估计目标位置。

3. 定位算法

假定 N 个接收器位于 (a_i, b_i)，相对于声源位置 (X, Y) 的接收单元 i 和接收单元 j 之间的 TDOA 的一般数学表达式为

$$\Delta d_{ij} = f(X, Y; a_i, b_i, a_j, b_j), \quad 1 \leqslant i \leqslant j \leqslant N \tag{7.13}$$

式中，距离函数 f 可以用声波传播几何关系或射线模型的多径传播来估计。当 $N > 3$ 时，非线性方程 (7.14) 为超定问题，可通过非线性最小二乘法估计得到 (X, Y) 的解，表示为

$$\left(\hat{X}, \hat{Y}\right) = \arg \min_{(X, Y)} \sum_{i<j}^{N} [\Delta d_{ij} - f(X, Y; a_i, b_i, a_j, b_j)]^2 \tag{7.14}$$

为了简化，用 $\boldsymbol{Q} = (X, Y)$ 表示目标位置。基于最小二乘法准则，向量符号表示的最小化问题可以写为

$$\widehat{\boldsymbol{Q}} = \arg \min_{\boldsymbol{Q}} \left\{ [\Delta \boldsymbol{d} - f(\boldsymbol{Q})]^{\mathrm{T}} \boldsymbol{R}^{-1} [\Delta \boldsymbol{d} - f(\boldsymbol{Q})]^{\mathrm{T}} \right\} \tag{7.15}$$

式中，$\Delta \boldsymbol{d} = (\Delta d_{1,2}, \cdots, \Delta d_{N-1, N})^{\mathrm{T}}$；$\boldsymbol{R} = \mathrm{cov}(\Delta \boldsymbol{d})$，是 TDOA 的协方差矩阵。用随机梯度算法可获得最小方差解为

$$\boldsymbol{Q}^{m+1} = \boldsymbol{Q}^m - \mu^m f'_{\boldsymbol{Q}}(\boldsymbol{Q}^m) [\Delta \boldsymbol{d} - f(\boldsymbol{Q}^m)] \tag{7.16}$$

式中，$f'_{\boldsymbol{Q}}$ 表示 f 关于 $\boldsymbol{Q}$ 的导数，归一化步长表示为

$$\mu^m = \frac{\mu}{\left\| f'_{\boldsymbol{Q}}(\boldsymbol{Q}_m) \right\|^2} \tag{7.17}$$

定位方法的性能取决于 TDOA 测量的精度 $\Delta \boldsymbol{d}$，对于 N 个水听器，每对双曲线函数的交点的最大个数 $q_{\max}$ 为

$$q_{\max} C[C(N, 2), 2] \tag{7.18}$$

式中，函数 C 表示组合。

当水听器的个数超过 3 时，如果在一些水听器上存在大量的时延误差，假设

误差由噪声、波导扰动或干扰引起，则可能没有较好的收敛结果。

7.2.2　实验数据处理结果

1. 实验方案

实验在深度为 40m 的湖中开展，如图 7.9 所示。在深度为 10m、水平距离为 1100m 处放置一个中心频率为 10kHz 的全向宽带发射换能器作为干扰源。由于实验条件限制，在深度为 10m 处仅布放了 3 个水听器，1# 和 2# 水听器间隔 5m，2# 和 3# 水听器间隔 10m。水听器的输出信号经过一个 4～16kHz 的带通滤波器，以验证在强干扰下提出的方法。小船以约 0.5m/s 的速度行进穿过干扰源与接收器形成的收发连线。

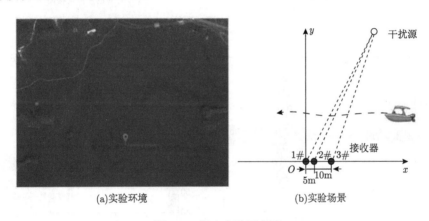

(a)实验环境　　　　　　　　　　(b)实验场景

图 7.9　湖上实验示意图

测量的声速剖面如图 7.10(a) 所示，上层速度是一个约 1484m/s 的等声速。在较深水层中，温度降低导致声速剖面表现为负梯度。声速的测量深度到水下 33m。根据较低水层的负梯度估算，水深 40m 处的声速约为 1445m/s。假定湖底为密度1.6g/cm^3、声速1720m/s 的半空间 (这个假设对传播路径没有任何影响)。假设小船辐射噪声源的深度位于水下 0.5m 处，使用 Bellhop 射线模型 (Porter,2011, 1987) 计算声波传播路径，如图 7.10(b) 所示。结果表明，大多数声线向下传播，然后在底部发生反射。当距离声源小于 500m 时，在 10m 深度处接收直达波信号；当距离声源超过 700m 时，接收声波在边界处至少存在一次反射。

当船移动穿过接收器阵列时，发射脉宽为 0.1s，频率为 5～15kHz 的线性调频 (LFM) 信号作为直达波强干扰，间隔 0.5s 重复一次。同时，对 LFM 信号和船舰噪声滤波接收，1# 水听器接收信号的部分波形及其功率谱如图 7.11 所示。可以看出，船运噪声比 LFM 干扰信号低约 25dB，因此船运噪声被完全淹没。

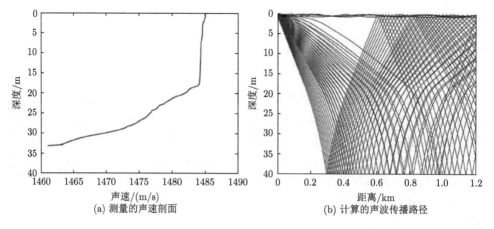

(a) 测量的声速剖面

(b) 计算的声波传播路径

图 7.10　实验时的声场环境

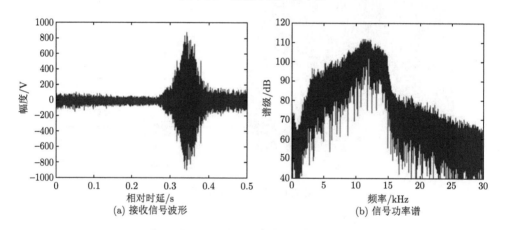

(a) 接收信号波形

(b) 信号功率谱

图 7.11　1# 水听器接收信号的部分波形及其功率谱

假定干扰源实际是静止的，则在互相关输出矩阵中存在一条线。由于 PHAT 峰值偏移影响不大，在后续处理中可以简化干扰消除过程。

2. 处理结果及比较

利用 3 个水听器输出计算 TDOA，将产生 3 个双曲线函数。第一对 (1# 和 2#) 水听器接收数据的 PHAT 结果如图 7.12(a) 所示。由于通过 PHAT 处理对干扰信号的频谱做了归一化处理，船运噪声的互相关峰值比较明显。应用干扰消除方法处理 PHAT 输出，其中参数 M = 400 且利用 P_1 的 1～400 段脉冲，P_2 的 11～410 段脉冲。图 7.12(b) 所示为干扰消除后结果，表明在整个运行时间段内，特别是两信号的相对时延相交时，强干扰得到了很好的抑制。由矩阵 P 每行最大值确定出相对时延的 TDOA，如图 7.13(a) 所示。通过粒子滤波 (PF)(Michalopoulou et al., 2012; 梁军, 2009; Antonacci et al., 2006; Arulampalam et al., 2002) 方法得出结果如图 7.13(b) 所示。显然，PF 方法在交叉处错误地跟踪目标，而本书介绍的方法得到了令人满意的 TDOA 估计结果。

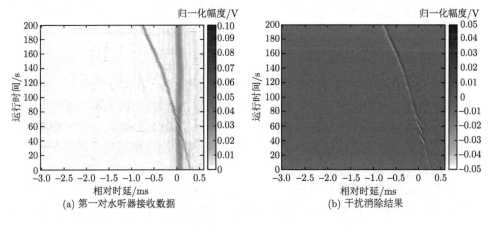

图 7.12 水听器的 PHAT 结果及干扰消除结果

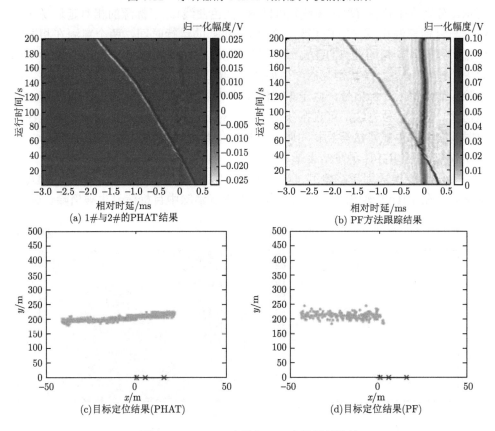

图 7.13 TDOA 方法与 PF 方法结果比较

利用 3 个水听器对中的每一个 TDOA 结果来进行目标定位处理。图 7.13(c) 为所提方法在整个运行时间内的结果，可以看出，航船大致沿着直线前进。与图 7.13(d) 的 PF 结果相比，两种方法定位结果几乎相同，在 y 轴方向差异不超过 20m。

7.2.3 移动干扰源讨论

7.2.2 小节所述的实验中，干扰源几乎是不动的，然而在实际的多目标定位中，干扰源可能移动且声强特别大。由于干扰轨迹在 PHAT 输出上不呈线性，在对 TDOA 估计前需采用预处理来抑制干扰。当采用 PHAT 处理时，首先将最大峰值对齐，并将偏差值存储起来。随后，通过块处理实现干扰消除，再用存储的偏差对目标信号的 TDOA 进行补偿。

这里假设存在两个移动声源：一个是与上述船只航迹相同的声源，另一个是高速移动的未知船。在处理中，第二艘船被认为是干扰源，所接收波形的预处理与第二部分中的相同，并以 0.5s 的接收块进行处理。两个相关峰输出如图 7.14(a) 所示，分别为干扰源 (深色曲线) 和目标 (浅色曲线)。干扰源的相对延迟说明其沿着与目标声源相反的方向移动，在大约 68s 的运行时间，两个声源在相同的位置，因此具有相同的 TDOA。由于经过处理后干扰源的相对时延在一条线上，对 PHAT 输出进行干扰消除后产生如图 7.14(b) 所示的结果，强移动干扰源得以消除，而保留了目标信号。由于干扰源在移动时的起伏变化，部分干扰不能很好地消除。通过这种方法，可直接获得接收器对上述目标源的相对时延，甚至在运行时间交叉时也能直接得到相对时延。目标位置估计结果如图 7.14(c) 所示，与图 7.14(d) 中的 GPS 测量结果基本一致。

Radon 变换适用于线检测，当信干比非常小时，在干扰和目标信号 TDOA 交叉处存在 PHAT 输出的弱变化，使得在干扰消除中目标信号也被消除。因此，

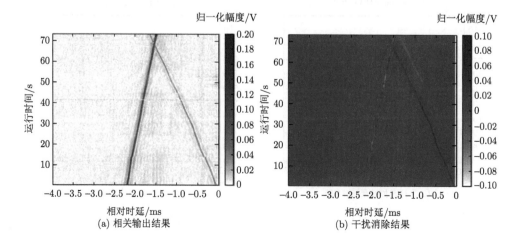

(a) 相关输出结果   (b) 干扰消除结果

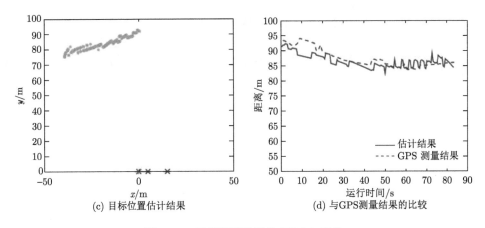

(c) 目标位置估计结果　　　　　　　　(d) 与GPS测量结果的比较

图 7.14　干扰源移动时的 TDOA 定位

目标信号的轨迹将在交叉时中断,导致估计时延中出现间隙。假设宽带干扰源 (移动船噪声) 具有良好的相关函数,干扰对实验中的 TDOA 估计则只有轻微的影响,这种影响足以验证所提出方法的效果。如果干扰信号不具有尖锐的相关峰值,如窄带信号,则该方法会更适用。

7.3　基于前向散射信号时延特征的目标跟踪方法

当目标穿越双基地声呐收发连线时,根据前向散射信号的到达时延,会产生由前向散射信号时延形成的 "抛物线"。假设直达波已经被很好地抑制,利用这种现象可以对目标进行跟踪。在众多的自适应跟踪滤波方法中,基于序列重要性重采样的粒子滤波器方法 (Arulampalam et al., 2002) 对系统噪声没有任何限制,通过预测和更新来自系统概率密度函数的采样集来近似非线性系统的随机贝叶斯估计。粒子滤波器在计算机视觉、自适应估计、语音信号处理、机器学习等方面获得了广泛应用 (梁军, 2009; Andrieu et al., 2003; Arulampalam et al., 2002)。但是标准粒子滤波器很容易产生退化现象,采用重要性重采样技术,能够自适应地根据样本情况决定是否要进行重采样,在一定程度上抑制粒子滤波器的退化现象,同时降低了算法的复杂度,提高了粒子滤波器的状态估计性能 (Douc et al., 2005)。本节将介绍一种基于粒子跟踪算法的水中前向散射目标跟踪方法。

7.3.1　跟踪方法原理

1. 散射信号时延

如图 7.15 所示,收发连线的距离为 R,运动目标穿过收发连线时,与发射声源的距离为 R_1,与接收点的距离为 $R - R_1$,声速为 c。当目标与收发连线的距

离为 x 时, 前向散射信号与直达信号的到达时间差为

$$\tau = \left[\sqrt{R_1^2 + x^2} + \sqrt{(R - R_1)^2 + x^2} - R \right] \Big/ c \qquad (7.19)$$

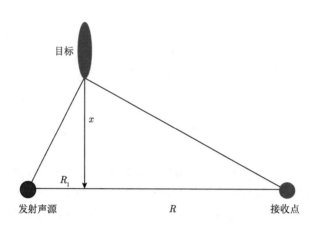

图 7.15　目标穿越收发连线示意图

可以看出, 当目标穿越收发连线的过程中, 到达时间差随距离 x 的变大而变大。

对式 (7.19) 求导, 得到

$$\frac{\mathrm{d}\tau}{\mathrm{d}x} = \left[\frac{x}{\sqrt{R_1^2 + x^2}} + \frac{x}{\sqrt{(R - R_1)^2 + x^2}} \right] \Big/ c \qquad (7.20)$$

可知, 当目标偏离收发连线时, 时差随距离的增加变化越来越快。目标由不同位置穿越收发连线, 时延随目标位置的变化如图 7.16 所示, 当目标靠近声源和接收点时, 时延变化要快些。在稳定的海洋波导环境中, 如果声源周期性发射脉冲信号, 没有目标入侵时, 接收信号为一系列稳定的多途到达脉冲信号。当运动目标穿越收发连线时, 接收信号为直达信号与前向散射信号的叠加, 在目标穿越过程中, 前向散射信号到达时间随着目标距离变化呈现曲线形状, 而直达信号的到达时间则呈现的是直线。

假设浅海水深 78m, 收发连线距离为 8km, 目标为刚性旋转椭球体。目标穿越收发连线的位置位于距离接收点 5km 处, 发射点和接收点深度 75m。发射信号为高斯包络脉冲信号, 脉冲周期为 1s, 中心频率为 2kHz, 接收信号的信噪比为 6dB, 得到目标入侵时的接收信号如图 7.17 所示 (Xiao et al., 2014)。从图 7.17

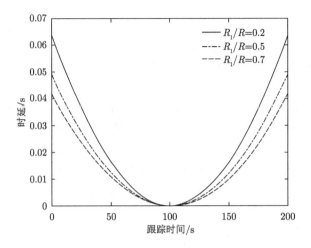

图 7.16 目标在不同距离穿越收发连线的散射信号到达时延

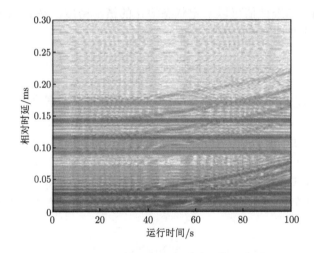

图 7.17 仿真获得的前向散射脉冲信号相对时延曲线

可以看出，由前向散射信号的相对时延可获得一条曲线。

2. 重要性重采样粒子滤波器

粒子滤波目标跟踪的基本原理就是依靠测量能够方便获取的观测值来实时修正目标的实际位置。考虑目标的离散时间非线性状态系统和量测方程分别为

$$x_k = f(x_{k-1}, u_{k-1}, v_{k-1}) \tag{7.21}$$

$$z_k = h(x_k, w_k) \tag{7.22}$$

式中，x_k 为系统状态向量；z_k 为带噪声的观测；v_k 为过程噪声；u_k 为已知输入量。假设状态服从一阶马尔可夫过程，即 $p(x_k|x_{k-1}, x_{k-2}, \cdots, x_0) = p(x_k|x_{k-1})$，且状态独立给出观测值。满足上述模型及假设时，可得到递推贝叶斯估计 $p(x_k|z_{1:k}) = p(z_k|x_k) p(x_k|z_{1:k})/p(z_k|z_{1:k})$，其中 $z_{1:k} = \{z_0, z_1, \cdots, z_k\}$。以贝叶斯学派的观点，跟踪问题就是在给定测量数据 $z_{1:k}$ 的条件下估算状态量 x_k 的值，即估计后验概率密度函数 $p(x_k|z_{1:k})$。若假定初始先验概率密度函数 $p(x_0|z_0) = p(x_0)$ 是已知的 (x_0 表示初始状态向量，z_0 表示没有测量值)，原则上，通过预测和更新就可以采用递归的方式估计出后验概率密度函数 $p(x_k|z_{1:k})$。

假定在 $k-1$ 时刻概率密度函数 $p(x_{k-1}|z_{1:k-1})$ 是已知的，由于式 (7.21) 满足一阶马尔可夫过程，即 $p(x_{k-1}|x_{k-1}, z_{1:k-1}) = p(x_{k-1}|x_{k-1})$，就可以预测出时刻 k 的先验概率密度为

$$p(x_k|z_{1:k-1}) = \int p(x_k|x_{k-1}) \cdot p(x_{k-1}|z_{1:k-1}) \mathrm{d}x_{k-1} \tag{7.23}$$

由式 (7.21) 和统计值可以确定状态演化的概率密度。在时刻 k 获得测量值 z_k 后，利用贝叶斯规则更新先验概率，得到

$$p(x_k|z_{1:k}) = \frac{p(z_k|x_k) \cdot p(x_k|z_{1:k-1})}{p(z_k|z_{1:k-1})} \tag{7.24}$$

在更新式 (7.24) 中，测量值 z_k 被用来修正先验概率密度，以获取当前状态的后验概率密度。式 (7.23) 和式 (7.24) 是最优贝叶斯估计的一般概念表达式，通常不可能对它进行精确分析。在满足一定的条件下，可以得到最优贝叶斯解，如果条件不满足，可利用粒子滤波的方法获得次优贝叶斯解。

粒子滤波器基于随机采样运算的蒙特卡罗方法，可以将积分运算转化为有限样本点的求和运算，即状态概率密度分布可用重要性采样经验概率分布近似表述为

$$p(x_{0:k}|z_{1:k}) \approx \sum_{i=1}^{N_s} \omega_k^i \cdot \delta(x_{0:k} - x_{0:k}^i) \tag{7.25}$$

式中，ω_k^i 表示归一化后的权值；N_s 表示粒子数。用 $\{x_{0:k}^i, \omega_k^i\}_{i=1}^{N_s}$ 表示后验概率密度函数 $p(x_{0:k}|z_{1:k})$ 的随机粒子。利用重要度采样原理对权值 ω_k^i 进行选择，令 $x^i \sim q(x)$，$i = 1, 2, \cdots, N$，即从 $q(x)$ 中采样得到 N_s 个粒子 x^i，$q(\cdot)$ 是重要性密度函数，对密度 $p(x)$ 的估计可表示为

$$p(x) \approx \sum_{i=1}^{N_s} \omega_k^i \cdot \delta(x - x_i) \tag{7.26}$$

式中，$\omega_k^i \propto p(x^i)/q(x^i)$。如果样本 x_k^i 来自重要性密度函数 $q(x_{0:k}|z_{1:k})$，则

式 (7.26) 中的权值 ω_k^i 可定义为

$$\omega_k^i \propto \frac{p(x_{i:k}^i|z_{1:k})}{q(x_{0:k}^i|z_{1:k})} \tag{7.27}$$

重要性密度函数 $q(x_{0:k}|z_{1:k})$ 可分解为

$$q(x_{0:k}|z_{1:k}) = q(x_{0:k-1}|z_{1:k-1}) \cdot q(x_{0:k}|x_{0:k-1}, z_{1:k}) \tag{7.28}$$

后验概率密度函数 $p(x_k|z_{1:k})$ 可分解为

$$p(x_{0:k}|z_{1:k}) = \frac{q(z_k|x_{0:k}, z_{1:k-1})p(x_{0,k}|z_{1:k-1})}{p(z_k|z_{1:k-1})}$$

$$\propto p(z_k|x_k) \cdot p(x_k|x_{k-1})p(x_{0:k-1}|z_{1:k-1}) \tag{7.29}$$

将式 (7.25) 和式 (7.26) 代入式 (7.27) 可得权更新公式为

$$\omega_k^i \propto \omega_{k-1}^i \frac{p(z_k|x_k^i)p(x_k^i|x_{k-1}^i)}{q(x_k^i|x_{0:k-1}^i, z_{1:k})} \tag{7.30}$$

将权值 ω_k^i 归一化为

$$\omega_k^i = \frac{\omega_k^i}{\sum \omega_k^i} \tag{7.31}$$

这样可估算后验概率密度函数为

$$p(x_{0:k}|z_{1:k}) \approx \sum_{i=1}^{N_s} \omega_k^i \cdot \delta(x_{0:k} - x_{0:k}^i) \tag{7.32}$$

当 $N_s \to \infty$ 时,估计值式 (7.32) 接近于真实的后验概率密度函数 $p(x_{0:k}|z_{1:k})$。重采样算法具体包括以下步骤:

(1) 对于 $t = i$,根据标准粒子滤波算法从重要性概率密度函数 $p(x_k|x_{k-1}^i)$ 中采样得到支撑点集 $x_{0:k}^i$(假设状态改变为一阶马尔可夫过程,即只与上一时刻的状态有关)。

(2) 计算归一化权值, $\omega_k^i = \omega_k^i \Big/ \sum_{i-1}^{N_s} \omega_k^i$。

(3) 对粒子重采样, $[\{x_k^i, \omega_k^i\}_{i=1}^{N_s}] = \text{Resample}[\{x_k^i, \omega_k^i\}_{i=1}^{N_s}]$;重采样方法详细处理过程参见相关文献 (Arulampalam et al., 2002)。

(4) 返回第 (1) 步。

7.3.2 水池实验跟踪结果

前向散射目标跟踪实验在六面均覆盖消声尖劈的水池开展,实验设置如图 7.18 所示。使用缩比模型代替运动目标,该模型为不锈钢圆柱体,内腔中空,有空气填充,壁厚约 0.6cm,长 70cm,外径约 11cm。发射声源深度为 3m,发射频率为 30kHz 的 CW 脉冲信号，脉冲宽度为 5 个正弦周期，脉冲周期为 0.1s。接收水听器深度为 3m，距离发射换能器 10m。水池中声速约为 1483m/s。模型以 0.17m/s 的速度垂直运动。目标在初始位置时距离发射换能器 5.2m。

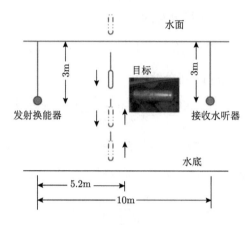

图 7.18　水池实验设置示意图

图 7.19(a) 中给出了水听器的接收信号。脉冲波形后面会有若干的拖尾，运动目标的信息就包含在这些拖尾信号中。将脉冲时刻对齐排列，获得如图 7.19 (b) 所示的脉冲时延曲线。可以看到，由目标的前向散射信号构成的曲线非常明显。

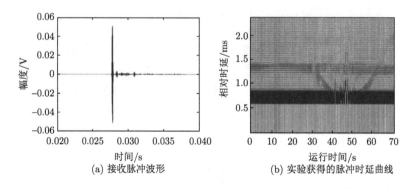

图 7.19　接收信号到达时延

通过简单的计算可知，实验中时延的量级在 10^{-1}ms，且脉冲信号的脉宽也在这个量级上，这对时延的获取带来了一定的难度，如果估计时延不精确，就会对跟踪精度产生极大的影响。在数据处理中取脉冲的后沿作为参照，从目标开始穿越时刻开始，取 13s 跟踪时间，利用插值的方法将该曲线提取出来，提取到的时延曲线如图 7.20(a) 所示。假设初始估计存在误差，位置坐标为 (5,0)m，速度向量为 (0.16,0)m/s，系统的观测噪声 $\sqrt{o}$ 为 10^{-4}，过程噪声 $\sqrt{p}$ 为 10^{-2}。利用粒子滤波对数据进行处理，结果如图 7.20 (b) 所示。从图 7.20(b) 中可以看到，尽管初始位置存在误差，跟踪位置与实际位置基本一致。

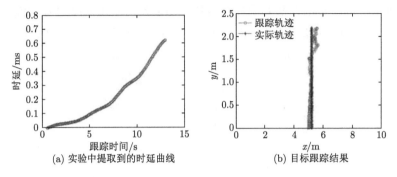

(a) 实验中提取到的时延曲线 (b) 目标跟踪结果

图 7.20　目标位置跟踪结果

7.3.3　基于时延特征的目标距离估计基本原理

由前面的理论分析和仿真可以看出，前向散射信号到达时延曲线的曲率与目标穿越收发连线的距离有密切关系。当收发距离一定时，可以根据目标位置建立目标信号的到达时间曲线。在所有目标可能出现的位置，必然存在着一组与目标前向散射信号到达时延曲线非常接近的曲线，定义代价函数为

$$f(r) = 1 \left/ \exp\left\{ 10 \times \left| \sum_{t=0}^{T} [p_0(t) - p(r,t)] \right|^2 \right\} \right. \tag{7.33}$$

式中，T 为时延曲线的累积时间；$p_0(t)$ 为由前向散射信号中提取的信号到达时延曲线；$p(r,t)$ 为由模型计算得到的信号到达时延曲线集。代价函数为目标距离的函数，从理论上讲，由其最大值可以得到目标穿过收发连线的距离。显然，该代价函数具有对称性，即无法分辨目标与接收点或发射点的距离。如果在收发连线上再布放一个接收点，形成图 7.21 所示的布置方式，利用两个接收点函数的乘积作为新的代价函数，则可以降低距离估计的模糊性。

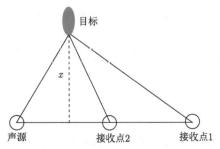

图 7.21　两接收点布置方式

　　在水池实验中，距离接收水听器 6.6m 处再放入一个新的水听器，利用接收的前向散射信号到达相对时延进行处理，采用一路水听器的距离估计结果如图 7.22 中虚线所示，可以看出存在着明显的距离模糊现象，采用两路信号的代价函数进行处理，则可以比较准确地估计出目标的距离，如图 7.22 中的实线所示。

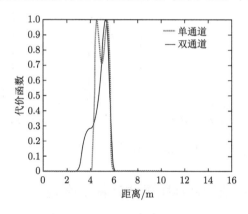

图 7.22　水池实验距离估计结果

7.4　基于变异声线提取的目标定位方法

　　Folegot 等 (2008) 通过提取变异声线，给出了基于收发阵列的目标定位方法，其基本原理是由一组发射换能器阵列和一组接收阵组成收发系统，利用由物体进入探测区域引起的观测声场的变化来探测目标。在系统中，发射阵以给定的时间间隔，由发射阵的每个阵元顺序发射脉冲信号。如果信道互易性成立，即如果前后的格林函数是相同的，由于目标的存在将对某些声线和某些声学传感器产生阴影，利用特定的声线的传播几何关系来获得目标的位置。

7.4.1　基本原理

　　对于由发射阵和接收阵组成的前向散射屏障，目标产生的阴影定义为由于目标前向散射，从屏障的一侧传输到另一侧的能量所引起的减少量，它可以看作入射声压 p_i 和散射声压 p_s 之间的相消干涉。因此，在给定接收点处接收的总声压是声源、接收器、目标位置，以及穿过目标的声源和接收器之间的特征声线 l 的函数，表示为

$$p_t = p_i + \sum_l p_{ls} \tag{7.34}$$

　　在接收阵上，目标前向散射导致的瞬态阴影提供了有用的信号。在目标强度较低的情况下，应用后处理算法以增强信号余量，并采用三角测量原理可实现对

目标位置的估计。在接收阵列上使用平面波情况下定义的常规延迟求和波束形成器，表示为

$$B(\boldsymbol{\alpha}, \tau) = \sum_h w_h p_h(\tau + \boldsymbol{\alpha} \cdot \boldsymbol{r}_h) \tag{7.35}$$

式中，$p_h(\tau)$ 为在时间 τ 处通过位于 $\boldsymbol{r}_h = x_h \mid jz_h$ 处的水听器 h 所接收的信号，z_h 和 x_h 分别为深度和距离；权值系数 w_h 用于优化波束形状；迟缓向量 $\boldsymbol{\alpha} = \boldsymbol{\zeta}/c$，其中 $\boldsymbol{\zeta}$ 为特定声波的传播方向，c 为声速。在近场时可采用等效波束形成 (Johnson et al., 1992)。

对于给定的声脉冲信号，$N_{s,l}$ 表示当传播方向 $\boldsymbol{\alpha} = \boldsymbol{\alpha}_l$ 且与声源 s 相关联的声学路径 l 相匹配时波束形成器的输出强度。实际上，可以表示为 $|B_s(\boldsymbol{\alpha}_l, \tau)|^2$ 在较短传播时间上的积分，即

$$N_{s,l} = \int_{-\Delta t/2}^{\Delta t/2} |B_s(\boldsymbol{\alpha}_l, \tau)|^2 \, \mathrm{d}\tau \tag{7.36}$$

沿着与 $N_{s,l}$ 相关的声学路径上的任何目标都会遮挡声束并产生比环境噪声级更高的能量突变。使用 $N_{s,l}$ 子集能量的降低程度可建立目标定位模糊图像，其中 s 描述的是所有有贡献的声源，l 描述所有有贡献的声学路径，使用高斯波束 (Weinberg et al., 1996) 表示为

$$\Psi_{s,l}(\boldsymbol{r}, T) = \left\{ \left[\frac{\langle N_{s,l}(t)\rangle_{t<T}}{N_{s,l}(T)} \right]^\gamma - 1 \right\} \times \mathrm{e}^{-[z-z_{s,l}(r)]^2/(2\sigma^2)} \tag{7.37}$$

式中，$\boldsymbol{r} = (r, z)$，是声场的坐标；选择半波长作为波束的宽度，$z_{s,l}(r)$ 描述从声源发出与路径 l 相关的射线的几何形状；$\langle N_{s,l}(t)\rangle_{t<T}$ 是在发射时间 T 之前与声源 s 和路径 l 相关联的平均能级；γ 是经验对比度系数，可以在最终图像重构中增加最大衰减路径的权重。$\Psi_{s,l}(\boldsymbol{r}, T)$ 对应于与声源 s 相关联的加权几何射线 l，其中权重系数是在方向 $\boldsymbol{\zeta}_l$ 上接收信号损失的倒数。可以采用传播模型来估计与 $\boldsymbol{\zeta}_l$ 相关联的 $z_{s,l}(r)$。对于在时间 T 接收到的给定声脉冲信号，所有接收单元和路径的声束 $\Psi_{s,l}(\boldsymbol{r}, T)$ 之和定义为

$$I(\boldsymbol{r}, T) = \sum_s \sum_l \Psi_{s,l}(\boldsymbol{r}, T) \tag{7.38}$$

只有具有相比平均水平 (无目标时的水平)$N_{o,l}$ 较低的路径会显著影响成像结果。当能量等于平均水平时，如沿 (s,l) 路径没有扰动，则对成像结果没有贡献。这些传播轨迹的交叉点即为目标的位置，目标位置 $\boldsymbol{r}_{\text{target}}$ 目标处的所有路径 $z_{s,l}(r)$ 的交集将使 $I(\boldsymbol{r})$ 最大化，即

$$I(\boldsymbol{r}_{\text{target}}) = \max_{\boldsymbol{r}} [I(\boldsymbol{r})] \tag{7.39}$$

影响定位方法性能的主要因素是多个声源的位置和海洋的边界反射。在声波传输时，大掠射角的声线被海底吸收，保留了掠射角小于海底临界角的声线。因此，由于底部反射路径的数量减少，声学网格的密度将受到低临界角的影响。底部粗糙度对传播的影响是与频率相关的。在中频 (1～10kHz) 和高频 (10kHz) 上影响显著，而在低频上其影响程度较小。在低于 100Hz 的频率下，这种底部效应可以忽略。然而，因为底部粗糙度不随时间发生变化，所以不应影响给定声源和声道 l 的 $N_{s,l}$ 的变化，特别是信号的带宽较大的情况。另外，在水空界面上声波发生全反射，但随时间变化的海面，特别是经过的水面、船只产生的震动肯定会显著提高 $N_{s,l}(t)$ 的方差，从而降低定位算法的性能。

7.4.2　数据处理结果

对实验的具体描述参见 Folegot 等 (2008) 的文献。声源阵列和接收器阵列的组合使用可以测量通道之间的所有传感器之间的传递函数，因此每个阵列可以同样视为接收器阵列或声源阵列。使用沿两个阵列上连续测量的声压，分别为 $N_{rcv}=16$ 的垂直接收阵 (VRA) 和 $N_{src}=12$ 的垂直发射阵 (SRA) 的 $\{p_h\}_{h=1,N_{rcv}}$ 和 $\{p_s\}_{s=1,N_{src}}$，波束形成定义为阵列的相位中心和源之间的每个路径的 l 和 l'，即对于 N_{src} 个阵元，有

$$B_s(\boldsymbol{\alpha}_l, \tau) = \sum_{h=1}^{N_{rcv}} w_h p_h(\tau + \boldsymbol{\alpha}_l \cdot \boldsymbol{r}_h) \tag{7.40}$$

使用声源阵列和接收阵列之间的某些特定路径的声像的几何相关性来估计目标的位置，图 7.23 给出了三个不同情况下交叉匹配定位算法的结果。第一行目标的位置为距离 92m 和深度 6.8m，第二行目标的位置为距离 45m 和深度 9.5m，第三行目标的位置为距离 115m 和深度 8.5m。所有的图像显示交叉点的目标位置处的能量都是会聚的。通过与仿真结果比较可以看出，在与目标距离大致相同的表面附近看到的另一能量汇集是由水面上放置浮体产生的亮点。

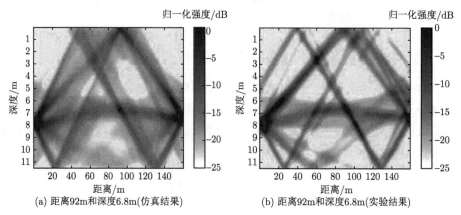

(a) 距离92m和深度6.8m(仿真结果)　　　　(b) 距离92m和深度6.8m(实验结果)

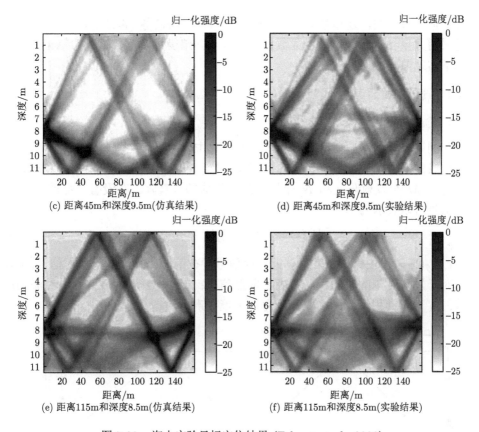

图 7.23 海上实验目标定位结果 (Folegot et al., 2008)

由于目标有效影响的声线路径数量相对有限，这些声线在除目标位置以外的其他位置上也产生了交点，声学网络的稀疏性导致了最终图像中的不确定性模糊。这种情况发生在图 7.23(b) 所示的深度 3m 和距离 60m 位置上，这是因为表面底部反射路径和表面反射路径的相交。通过优化收发配置、增加更多的空间分集和更多的声学单元来增加路径总数，将有助于提高有效目标检测与背景路径交叉点之间的信噪比。

7.5 基于迁移学习的前向散射目标定位方法

迁移学习是一种机器学习方法，它将一个场景中训练的模型知识共享至另一个场景，提升其任务完成效果。通过共享知识，迁移学习能够减少新任务对大规模标注数据的需求，提升模型在数据有限时的表现，常用于计算机视觉、自然语言处理、语音识别等领域 (Rouhafzay et al., 2020; Raffel et al., 2019; Venkateswara et al., 2017)。海洋环境的复杂变化使高质量含标签的水声数据获取难度大，不同海域数据一致性差，迁移学习尤其适合这种数据稀缺任务 (雷波等，2021)。本节通过采用大量特定海域模型生成数据做训练，并用少量实测数据迁移修正，在小样本下实现前向散射目标定位。

7.5.1　迁移学习基本原理

1. 前向散射目标定位特征

在利用目标前向散射进行目标定位的研究中，可采用由垂直发射阵和垂直接收阵构成的声屏障进行入侵目标的探测和定位，如图 7.24 所示，发射阵和接收阵分别为由 M 个发射阵元和 N 个接收阵元构成的垂直阵。在没有目标的情况下，接收信号可以表示为

$$P_{ij}(t) = s(t) \otimes h_{ij}(t) + n(t) \tag{7.41}$$

式中，$P_{ij}(t)$ 表示由第 i 个发射阵元发射信号时在第 j 个接收阵元上的信号；t 表示相对于发射时刻的时间；$s(t)$ 表示发射信号；$h_{ij}(t)$ 表示水声信道的冲激响应函数；$\otimes$ 表示卷积运算；$n(t)$ 表示海洋环境噪声。

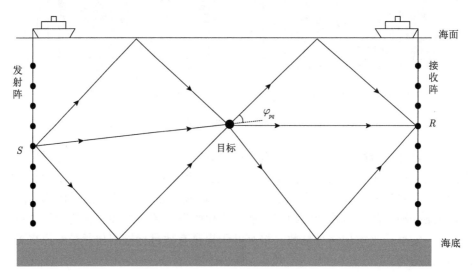

图 7.24　声屏障示意图

简正波理论和射线声学理论的信道散射模型表明，目标的散射函数引起了入射场与散射场之间的耦合，导致声波能量在声场空间上重新分配：

$$\tilde{P}_{ij}(t) = s(t) \otimes \left(\tilde{h}_{ij}(t) + h_{ij}(t) \right) + n(t) \tag{7.42}$$

式中，$\tilde{P}_{ij}(t)$ 表示目标位于 (r, z) 时由第 i 个发射阵元发射信号的情况下在第 j

个接收阵元上的信号。由于部分目标散射信号的时延与直达波 (即没有目标) 基本相同，直接检测目标散射信号难度大。根据主动声呐检测一般原理，对接收信号进行脉冲压缩处理，脉冲压缩输出信号分别表示为

$$D_{ij}(t) = P_{ij}(t) \otimes s^*(-t) \tag{7.43}$$

$$E_{ij}(t) = \tilde{P}_{ij}(t) \otimes s^*(-t) \tag{7.44}$$

式中，"*" 表示取复共轭。分别对脉冲压缩输出信号 $D_{ij}(t)$ 和 $E_{ij}(t)$ 取模值，得到脉冲压缩输出包络，表示为 $\bar{D}_{ij}(t)$ 和 $\bar{E}_{ij}(t)$。为了提取目标入侵引起的声场变化，对目标前向散射引起的声场扰动量进行归一化处理，即

$$A_{ij}(t) = \left(\bar{E}_{ij}(t) - \bar{D}_{ij}(t) \right) / \bar{D}_{ij}(t) \tag{7.45}$$

式中，声场扰动量 $A_{ij}(t)$ 是时间的函数，在脉冲长度时间内认为目标的位置不会发生变化，其表征的是信号包络相对变化。

入侵目标引起的接收端声场扰动与目标位置存在着映射关系，收发连线间存在目标时的接收信号 $\tilde{P}_{ij}(t)$ 与目标位置 (r, z) 有关。也就是说，经处理得到的声场扰动量 $A_{ij}(t)$ 隐含了目标位置信息，如果利用神经网络来建立声场扰动信息与目标位置的映射关系，可以将目标定位问题转化为分类问题。

2. 定位神经网络

不失一般性，目标定位方法由预训练和参数迁移两部分构成，如图 7.25 所示。其中，预训练过程是利用声场模型生成的仿真数据对神经网络模型进行训练；参数迁移过程是先冻结预训练模型的卷积–池化层参数，然后利用少量的实际数据对预训练模型的全连接层参数进行微调，这样的好处是对实际训练数据量的需求大幅度减少。和匹配场处理类似，由于对实际环境参数如声速剖面、海底底质声学特性、水深等水文环境信息获取存在失配，预训练模型的定位能力可能会下降，需通过少量数据的迁移学习来提高环境失配下定位方法的稳健性。

对数据进行合理的预处理可以降低数据维度，加快神经网络收敛，本章提取声场扰动的部分特征信息，构建与目标位置相关的三维特征数据作为输入数据。由式 (7.43) 和式 (7.44) 得到脉冲压缩输出包络 $D_{ij}(t)$、$E_{ij}(t)$，令 $\bar{D}_{ij}(t)$ 取最大值时对应的时刻记为 t_{ij}，在其附近取一短时时间窗，于窗内均匀取 Z 个时域采样点，得到这 Z 个时间点对应的声场相对扰动量，记为 Z 维向量 l_{ij}。对 M 个发射阵元和 N 个接收阵元组成的收发对，分别计算其对应的声场扰动向量 l_{ij}，从而组合构成 $M \times N \times Z$ 维的矩阵 H，矩阵 H 是与目标位置存在映射关系的三维矩阵，将其作为特征数据输入神经网络。

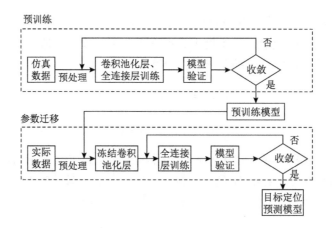

图 7.25　目标定位方法流程

一般情况下，为了保证较好的学习性能，神经网络需要大量的训练数据，但实际水声目标数据获取较为困难。因此，先使用基于先验水文环境信息和声场模型的仿真数据对神经网络进行训练，建立预训练模型。对距离深度二维平面定位区域进行网格划分，使用独热编码对划分的网格区域进行标记。目标位于不同网格内时，将其对应的数据矩阵 $\boldsymbol{H}$ 作为神经网络的输入，对应的独热编码作为神经网络的预期输出。

采用的卷积神经网络的结构主要由两层卷积–池化层和两层全连接层构成，如图 7.26 所示。将预处理后的仿真数据输入卷积神经网络，通过梯度下降算法调整卷积神经网络各层的参数以极小化损失函数。本章采用常用的交叉熵损失函数，表示如下：

$$L = -\frac{1}{B} \sum_{b=1}^{B} [y_b \ln \hat{y}_b + (1 - y_b) \ln (1 - \hat{y}_b)] \tag{7.46}$$

式中，B 为网格分类数；y_b 为预期输出；$\hat{y}_b$ 为神经网络输出。

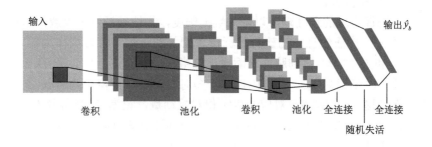

图 7.26　卷积神经网络结构

实际水文环境与仿真环境往往存在环境失配，这会严重降低预测模型的定位性能，此时的预训练模型并非最终模型，需要对预训练模型进行参数迁移以降低环境失配对模型的影响。

3. 迁移学习调整

目标位置与信道特征以声场扰动的形式给出，卷积神经网络的卷积 – 池化层可以提取基础和抽象特征，而全连接层根据特征建立声场扰动与目标位置的映射关系进行分类，因此可以认为基于仿真数据的预训练模型和基于实际数据的预测模型共享卷积 – 池化层参数。参数失配使原有映射在实际环境中产生误差，通过参数迁移方法冻结预训练模型的卷积 – 池化层参数，并利用少量实际数据对全连接层参数进行修正，建立新的映射以实现目标学习任务，如图 7.25 流程所示。全连接层可以表示为

$$\hat{y} = f\left(w_k x + b_k\right) \tag{7.47}$$

式中，$\hat{y}$ 为第 k 层的输出；x 为第 k 层的输入；w_k 和 b_k 分别为第 k 层的权值和偏置；$f(\cdot)$ 为 ReLU 激活函数。通过梯度下降算法对各层的参数进行更新：

$$w_k \leftarrow w_k + \Delta w_k \tag{7.48}$$

$$b_k \leftarrow b_k + \Delta b_k \tag{7.49}$$

式中，Δw_k 和 Δb_k 分别表示第 k 层权值和偏置的变化量。本章采用基于适应性低阶矩估计的 Adam 算法作为梯度下降算法。

将实际数据经过预处理后输入预训练模型，冻结卷积–池化层的参数，仅调整全连接层的参数以极小化损失函数。这样，将基于仿真数据的预训练模型迁移到存在环境失配时的定位问题中，经过学习后建立基于实测数据修正后的水下目标定位预测模型，从而根据接收信号数据预测获得目标的位置。

7.5.2 数值仿真

1. 仿真条件

为了对所提方法进行验证，假设仿真中的水文环境先验信息和布阵方式如图 7.27(a) 所示。海深为 100m，收发阵的水平距离为 5km。垂直发射阵由 5 个发射阵元构成，均匀分布于海深 20～80m；垂直接收阵由 21 个接收阵元构成，均匀分布于海深 20～80m 处；海底底质为泥沙，其声速为 1664m/s，密度为 1.787g/cm^3，衰减系数为 0.756dB/(m·kHz)。考虑到海洋水文环境的随机起伏变化，先验声速剖面采用图 7.27(a) 中 5 条实线所示的声速剖面 (在海面以 1510m/s 为中心声速)。各声源依次发射中心频率 1kHz、脉冲宽度 50ms、带宽 200Hz 的线性调频

信号。假设环境噪声为带限高斯白噪声 (实际处理中会对接收信号进行滤波)，相
对于目标散射信号的信噪比为 0dB。考虑到水下目标的尺度和定位精度要求，对
定位海域进行网格划分，深度间隔为 15m，距离间隔为 200m，从而在深度–距离
平面上得到 5×25 个网格区域。入侵目标为长半轴 40m、短半轴 3m 的刚性长旋
转椭球体。

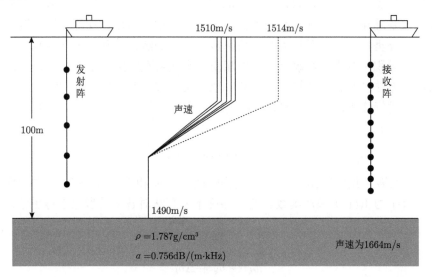

(a) 仿真实验示意图

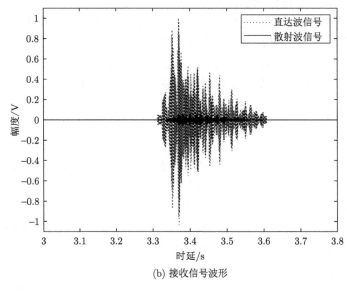

(b) 接收信号波形

图 7.27　仿真条件

发射阵和接收阵最上方阵元记为 1 号阵元,按深度向下依次排序。令 1 号发射阵元发射脉冲信号,在各接收阵元完成信号采集后,其他发射阵元依次发射同样的脉冲信号并在接收端完成信号采集。对于 1 号发射阵元和 11 号接收阵元组成的收发对,在没有入侵目标时接收到的直达信号如图 7.27(b) 中点线所示。若目标位于水平距离 1900m、深度 50m 的位置,则散射信号波形如图 7.27(b) 中实线所示。可以看出,目标的散射信号幅度远低于直达信号,在前向散射探测中被严重淹没。将该接收信号代入式 (7.43) 和式 (7.45) 中,可以计算出声场扰动量 A 随时间 t 的变化,此时散射信号在多个时段对声场的相对扰动量较大,这种扰动可以作为目标位置的定位依据。

2. 声速剖面失配时仿真结果

使用独热编码对划分的网格区域进行标记,然后使用射线声传播模型对目标位于不同网格区域时的接收数据进行仿真,生成 30000 组接收信号数据,并将预处理后的仿真数据按 5:1 的比例随机划分为训练集和测试集。对卷积神经网络进行训练,训练过程中测试集预测准确率和交叉熵损失函数变化分别如图 7.28(a) 和 (b) 所示。可以看出,随着迭代次数的增加,卷积神经网络对测试集的预测准确率逐渐提高。在测试集中随机选取 500 个样本,预训练模型对这些样本的预测结果如图 7.28(c) 所示。统计准确率达到了 98.8%,可以看出在没有环境失配的情况下,预训练模型能够对目标进行准确定位。

假设实际环境与仿真环境间存在声速剖面失配,实际声速剖面为图 7.27(a) 中的虚线声速剖面。对于存在失配的实际声速剖面,仿真生成 500 组接收信号数据并进行预处理,作为实际数据。使用预训练模型对这 500 组数据进行预测,预测结果如图 7.29(a) 所示,准确率降低为 22.4%,这表明声速剖面失配严重降低了预测模型的定位性能,但预训练模型和理想预测模型仍具有一定的相关性。此时需要利用这些实际数据对预训练模型进行迁移学习,以降低声速剖面失配对定位性能的影响。

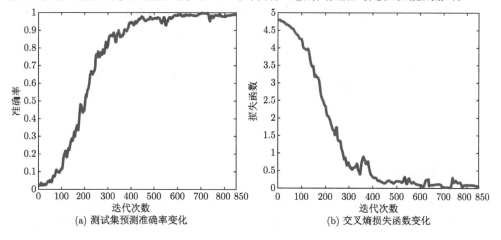

(a) 测试集预测准确率变化   (b) 交叉熵损失函数变化

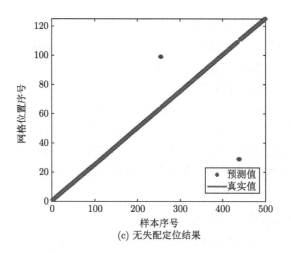

图 7.28　预训练模型的训练过程和预测结果

　　将实际数据按 3∶1 的比例随机划分为训练集和测试集，按照图 7.25 参数迁移方法流程，保持卷积–池化层的权值参数不变，仅调整全连接层的权值参数，对神经网络模型进行重新训练。使用经过迁移学习的神经网络预测模型对实际数据集进行预测，预测结果如图 7.29(b) 所示，统计准确率为 96.8%。通过比较图 7.29(a) 和 (b) 的预测结果可以看出，迁移学习方法在声速剖面存在失配时仍保持着较高的定位精度。

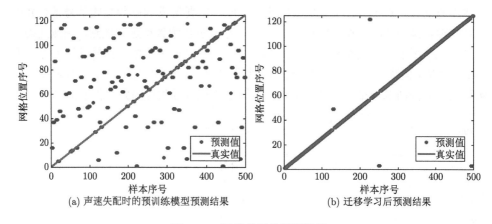

图 7.29　迁移前后的预测结果

7.5.3　性能分析

　　在实际定位时可能出现多种参数失配的情形，对方法定位性能带来挑战。为验证所提方法，本小节对多种参数失配下的方法定位性能进行仿真，验证所提方法的可靠性。

1. 目标散射函数敏感性分析

目标散射函数通过影响入射声场和散射声场的耦合，改变散射过程中能量的重新分配，进而影响到接收声场。实际情况下目标的散射函数是未知的，预训练过程中所采用的模拟目标只是对实际目标近似，两者存在目标散射函数失配，因此有必要分析定位方法对目标散射函数的敏感性。假设模拟目标为长半轴 40m、短半轴 3m 的刚性长旋转椭球体，实际目标为刚性圆柱体，长度分别为 35m、40m 和 45m，半径分别为 2.5m、3.0m 和 3.5m。保持其他仿真参数不变，除目标散射函数失配外无其他失配存在。此时用仿真数据训练得到的预训练模型并不发生变化，在预训练模型的基础上通过参数迁移进行微调，对于不同尺寸的实际目标，仿真结果如表 7.3 所列。

表 7.3 目标散射函数失配时的仿真结果

实际目标长度/m	实际目标圆柱半径/m	目标失配时预测准确率/%	迁移学习后预测准确率/%
35	2.5	77.2	95.2
40	3.0	79.4	96.0
45	3.5	74.8	93.6

可以看出，当实际目标的长度为 40m、圆柱半径为 3.0m 时，目标失配的程度较小，预训练模型对实际数据的预测准确率为 79.4%，经过迁移学习后神经网络模型的预测准确率达到 96.0%，有效降低了目标散射函数失配对定位性能的影响；当目标失配程度增大时，预训练模型的预测准确率出现下降，经过迁移学习后神经网络模型出现了定位性能的略微降低，但仍可以满足目标定位的精度需求。以上分析表明，定位方法对目标散射函数具有较好的稳健性。

2. 海底底质敏感性分析

仿真环境的海底参数往往与实际海底参数存在失配，会影响预训练模型的定位性能。假设水体参数不变，当实际环境的海底底质分别为泥砂、细砂、粗砂时，底质参数和仿真结果如表 7.4 所示 (Jensen et al., 2011)。可以看出，当实际海底底质与仿真海底底质存在失配时，预训练模型的预测准确率下降了约 20 个百分点，定位方法的性能受到较大影响，且失配程度越大，预训练模型的预测准确率越低。经过迁移学习后神经网络模型的预测准确率得到提升，尽管随着失配程度的增大，预测准确率会出现小幅下降，但在实际海底底质为粗砂的情况下仍能达到 92.0%，这表明定位方法对海底底质具有较好的稳健性。

表 7.4　海底底质参数失配时的仿真结果

实际海底底质类型	密度/(g/cm³)	声速/(m/s)	海底底质失配时预测准确率/%	迁移学习后预测准确率/%
泥沙	1.806	1668	78.4	96.0
细砂	1.957	1753	74.6	93.6
粗砂	2.034	1836	71.0	92.0

7.6　本 章 小 结

前向散射信号和反向散射信号相比,具有信号强度高、传播距离远的优点,利用前向散射声场特征,有可能实现对水中入侵目标的探测。基于水声目标前向散射声场特征对入侵目标距离估计是前向散射探测的一个重要应用方向。本章介绍了作者所在的课题组近年来提出的前向散射目标距离估计方法,用于解决前向散射中目标信息提取的难题。

本章基于分布式接收的前向散射定位方法,利用了不同接收点上的声场异常时间差以及目标运动速度的先验信息,优点是不需要水声环境信息,稳健性好。其距离估计精度受相对时延差的影响,可通过提高脉冲周期来降低相对时延误差。针对直达波强干扰下的定位问题,基于直达波先抑制再定位的思想,利用多个接收水听器对实现了对水中目标的定位。该方法在静止干扰源和移动干扰源情况下均可实现较好定位效果。

本章基于粒子滤波的跟踪方法,将目标的前向散射信号与直达信号之间的时延差作为观测值,通过预测和更新代表系统概率密度函数的采样集来近似获得目标距离和速度的贝叶斯估计值。这类方法不局限在前向散射定位中,对一般双基地情况下的目标定位跟踪也可以借鉴。在此基础上介绍了一种前向散射的代价函数,用于对目标入侵位置的估计,并给出了水池实验的距离估计结果。

本章从变异声线提取角度阐述了 Folegot 等 (2008) 提出的目标定位方法。该方法利用了穿过收发阵列的目标在接收器处产生的声阴影,其沿着特定的声学路径和特定的声源-接收阵元组合得到的阴影应该是最强的。该方法能够使用简单的基于高斯射线的结构来检测穿越目标并识别目标的距离和深度。

本章基于先验信息数据对卷积神经网络进行训练,冻结预训练模型的卷积-池化层参数,而后采用少量数据对全连接层进行微调训练,提高了模型在环境失配条件下的定位性能。该算法在声速剖面、目标散射函数、海底底质和阵元个数失配的情况下均能取得较好的目标定位效果,具备较强的稳健性。

本章所介绍的内容是对前向散射现象在水中目标定位中的探索应用,几种方法均有其必要的先验信息或成立条件,前向散射的应用还有待进一步深入研究,以挖掘声场特征与目标位置信息的唯一性关系。

参 考 文 献

雷波, 何兆阳, 张瑞, 2021. 基于迁移学习的水下目标定位方法仿真研究[J]. 物理学报,70:224302.

梁军, 2009. 粒子滤波算法及其应用研究[D]. 哈尔滨: 哈尔滨工业大学.

ANDRIEU C, DAVY M, DOUCET A, 2003. Efficient particle filtering for jump Markov systems. Application to time-varying autoregressions[J]. IEEE trans. Signal Process., 51: 1762-1770.

ANTONACCI F, RIVA D, SAIU D, et al., 2006. Tracking multiple acoustic sources using particle filtering[C]. Proc. IEEE 14th Eur.Signal Process. Conf., Florence: 1-5.

ARULAMPALAM M S, MASKELL S, GORDON N, et al., 2002. A tutorial on particle filters for online nonlinear/non-Gaussian Bayesian tracking[J]. IEEE Trans. Signal Process., 50: 174-188.

BEYLKIN G, 1987. Discrete radon transform[J]. IEEE Trans. Acoust. Speech Signal Process., 35: 162-172.

BRANDSTEIN M S, SILVERMAN H F, 1997. A robust method for speech signal time-delay estimation in reverberant rooms[C]. IEEE Int. Conf. Acoust. Speech, Signal Process., Munich: 375-378.

CHEN J, BENESTY J, HUANG Y, 2006. Time delay estimation in room acoustic environments: An overview[J]. Eurasip J. Appl. Signal Process., 2006: 26503.

CHUN S Y, KIM S Y, KIM K M, 2007. Underwater wideband source localization using the interference pattern matching[C]. Proceeding of IEEE/MTS Oceans'07, Vancouver: 515-522.

DEANS S R, 2007. The Radon Transform and Some of Its Applications[M]. New York: Dover Corporation.

DING L, 1998. Laboratory measurements of forward and bistatic scattering of fish at multiple frequencies[J]. J. Acoust. Soc. Am., 103: 3241-3244.

DOUC R, CAPPÉ O, 2005. Comparison of resampling schemes for particle filtering[C]. Proc. 4th Int. Symp. Image Signal Process. Anal., Zagreb: 64-69.

FOLEGOT T, MARTINELLI G, GUERRINI P, et al., 2008. An active acoustic tripwire for simultaneous detection and localization of multiple underwater intruders[J]. J. Acoust. Soc. Am., 124: 2852-2860.

GEBBIE J, SIDERIUS M, ALLEN J S, 2015. A two-hydrophone range and bearing localization algorithm with performance analysis[J]. J. Acoust. Soc. Am., 137: 1586-1597.

GEBBIE J, SIDERIUS M, MCCARGAR R, et al., 2013. Localization of a noisy broadband surface target using time differences of multipath arrivals[J]. J. Acoust. Soc. Am., 134: EL77-EL83.

JENSEN F B, KUPERMAN W A, PORTER M B, et al., 2011. Computational Ocean Acoustics[M]. New York: Springer Science & Business Media.

JOHNSON D H, DAN E D, 1992. Array Signal Processing: Concepts and Techniques[M]. Upper Saddle River: PTR Prentice Hall.

KAUNE R, HÖRST J, KOCH W, 2011. Accuracy analysis for TDOA localization in sensor networks[C]. 2011 Proc. 14th Int. Conf. Inf. Fusion, Chicago: 1-8.

KNAPP C H, CARTER G C, 1976. The generalized correlation method for estimation of time delay[J]. IEEE Trans. Acoust. Speech Signal Process., 24: 320-327.

LEI B, YANG K D, MA Y L, 2012. Range estimation for forward scattering of an underwater object with experimental verification[J]. J. Acoust. Soc. Am., 132: EL284-EL289.

LEI B, YANG K D, YANG Y X, et al., 2016. A hybrid passive localization method under strong interference with a preliminary experimental demonstration[J]. Eurasip J. Adv. Sig. Proc., 130: 9.

MICHALOPOULOU Z H, JAIN R, 2012. Particle filtering for arrival time tracking in space and source localization[J]. J. Acoust. Soc. Am., 132: 3041-3052.

PORTER M B, 1987. Gaussian beam tracing for computing ocean acoustic fields[J]. J. Acoust. Soc. Am., 82: 1349-1359.

PORTER M B, 2011. The bellhop manual and user's guide: Preliminary Draft[R]. Heat, Light. Sound Res. Inc., La Jolla, CA, USA.

QIN B, ZHANG H, FU Q, et al., 2008. Subsample time delay estimation via improved GCC PHAT algorithm[C]. Proc. 9th Int. Conf. Signal Process., Beijing: 2579-2582.

RAFFEL C, SHAZEER N, ROBERTS A, et al., 2019. Exploring the limits of transfer learning with a unified text-to-text transformer[J]. J. Mach. Learn. Res., 140:1-67.

ROUHAFZAY G, CRÉTU A, PAYEUR P, 2020. Transfer of learning from vision to touch: A hybrid deep convolutional neural network for visuo-tactile 3D object recognition[J]. Sensors, 21: 113.

SUWAL P S, 2012. Passive acoustic vessel localization[D]. Portland: Portland State University.

VENKATESWARA H, CHAKRABORTY S, PANCHANATHAN S, 2017. Deep-learning systems for domain adaptation in computer vision: Learning transferable feature representations[J]. IEEE Signal Processing Magazine, 34: 117-129.

WEINBERG H, KEENAN R E, 1996. Gaussian ray bundles for modeling high-frequency propagation loss under shallowwater conditions[J]. J. Acoust. Soc. Am., 100: 1421-1431.

XIAO P, YANG K D, LEI B, et al., 2014. Application of forward scattering phenomenon: Speed estimation for intruder[C]. Proceeding of IEEE/MTS Oceans'14, Taipei: 1-4.

YOUNG D P, KELLER C M, BLISS D W, et al., 2003. Ultra-wideband (UWB) transmitter location using time difference of arrival (TDOA) techniques[C]. Proc. 37th Asilomar Conf. Signals, Syst. Comput., Pacific Grove, 2: 1225-1229.

第 8 章　源致内波声场变异特征及其检测方法

水下目标声隐身技术的不断发展使传统主被动声呐的性能受到严重制约，声学探测迫切需要新机理和新特征。目标运动排开的水体在重力和浮力作用下往复振荡引起密度分层起伏，进而激发源致内波，可以作为一种典型目标特征。尤其是当运动目标穿过收发连线时，源致内波会持续造成透射声场变异特征，为透射式目标探测提供新的声学特征与机理解释。本章建立分层环境下的源致内波声场变异计算模型，分析声场变异空时变化特征，并提出两种特征增强探测方法 (何兆阳等，2023)。8.1 节在国内外研究文献的基础上，对源致内波类型和空时特征进行总结归纳，为后续计算奠定物理基础；8.2 节建立源致内波声场变异计算模型，为后续特征分析与探测提供计算依据；8.3 节在 8.2 节的基础上分析源致内波声强变异随典型目标运动参数的变化规律，为后续探测提供物理特征；8.4 节和8.5 节分别从系统布放和信号处理角度出发提出两种特征增强方法，提高目标探测性能。

8.1　源致内波流场与声场研究进展

内波产生的基本条件包括稳定的密度分层环境和扰动源，而海洋在阳光和海水压力等因素作用下均为密度分层水体。当水下航行体运动时，舰体持续挤压周围的海水微团偏离平衡位置，并在运动后方形成空腔回流区。被排开的水体受自身重力和浮力作用，围绕平衡位置往复振荡、传播形成内波。这种内波与典型大洋内波的扰动源不同，因此称为源致内波。源致内波具备幅度大、持续时间长、难消除的特点，可以看作运动目标在水中遗留的"脚印"，包含了目标大小、运动方向等信息。通过引发声速剖面起伏等信道变化，源致内波可造成声场强度等特征的空时起伏，有望成为一种新的目标声学特征。研究源致内波引起的声强扰动机理和特征提取方法，对水下运动目标的稳健探测具有重要的科学价值。

8.1.1　源致内波分类

1. 体积效应内波

水下物体的体积排水效应迫使周围的流体质点偏离自身的平衡位置，当物体运动时，后方的水质点在恢复力 (重力或浮力) 的作用下回到平衡位置，并由惯性越过平衡点，如此往复，最终使得水质点在平衡位置上下振荡，这种内波被称为体积效应内波，或称为 Lee 波。这种内波相对于运动物体是稳定的 (定常)，即 Lee 波在以水平匀速运动物体为原点的随体参考系中保持恒定。

2. 尾迹效应内波

运动物体尾迹中的涡和湍流等不稳定结构坍塌也会诱发内波，这些内波随机性更强，相对于物体是非定常的。综合现有研究成果，尾流内波按产生机制可分为塌陷内波与随机内波。当水下物体运动时，螺旋桨产生的尾流在浮力与重力的作用下发生重力塌陷，并以射线的形式向外传播，产生大量塌陷内波。高速运动目标的尾流大尺度涡等不稳定结构，这些结构溃散会持续激发随机内波。需要注意的是，由于这种内波具有较强的随机性和复杂性，目前学界对尾迹内波在产生机制与变化规律等多方面的认识存在诸多分歧，多项理论与实验研究中的结论存在显著不同，因此对内波场的预测也十分困难。

8.1.2　研究进展

1. 源致内波流场与探测研究进展

对密度分层液体中源致内波的研究始于 20 世纪五六十年代对海面舰船尾流的流体力学研究，研究者们发现，当海水呈密度分层分布而不是等密度分布时，波的传播形式不仅只有表面波，在水面以下存在内部重力波。对水下运动潜体激发内波的研究在之后逐渐发展为一个独立的方向，致力于研究该内波在不同环境和目标体作用下的形态与波幅预测。源致内波理论研究主要集中于三维 Lee 波的线性解。Lighthill(1960) 最早建立均匀系统频散波产生的普适理论。Hudimac(1961) 提出源致内波两种波系 (横波系与散波系) 的存在性并用特征弗劳德数 $Fr = U/(NR)$ 界定。Makarov 等 (1982) 率先将 Lighthill 的理论研究结果应用到无界均匀层化流体中，得到以垂向位移 η 为变量的 Lee 波控制方程和波形控制方程。Voisin(1994,1991) 从真实空间出发，以三维速度势为变量建立控制方程，得到了球体目标在不同特征弗劳德数范围下的 Lee 波垂向位移渐近解，其中 U 为球目标航速，N 为浮力频率，R 为物体半径。将该模型与实验结果进行多次对比，模型吻合程度很高。Milders(1974)、Gilreath 等 (1985) 和 Borovikov 等 (1995) 在有界环境下分别研究了圆柱体、卵形体和细长回转体产生的 Lee 波波长控制方程。实验结果表明，当物体在跃层内运动时，仅密度跃层厚度接近物体直径且运动速度等于特定值时才会产生非线性内波，产生条件较为苛刻。

Schooley 等 (1963) 让钝体模型在螺旋桨的推动下在均匀层化流体内运动，发现物体后方的尾流完全混合并在尾流高度达到最大后，受浮力的抑制发生重力塌陷，从而产生大量的塌陷内波。Hartman 等 (1972) 建立了塌陷内波数学模型并与实验结果对比，结果表明，模型对波形预测良好但波幅预测效果差。Meng

等 (1988) 将其原因归于实验密度误差。Gilreath 等 (1985) 通过让自驱动细长体在均匀层化流体内运动证实随机内波的产生, 认为尾流边界的湍动大尺度涡发生溃破是其产生的主要来源。Voisin(1992) 认为大尺度相干涡与湍流的溃散是产生随机内波的原因, 并将各崩溃过程简化为时间和空间上周期分布的脉冲源。在远距离上脉冲源激发的波之间会发生干涉, 形成频率为 ω_0 及其谐波的下游集体波。将随机内波的生成源等效为一个以一定频率振荡的点源, 且点源的运动速度就是扰动物体的速度, 模型的结果显示随机内波被限制在一个锥形体内, 与实验结果吻合良好。该模型很好地解释了 Gilreath 等 (1985) 的实验结果。

运动目标在分层流体中产生的内波既包含体积效应内波也包含尾迹效应内波, 但在不同条件下两种内波的主导性不同。存在临界弗劳德数 Fr_c, 当 $Fr < Fr_c$ 时, 体积效应内波占主导地位; 当 $Fr > Fr_c$ 时, 体积效应内波迅速衰退直至消失, 此时尾迹效应内波占主要成分。临界弗劳德数与物体长径比 $\varepsilon = L/R$ 有关, 早期针对球体目标激发内波的实验发现 (Hopfinger et al., 1991), 当 $\varepsilon = 1$ 时水平运动圆球的 $Fr_c \approx 4.0$。此后, Robey(1997) 针对跃层内部球体目标的实验结果表明, 当 $Fr < Fr_c$ 时体积效应内波幅值与 Fr 之间存在非线性关系, 且在某个弗劳德数 Fr_p 达到最大值。当 $Fr < Fr_p$ 时内波幅度与 Fr 成正比, 当 $Fr > Fr_p$ 时内波幅度与 Fr 成反比。针对不同长径比目标, 尤云祥等 (2009) 通过实验发现当 $\varepsilon = 9$ 时 $Fr_c \approx 8.0$。王进等 (2012) 通过实验研究了四种不同长径比回转体, 结果表明 $Fr_c \approx 0.4782\varepsilon + 3.5158$。这表明随着目标长径比增大 (逐渐细长), 体积效应内波的主控区域增大, 实际目标多数依赖于螺旋桨运动, 其航行时螺旋桨作用与目标体作用同时存在。相比于目标体作用的内波, 针对螺旋桨尾迹演化特性的研究较为匮乏。Brucker 等 (2010) 的数值仿真结果表明, 螺旋桨运动使尾迹受到更强的切边作用, 这使得尾流具有更强的耗散率和更快的衰减速度。王宏伟 (2017) 通过实验发现, 当 $Fr < Fr_c$ 时螺旋桨推进作用和艇体体积效应会产生正叠加效应使内波在更小航速下获得更大幅度, 当 $Fr > Fr_c$ 时内波幅度在某个范围内变化, 不随航速增大而增大。

综合文献来看, 体积效应内波在产生机制稳定、特征分析和预测模型等方面均有较多成果, 其中对水平运动圆球的 Lee 波场研究最为完整。大量实验结果表明, Lee 波模型的预测准确性较好, 模型相对成熟可靠。尾迹效应内波随机性较强, 目前学界对其产生机制与变化规律等多方面的认识存在诸多分歧, 多项理论与实验研究中的结论显著不同, 因此基于模型的内波模拟也十分困难, 还需大量工作进一步研究。

运动目标尾流场是一种水下航行体难以消除的基本特征, 基于尾流特征的水下目标检测受到广泛关注, 但研究主要集中在非声检测领域, 即通过遥感探测、磁学探测、光学和热能探测 (Huang et al., 2023; Shi, 2023; Fallah et al., 2021; Bian et al., 2017; Kou et al., 2016; Zhu et al., 2010) 等手段对源致内波进行探测。随着目标潜深增大，源致内波海面映波幅度指数级减小，遥感探测难度较大。磁学、热能探测等方式的探测距离较近，难以实现远程预警探测需求。

由于源致内波基本不反射声，没有受到传统基于目标回波的声学探测领域的关注，相关研究极少且集中在运动目标周围流场对低频声波的影响，没有单独研究源致内波引起的声场变异特征和探测。

2. 本章基本假设

由以上研究进展可知，针对源致内波的声学探测研究成果极少。为了将研究重心集中于核心问题，基于浅海环境分层特性和理论模型需求，本章对源致内波流场模拟过程进行了合理简化，有助于在初步阶段建立清晰的理论基础，为后续研究打下坚实基础。

1) 球体目标

球体模型已在流体力学和声学研究中广泛应用，为后续研究提供了理论和实验基础。将目标简化为球体可以显著降低计算复杂性和资源需求，将研究重点集中于源致内波声场异常特征与探测方面，而不是复杂几何目标体的流场特性。

2) 密度跃层附近近似为无界均匀分层环境

实测结果表明，浅海环境中密度跃层随深度呈现显著线性分层效应，浮力频率近似均匀分布；依据流体力学中波幅随深度呈指数衰减规律，界面对跃层附近源致内波影响小；跃层厚度远大于目标特征半径，密度非线性变化区域造成的反射很弱。本章将密度跃层近似为无界均匀分层环境。

8.2　源致内波声场变异计算模型

当目标航行至在声源与接收机连线附近时，源致内波会引起收发之间的密度和声速扰动，造成透射声场能量的重新分配，因此源致内波声场变异是流场–声场耦合过程。图 8.1 给出了源致内波作用下的流场–声场计算流程。由图可知，源致内波变异声场是海洋环境、目标运动和探测声波共同作用的结果。本节首先基于实际海洋分层模型和源致内波流场模型 (Voisin，2007，1992) 计算内波垂向位移分布，而后建立内波扰动下的距离变化声传播环境，结合声传播模型计算源致内波声场变异。

8.2.1　分层海洋环境源致内波流场计算

源致内波通过改变水体中的声速剖面，不同波幅和分布形式会导致声速场出现不同程度和范围的波动，从而影响透射声波的传播路径和变异声场分布。源致内波流场建模为变异声场计算提供物理前提。

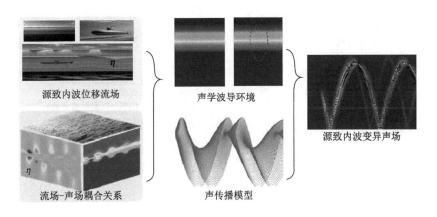

图 8.1 源致内波作用下的流场–声场计算流程图

1. 分层海洋环境条件

海洋密度在温度、盐度和压力的共同作用下呈现显著的分层结构，浅海密度在深度方向可视为由上、下较均匀，中间跃变较大的三部分水体组成，其直接影响浮力频率分布与内波的产生。因此，海洋环境密度分层模型为模拟源致内波提供前提条件。

修正霍尔姆伯 (Holmboe) 模式可较好描述该密度分布，其表达式为

$$\rho_1 = \rho_0 \times \exp\{-\alpha \tanh[\beta(z' - z_0')/h]\} \tag{8.1}$$

式中，ρ_1 为连续变化的水体密度；z_0' 为跃层中心距水面深度；z' 为当前位置距水面深度；ρ_0 为深度 z_0' 处的海水密度；α 为地转惯性频率；β 为密度分布参数；h 为与跃层厚度有关的系数。

分层水体环境密度与浮力频率的垂向分布如图 8.2 所示，海水密度与浮力频率在上下两层水体内变化较小，跃层内跃层强度最大值 0.48kg/m^4，密度变化趋势接近线性，浮力频率较为稳定且在 80m 深度取得最大值。将 60～100m 的密度变化近似为线性曲线，则该区间内的浮力频率将保持为恒定值 (0.056s^{-1})，此时两者的密度与浮力频率分层结果如图 8.2 的点划线和点线所示。可见，跃层内的密度与浮力频率垂向分布接近线性变化，浮力频率视为恒定。

2. 源致内波三维垂向位移场

球体目标激发的三维源致内波场是体积效应内波和尾迹效应内波的和，内波幅度为二者线性叠加和，即

$$\eta = \eta_0 + \eta_1 \tag{8.2}$$

式中，η_0 和 η_1 分别为体积效应内波和尾迹效应内波引起的等密度线垂向位移。

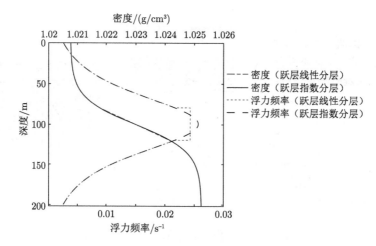

图 8.2　分层水体环境密度与浮力频率的垂向分布

　　研究表明, 球体目标源致内波模型解与 CFD 结果精度相当 (与实验结果吻合), 而公式求解的计算量远低于 CFD 计算 (Wang et al., 2021)。建立以目标位置为原点、运动方向反方向为 x 轴正向、垂直水面向上为 z 轴正向的随体直角坐标系, 球坐标 $(r_1, \vartheta_1, \varphi_1)$ 与直角坐标关系为 $x = r_1 \cos(\vartheta_1), y = r_1 \sin(\vartheta_1) \cos(\varphi_1)$, $z = r_1 \sin(\vartheta_1) \sin(\varphi_1)$。

　　基于线性密度分层水体上源致内波渐进式显式 (Voisin, 2007) 构建匀速直线运动球体目标的体积效应内波场, 弱分层条件下等密度线垂向位移为

$$
\begin{cases}
\eta_0(\boldsymbol{r}) \sim H(\boldsymbol{r}) \eta_0'(\boldsymbol{r}) \cos(\phi) \\
H(\boldsymbol{r}) = \begin{cases} 0, & r_1 \cos \vartheta_1 \leqslant 0 \\ 1, & r_1 \cos \vartheta_1 > 0 \end{cases} \\
\eta_0'(\boldsymbol{r}) = \dfrac{3a^2}{r_1} \cos \vartheta_1 \sin \varphi_1 \\
\qquad \times \mathrm{j}_1\left[\dfrac{Na}{U}(1 + \cot^2 \vartheta_1 \cos^2 \varphi_1)^{1/2} \right] \\
\phi = \dfrac{N}{U} r_1 \sin \varphi_1
\end{cases}
\tag{8.3}
$$

式中, $H(\boldsymbol{r})$ 为赫维赛德 (Heaviside) 函数; $\boldsymbol{r}$ 为位置向量; η_0' 为幅度项; ϕ 为相位项; N 为水体浮力频率; a 为目标半径; j_1 为 1 阶贝塞尔函数; U 为目标运动速度。以上模型表明, 内波幅度大小由幅度项和相位项共同决定。

　　随机内波由脱落旋涡溃破激发, 充分发展后可视作脉冲点源周期性辐射的结果 (Voisin, 1992; Zavol'skii et al., 1984), 垂向位移表达式如下:

$$
\eta_1 \sim \frac{m_0}{(2\pi)^{\frac{3}{2}} r_1^2} \operatorname{sgn} z \left[\sqrt{\cos^2 \vartheta + \sin^2 \vartheta \cos^2 \vartheta} \left(Nt |\sin \vartheta \sin \varphi| \right)^{\frac{1}{2}} \right.
$$

$$\cdot \cos\left(Nt|\sin\vartheta\sin\varphi| - \frac{\pi}{4}\right) - \frac{\sin\vartheta\sin\varphi}{|\sqrt{(\cos^2\vartheta + \sin^2\vartheta\cos^2\vartheta)}|^3}\frac{\sin(Nt - \pi/4)}{(Nt)^{\frac{3}{2}}}\Bigg]$$

$$(8.4)$$

式中，m_0 为源强度；sgn 为符号函数；t 为时间 $(Nt \gg 1)$。

取目标半径为 5m，在 100m 深度上以 3m/s 速度匀速直线运动，源致内波在不同深度上的分布如图 8.3 所示。体积效应内波在水平面上被限制在一个夹角内，该夹角随深度绝对值增大而增大；内波 x 方向覆盖范围均超过 1km，并呈现高低幅度区交替形式；y 方向覆盖范围在 50～400m；在 z 方向的覆盖范围超过 40m；位移幅度随深度绝对值的增大逐渐衰减。随机内波在水平面呈半圆周形式，覆盖范围随深度绝对值增大而增大，与体积效应内波相比近场幅度较大，在 x 轴远距离衰减更快，在 z 轴衰减较慢。

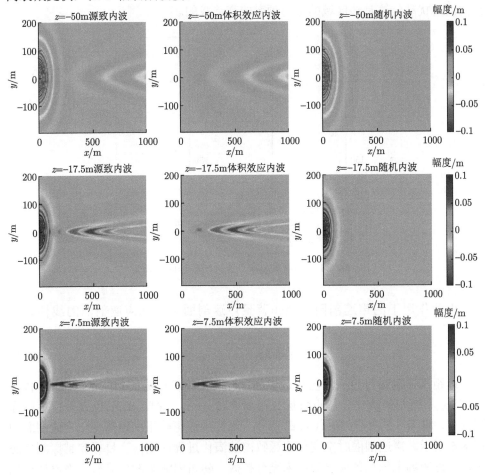

图 8.3 源致内波在不同深度上的分布图

8.2.2   源致内波声场变异计算

源致内波会引起上、下层水体的垂向位移, 造成声源与接收机之间的声速剖面时空起伏。海洋内波垂向位移与扰动声速的关系可以表示为

$$\delta c(\boldsymbol{r}, z) = c_0(\boldsymbol{r}, z)\tilde{Q}\tilde{N}^2(z)\eta(\boldsymbol{r}, z) \tag{8.5}$$

式中, $\delta c(\boldsymbol{r}, z)$ 为声速扰动; $\boldsymbol{r} = (x, y)$, 为水平位置向量; z 为深度; $c_0(\boldsymbol{r}, z)$ 为背景声速剖面; $\tilde{Q}$ 为海洋环境常数 (一般取 3.3); $\eta(\boldsymbol{r}, z)$ 为内波垂向位移。

背景声速剖面为浅海一般含跃层声速分布 (图 8.4(a))。定义某深度内波幅度 1m 时引起的声速扰动量为该深度的声速扰动率, 其垂向分布结果如图 8.4(b) 所示。声速扰动率在跃层内达最高值, 此时内波 1m 垂向位移引起的声速扰动为 $12s^{-1}$, 在海面与海底则接近 $0s^{-1}$。可见密度跃层附近的声速剖面较容易受到源致内波的扰动, 这是该区域的浮力频率较高造成的。

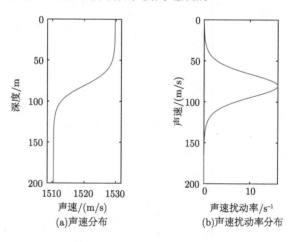

图 8.4   环境声速和声速扰动率垂向分布

内波作用下的声速剖面可视作背景声速剖面和扰动声速剖面的线性叠加和, 即

$$c(\boldsymbol{r}, z) = \delta c(\boldsymbol{r}, z) + c_0(\boldsymbol{r}, z) \tag{8.6}$$

远距离探测时可将探测区域近似为声源与接收机形成的垂向探测平面, 背景声速 c_0 不随距离变化。假设目标在距离声源 1km、深度 80m 位置垂直穿越探测区域, 将图 8.3 对应结果代入式 (8.6), 源致内波影响下的距离变化声速剖面如图 8.5 所示。声速剖面时空变化由源致内波演化过程决定: 当目标穿越探测平面时, 在近距离上体积效应内波尚未充分扩散, 随机内波影响更显著, 声速扰动幅度迅速增大; 随着时间推移, 随机内波幅度迅速减弱, 体积效应内波引起的声速

变化逐渐显现，声速扰动幅度幅度缓慢下降。因此，内波对声速的扰动程度随时间大致呈现强弱交替的时变规律。

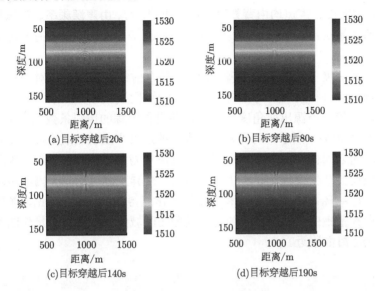

图 8.5　源致内波影响下的声速剖面 (单位：m/s)

　　源致内波改变了透射声波的传播环境，造成接收声场变异，该过程可看作背景声场与扰动声场的叠加，表示为

$$P = P_0 + \delta P \tag{8.7}$$

式中，P 为总接收声场；P_0 为无内波时的理想背景场；δP 为内波造成的声场扰动。

　　声场扰动 δP 源于源致内波作用下的环境时空起伏，该现象可用敏感核理论加以解释。位于 $\boldsymbol{r}_{\mathrm{s}}$ 频率 ω 的点声源到空间中某点 $\boldsymbol{r}$ 的背景声场格林函数为 $G_0(\omega; \boldsymbol{r}; \boldsymbol{r}_{\mathrm{s}})$，非均匀环境下的亥姆霍兹 (Helmholz) 方程可表示为

$$\rho_0 \nabla \left[\frac{1}{\rho_0} \right] \nabla G_0(\omega; \boldsymbol{r}; \boldsymbol{r}_{\mathrm{s}}) + \frac{\omega^2}{c_0^2} G_0(\omega; \boldsymbol{r}; \boldsymbol{r}_{\mathrm{s}}) = -\delta(\boldsymbol{r} - \boldsymbol{r}_{\mathrm{s}}) \tag{8.8}$$

　　总体密度与声速可看作背景值和局部扰动值之和，源致内波作用下的声场格林函数可表示为

$$\rho \nabla \left[\frac{1}{\rho} \right] \nabla G(\omega; \boldsymbol{r}; \boldsymbol{r}_{\mathrm{s}}) + \frac{\omega^2}{c^2} G(\omega; \boldsymbol{r}; \boldsymbol{r}_{\mathrm{s}}) = -\delta(\boldsymbol{r} - \boldsymbol{r}_{\mathrm{s}}) \tag{8.9}$$

式中，$\rho = \rho_0 + \delta\rho$；$c = c_0 + \delta c$；$G = G_0 + \delta G$。

　　只关心位于 $\boldsymbol{r}'$ 处内波扰动作用下声源与远场接收点之间的格林函数变化，则

依据式 (4.51) 可知，源致内波声场变异的实质是内波引起周围环境密度和声速变化，导致声线传播到接收点的强度发生变化。扰动声场可表示为 $\delta P = f(\rho_0, c_0, \eta, G_0, r')$，其中密度、声速均由背景海洋环境决定，$G_0$ 由声源频率、声源与接收机之间的几何关系决定，而 η 受目标航速、与探测平面投影角度和时间等多种因素影响。

假设声源深度 60m，声源频率 3kHz，结合射线声传播模型对源致内波引起的接收声场异常进行仿真，海面视为真空，海底视为弹性半空间，海底底质为砂。为方便对比，限制声源出射角度为 ±5°，并设置跟踪的声线条数为 100，声线轨迹如图 8.6(a) 和 (b) 所示。可见，穿过内波的透射声线轨迹发生显著变化，多径时延与强度随之起伏。由于声场内某点接收信号为多径信号的叠加，因此折射声线途径区域均会产生变异 (图 8.6(c) 和 (d))。变异声强可用有无内波声场之差表示为 $\delta P = P - P_0$。将图 8.6(c) 和 (d) 结果作差得图 8.6(e)。可见，源致内波变异声场能量大量集中于海底多次弹射声线翻转区域两侧，也有少量伴随声线折射溢出跃层到达海面附近。

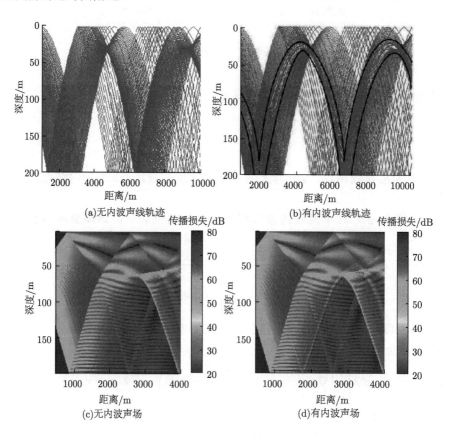

(a)无内波声线轨迹　　　　　　　　　(b)有内波声线轨迹

(c)无内波声场　　　　　　　　　　(d)有内波声场

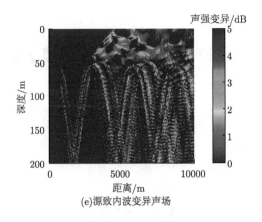

(e)源致内波变异声场

图 8.6 源致内波声场变异仿真

针对水下目标的源致内波变异声场,依据浅海环境分层特点和源致内波成分特性,建立了三维源致内波流场–声场耦合模型,为后续仿真提供计算环境;源致内波周期性振荡会引起跃层声速发生剧烈变化并激发透射声场变异,这为源致内波声学探测提供物理特征。针对目标穿越收发连线探测场景,通过理论和仿真对声场变异机理进行解释,说明密度、声速变化引起格林函数的局部扰动是接收声场变异的主要原因,为后续特征分析与探测提供物理特征。

8.3 源致内波声场变异的典型影响因素

由 8.2 节可知,源致内波声场变异受多种目标参数因素影响,目标航向决定了内波在声传播方向上的投影角度,目标与声源间距影响了声传播过程与探测场景几何结构,演化时间决定了内波传播过程对环境的扰动程度,这几个因素直接决定透射声波的畸变程度。理解这些因素对于揭示源致内波变异声场分布规律和提高声呐探测效果起关键作用。

8.3.1 穿越角度对声场变异的影响

源致内波是一种典型各向异性流场,具有复杂的空间分布特性。双基地声呐的探测区域在收发连线形成的垂直平面 (以下称声屏障平面) 附近,水下潜航器可能以各种角度穿越探测区域,尾随的源致内波可造成复杂的流场与声场变化。为研究源致内波流场、声场的特征分布与目标航向的关系,构建的探测场景如图 8.7 所示,并开展仿真研究。

假设海深 200m,声速剖面同 8.2 节,声源在水平距离 0m、深度 60m 处持续辐射 1kHz 单频信号。半径为 5m 的球体目标在水平距离 1km、深度 80m 处以 3m/s 航速水平匀速直线运动。当目标穿越分置的声源与接收机之间时,源致

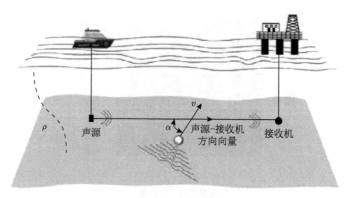

图 8.7　探测场景

内波造成收发之间信道传递函数和接收声场变异。源致内波的俯视图在近场近似为半圆形，远场近似为锥形。由于随机内波振荡频率较高、能量衰减较快，在远场只考虑体积效应内波的影响。因此，当目标运动方向与探测平面呈不同角度 (以下称穿越角度 α) 时，源致内波在探测平面上的投影显然不同。

将内波场的仿真范围设置为 x 方向 1km，y 方向 ±200m，z 方向 ±20m。由于角度 α 上激发的内波分布与角度 $180° - \alpha$ 的镜像对称，与 $360° - \alpha$ 的完全一致，因此在 $90° - \alpha$ 范围模拟了目标以不同穿越角度驶离时声屏障平面上的扰动声速，结果如图 8.8 所示。

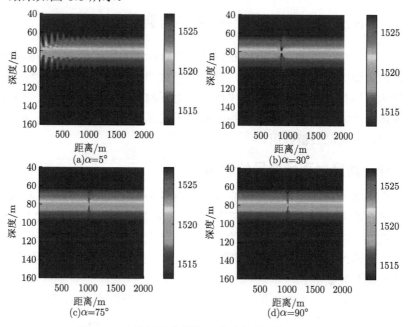

图 8.8　多穿越角度的扰动声速剖面 (单位：m/s)

图 8.8 中横、纵坐标分别为仿真内波场与声屏障平面相交的水平距离与垂直深度，当穿越角度小于 23.5°(即仿真内波场 x-y 平面的对角线与 x 轴夹角) 时，声屏障平面可覆盖仿真内波场在 x 轴的全部 1km 范围，水平距离 L 的最大值为 1km；随着穿越角度逐渐增大，声屏障平面与仿真内波场相交的水平范围 L 逐渐降低，并最终在穿越角度为 90° 时只覆盖 y 方向的 ±200m 全部范围，此时水平距离 L 的最大值为 400m。

对比 "$\alpha = 5°$" "$\alpha = 90°$" 结果可知，源致内波波形、波幅的变化速度随着角度增大逐渐降低，夹角 75° 与 90° 的声速变异几乎一致。探测平面内的声速扰动水平范围随 α 的增大显著 "变窄"，幅度显著减小，高幅度区域的覆盖面显著减小。这是源致内波在探测平面上的投影面积与穿越角度成反比的几何关系造成的。

8.3.2 内波距离对声场变异的影响

浅海多径效应显著，探测区域内本征声线分布复杂。当目标由不同距离穿越时源致内波覆盖范围不同，接收点声场变异随之变化。为掌握声场变异强度随距离的变化规律，对同一内波在不同距离上透射声强变异开展数值仿真。假设声源频率 1kHz，声源深度 60m，接收机深度 10m，收发距离 R_0=10km。目标为半径 5m 的球体，在 80m 深度以 1m/s 航速匀速直线航行，由不同水平距离 R_{st} 垂直穿越探测区域，设 R_{st} 为 1~9000m，间距 200m，$i = 1, 2, \cdots, 41$。声速剖面与边界条件与 8.3.1 小节一致。源致内波在不同距离上引起声速剖面局部扰动，部分声速剖面如图 8.9 所示。

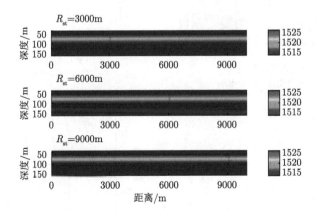

图 8.9 不同距离内波的扰动声速剖面 (单位：m/s)

基于有无内波时的声速剖面与边界条件建立射线声传播环境，仿真不同距离上内波引起的接收点声场变异强度。将无内波的传播损失结果作为背景 I_0，当

内波位于不同距离 R_i 时传播损失结果 I_i，声场变异强度 $\delta I = I_i - I_0$，结果如图 8.10(a) 所示。由图可见，源致内波引起了接收声强变异，且内波位置对变异强度有显著影响。部分相邻距离 (如 2km 处) 变异强度大于 20dB。多数情况下变异强度绝对值不低于 5dB，变异强度随内波位置呈随机变化。

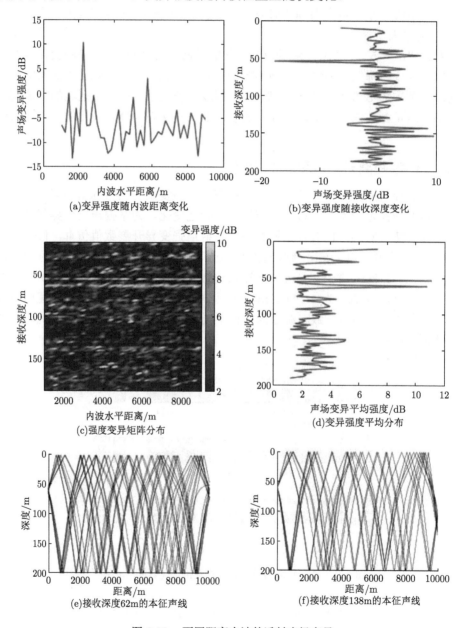

图 8.10　不同距离内波的透射声场变异

透射声场变异显然是空域不均匀分布，固定目标位置为 1km，仿真了不同接收深度 D_j 的声场变异强度 δI，D_j 由 10～190m 间距 2m，$j = 1, 2, \cdots, 91$，结果如图 8.10(b) 所示。大多数深度上接收声强变异幅度小于 5dB，但 52m、138m 等部分深度上的变异强度显著提高。可见某固定位置的源致内波对不同深度的声场扰动强度不同。

进一步研究不同内波距离 R_i 与接收深度 D_j 组合下的接收声强变异，强度变异矩阵如图 8.10(c) 所示，矩阵行列分别为不同距离内波引起的声强变异和不同深度的声强变异。多数位置的声强变异小于 4dB，随内波距离和接收深度变化的整体随机性较高。声强变异在某些接收点处的分布更集中，由此可见在 54m、62m 和 138m 三个深度上存在三条水平条纹，其中前两个深度的强度起伏均大于 10dB，第三个深度上起伏多数为 4～6dB，说明各个位置源致内波均在该点激发了强烈的声强变异。换言之，该点对探测区域内的各距离扰动均有较高敏感性，暂称之为声场变异"热点"。为研究源致内波声强变异随接收深度的整体变化规律，对不同距离上的声场强度变异结果进行平均，结果如图 8.10(d) 所示。可见多数深度上声强起伏范围为 2～4dB，其中 100～130m 区域的声强变异整体偏低，而 54m、62m 和 138m 三个深度的内波声强变异最高，进一步印证了这些"热点"对声强变异的敏感性。

依据式 (4.53) 接收声强变异与背景透射声线强度等因素有关，对声源深度 60m，接收深度分别为 62m 和 138m 配置绘制声线图，结果分别如图 8.10(e) 和 (f) 所示。对比可知当接收深度 62m 时，目标深度的声线密度高于接收深度 138m 结果，因此前者受源致内波折射作用更强，声强变异更高。总存在一些声源与接收机深度配置，对目标深度上各距离剖面扰动均保持较高的敏感性，这为后续探测系统深度优化提供可行性。

8.3.3 演化时间对声场变异的影响

在收发分置声呐透射式探测中，源致内波演化时间 (即目标穿过探测区域后经历时间) 对声场变异有直接影响。在某个时刻内波在探测平面上的投影引起声速剖面瞬态扰动并激发透射声场变异，随时间推移，探测平面上的波形、幅度和覆盖范围不断演化，使透射声场经历复杂动态变化。

考虑球体目标沿水平直线方向匀速运动，当目标垂直穿越探测平面时，可以用随体坐标系 x 轴方向距离和航速来等效内波的演化时间。因此，目标垂直穿越探测区域经过 t_0 时间后，探测平面上内波垂向位移有 $\eta_\perp(t_0) = \eta(x_0, y, z)$，其中 $x_0 = Ut_0$，x_0 为随机坐标系横向距离，y、z 分别为随体坐标系其他两个距离维变量。

在实际的海洋环境中，源致内波的演化过程不可避免地遵循"生成—发展—

衰减"三个阶段,并最终与背景环境中的微小扰动融合,这一过程对声场的影响尤为显著。海洋背景中多种动态环境因素会引起声速剖面和声场的时变起伏,主要包括海风、洋流、光照等物理过程产生的变化。这些因素共同作用造成声速剖面的非均匀和非稳态性质,进而影响声波的传播路径和强度。因此,为了准确地掌握源致内波的动态变化及其对声场的具体影响,在研究声场变异的时变特性时,考虑海洋环境的起伏变化是至关重要的,这有助于进一步理解内波局部扰动与环境随机起伏的差异,明确源致内波变异声场有效探测时间,提高探测系统性能。

首先进行动态水声环境建模,依据射线声学理论,无内波时信道冲激响应可表征为

$$h_0^i(t) = \sum_{k=1}^{K} a^k \delta(t - \tau^k) \mathrm{e}^{\mathrm{j}\varphi^k} \tag{8.10}$$

式中,k 为声线序数;K 为声线总数;a^k、τ^k、φ^k 分别为第 k 条声线的幅度项、时延与相位。

计算理想水声信道传递函数 $h_0^i(t)$ $(i = 1, 2, \cdots, N)$,主要考虑环境起伏引起的幅度扰动,取能量最大的 5 条到达声线添加幅度扰动,幅度随机项 ξ 服从均值为 0、标准差为 σ 的高斯分布,标准差大小表征环境起伏剧烈程度:

$$h_r^i(t) = \sum_{k=1}^{5} \xi^k \delta(t - \tau^k) \mathrm{e}^{\mathrm{j}\varphi^k}, \quad \xi^k \in \mathcal{N}(0, \sigma^2) \tag{8.11}$$

对其理想传递函数 $h_0^i(t)$ 添加随机扰动项 $h_r^i(t)$,并依据该流程在不同周期 i 上开展循环计算,生成整个探测过程起伏环境下的信道冲激响应 $h_{y0}^i(t) = h_0^i(t) + h_r^i(t)$ $(i = 1, 2, \cdots, N)$。

在水深 200m 的浅海环境进行仿真,声速与界面条件与上文一致。深度 60m 的声源频率为 1kHz,沿深度和水平距离分别布设 40 个和 1000 个接收机,基于射线声学模型计算每个接收点处的信道冲激响应 h'。依据上述过程添加环境扰动项,取能量较大的 5 条声线添加均值为 0,标准差 $\sigma_0 = 0.3 \times \max(h')$(该点最大声线幅度的 30%)。对添加扰动前后的背景声场作差得环境变异场,将其向量化建立数据直方图并采用高斯分布进行数据拟合,结果如图 8.11 所示。与源致内波这种局部扰动不同,环境起伏源于覆盖范围更广的水体和界面扰动。因此,环境起伏表现为大范围随机性振荡,无空间聚集性。多数区域的变异强度在 $[-5\mathrm{dB}, 5\mathrm{dB}]$,最大变异强度超过 $\pm 10\mathrm{dB}$。整个透射声场的变异强度满足高斯分布,且该分布标准差约为 1.5,这表明 32% 的声场变异强度超过 $\pm 1.5\mathrm{dB}$。

在与前文相同的分层海洋环境中,设半径 5m 的球体目标以 2m/s 速度在距离声源 1km 处垂直穿越探测区域,穿越后不同时刻探测区域的声速分布如图 8.12 所示。当 $t=5\mathrm{s}$ 时目标刚穿越探测平面,此时体积效应内波尚未完全发展,随机内

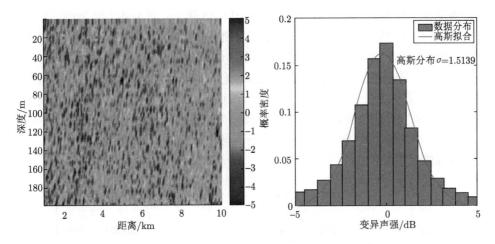

图 8.11 环境扰动与高斯分布统计

波占主导地位，由中央向四周呈放射状扩散且幅度较高。随着时间推移随机内波迅速衰减，体积效应主导探测平面内波场，内波波形呈多层旁瓣的 X 形并向四周发展，内波能量由于弱分层效应衰减速度缓慢。

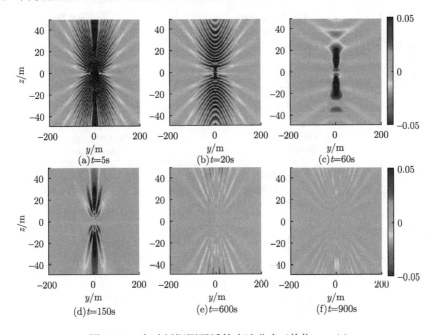

图 8.12 多时刻探测区域的声速分布 (单位：m/s)

基于内波演化结果建立随时间变化的声传播环境，将与背景声场作差得到的变异声场向量化并绘制统计分布，结果如图 8.13 所示。可见各个时刻声场变异均满足高斯分布，当目标刚穿越时高斯拟合标准差达 3.66，即变异声强绝对值大于 1.83dB(标准差的 1/2) 的声场约占总声场的 62%，声场变异剧烈程度较高。透射声场随时间动态变化，20s 后变异声强标准差 σ 缩小至 2.03，150s 后标准差缩小至 1.23；随着内波进一步演化水平覆盖范围逐渐增大，透射声场受扰动程度再次增大，演化时间为 10min 时变异强度大于 1.77dB 的声场占总声场的 32%；伴随进一步演化内波幅度逐渐下降，透射声场变异再次衰减，当演化时间达 900s 时声场变异强度标准差缩小至 1.58。

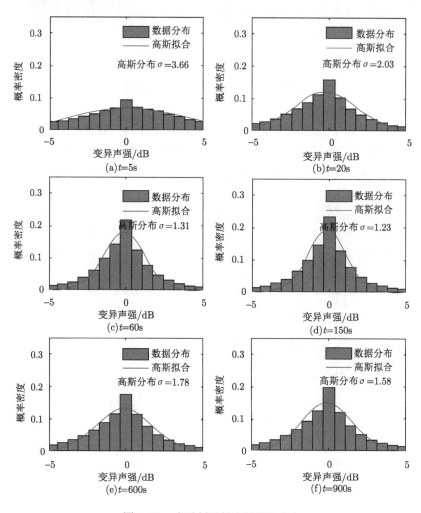

图 8.13　多时刻透射声场统计分布

本节基于流场–声场耦合模型仿真了多种工况下的变异声场，分析了变异声场受目标航行方向、距离和演化时间的影响，结果表明：

(1) 源致内波对透射声场的扰动剧烈程度与穿越角度成反比。

(2) 不同距离上源致内波均可激发强弱不等的透射声强变异，多数位置变异强度随内波距离呈随机变化，部分"热点"的变异强度始终保持较高水平。

(3) 变异声场程度随时间呈"强弱交替"的演化特征，这主要由两种内波成分时变特性决定。

通过研究源致内波声场变异时变特性与声场变异特征，可为水下目标探测提供特征依据和机理解释，提高透射式声探测中目标与干扰分辨能力；也有助于优化声呐系统探测时窗等运作策略，提高目标探测准确率。

8.4　基于声强变异特征增强的水下目标探测方法

源致内波引起的局部水体波动导致背景声强变异，总接收声强可视为由稳定背景声强与等效变异声强起伏叠加而成，物理上描述为 $I = I_d + \Delta I$，其中 I 为总接收声强，I_d 为稳定背景声强，ΔI 为源致内波引起的等效变异声强。由 8.3 节结果可知，多数区域上的声强变异在 1.5dB 以内，因此对于大多数检测场景，背景声强 I_d 的强度比等效变异声强高 15～20dB，此时 I_d 成为强干扰，ΔI 被其掩盖。

8.4.1　基于主分量特征重构方法基本原理

为激发目标不同频率特征常使用具有一定带宽的发射信号，线性调频信号因兼具良好的脉冲压缩特性和抗环境起伏特性常被选为发射信号。浅水环境下多途效应严重，信号因幅值–相位起伏的多径叠加而产生严重波形展宽。为提升时域分辨率并降低环境起伏的影响，对接收信号进行带通滤波时仅保留发射信号所在频段附近的信号，而后使用发射信号对其进行脉冲压缩处理，并提取包络信号作为新的处理对象。依据信号周期 T 将包络信号整理为数据矩阵，矩阵的行数和列数分别为探测周期个数和一个周期内的采样点数。此时多周期信号沿时间轴对齐，I_d 保持稳定的多帧强相关性，随目标运动产生的 ΔI 具有多帧非相关性。主分量分析法将数据集视为多个正交特征维度的叠加，数据的强相关成分在高维空间中将集中在一条穿过原点的直线附近，特征分解后将分布于某个特定维度。因此，从强相关干扰抑制的角度出发，使用主分量分析法剔除背景声场所在维度，同时保留声强起伏特征的维度进行特征提取与检测。

特征维度剔除与提取的本质是降维处理，对某一数据点 $x^{(i)} \in \mathbb{R}^n$ 找到一个对应的编码向量 $c^{(i)} \in \mathbb{R}^l$ $(l < n)$，使用更少的维度表达原有数据。因此，需要找到编码函数使 $c = f(x)$，也需要找到一个解码函数，使 $x = g(f(x))$。使用矩阵 $D \in \mathbb{R}^{n \times l}$ 表征由 $\mathbb{R}^l$ 到 $\mathbb{R}^n$ 的解码函数，即 $g(c) = Dc$，矩阵 D 列向量彼此正

交。将求编码函数 f 的问题转化为求一个最优编码 c^* 使输入向量 x 和重构向量 $g(c^*)$ 之间的距离最小的问题。使用 $L2$ 范数的平方衡量两者距离，问题转化为

$$c^* = \arg\min_c \|x - g(c)\|_2^2 \tag{8.12}$$

使用向量微分法求解该最优化问题，则有

$$\begin{cases} \nabla_c \left(-2x^T D c + c^T c\right) = 0 \\ c = D^T x \end{cases} \tag{8.13}$$

因此，编码矩阵为矩阵 D^T，编码函数 $f(x) = D^T x$。将数据矩阵视为多向量 x 的叠加并记为 X'，特征重构矩阵 Y 可表示为 $Y = D D^T X'^T$，其中矩阵 D 由协方差矩阵的最大的 l 个特征值对应的特征列向量组成，准确提取矩阵 X' 的特征向量是提取 ΔI 的关键，为增大数据量以提升特征分解的稳定性，在无目标时采集大量 I_d，进行脉冲压缩、包络提取和矩阵整理后构建基底矩阵 B。对实时接收信号进行相同处理，形成脉冲矩阵 M。为构建实时数据矩阵，使用长度 w 的滑动窗沿采集时间依次读取 M 中 w 行信号，将其放入基底矩阵 B 的后方共同组成输入矩阵 X。此时，X 中包含 n 个样本，每个样本包含 m 个观测值，每次处理时 X 中第 $n-m\sim n$ 个样本为滑动窗读入的实时数据，其他样本为基底数据。为减小声源性能不稳定与接收器件直流电平的影响，对 X 各行进行去均值和归一化预处理，得到标准矩阵 Z：

$$X = \begin{bmatrix} x_{11} & x_{12} & \cdots & x_{1m} \\ x_{21} & x_{22} & \cdots & x_{2m} \\ \vdots & \vdots & & \vdots \\ x_{n1} & x_{n2} & \cdots & x_{nm} \end{bmatrix}, \mu_i = \frac{1}{m}\sum_{j=1}^{m} x_{ij}, x_{\max} = \max(X) \tag{8.14}$$

$$z_{ij} = \frac{x_{ij} - \mu_i}{x_{\max}} \tag{8.15}$$

为求得特征向量矩阵 D，对 Z 做相关处理得到相关矩阵 R：

$$R = \frac{Z Z^H}{n-1} \tag{8.16}$$

式中，R 是实对称矩阵，其 i 行 j 列元素 r_{ij} 反映了 Z 矩阵第 i 行与第 j 行样本序列的相关性。R 特征值均为非负数，设其特征值为 $\lambda_1 \geqslant \lambda_2 \geqslant \lambda_3 \geqslant \cdots \geqslant \lambda_n \geqslant 0$，它们对应的正交化后的特征向量可写为 $a_i = [a_{i1}, a_{i2}, \cdots, a_{in}]^T, i = 1, 2, \cdots, n$。

对 R 进行特征分解处理，并依据各信号成分的性质差异进行子空间特征提取。接收信号中 I_d 的能量最高且多帧强相关，在特征分解后必定分布于最大特征值 (主特征值) 维度，因此为抑制背景干扰应剔除的对应维度；源致内波 ΔI 的幅度小于背景干扰且不稳定，特征分解后将落入次大特征值及其之后的维度，因

此指定 $2\sim k$ 号特征值所在维度作为目标特征子空间，其中 k 为截止维度数，取值依赖于目标特征在子空间中的分布情况，为充分提取目标特征并同时减小干扰，一般可取值 $4\sim 10$。此时，编码矩阵 D 可表示为 $D=[a_2,a_3,\cdots,a_k]$。

对矩阵 Z 进行子空间特征重构，得到重构特征矩阵 E：

$$E = \begin{bmatrix} e_1 \\ e_2 \\ \vdots \\ e_n \end{bmatrix} = DD^{\mathrm{T}}Z = \sum_{i=2}^{k}(a_i a_i^{\mathrm{T}} \times Z) \tag{8.17}$$

至此，E 通过去除主特征值维度抑制了强相关的 I_{d}，同时提取了 $2\sim k$ 号特征维度上源致内波引起的 ΔI。计算 E 各行重构信号序列 $e_i = [e_{i1},e_{i2},\cdots,e_{im}]$, $i=1,2,\cdots,n$ 的二阶累积量 (L2 范数) 以衡量 e_i 的能量，并将 $l_1 \sim l_n$ 中的最大值作为当前时段的实时输出结果：

$$l_i = \sqrt{\sum_{j=1}^{m} e_{ij}^2}, \quad i=1,2,\cdots,n \tag{8.18}$$

总体而言，I_{d} 受源致内波的扰动产生 ΔI，使得部分能量从 1 号特征值空间内"泄漏"至高维度空间，并由主分量分析法的滑动特征提取过程所"捕获"。基于以上原理，将该方法命名为滑动窗主分量分析法，该方法有效实现了低维子空间干扰抑制和高维子空间声强变化特征的快速提取。

8.4.2 湖上实验

为了对所提方法进行验证，开展了小目标湖上探测实验，实验布置与目标航迹如图 8.14 (a) 所示。实验区域湖底底质以泥沙为主，收发连线上的实验水深由

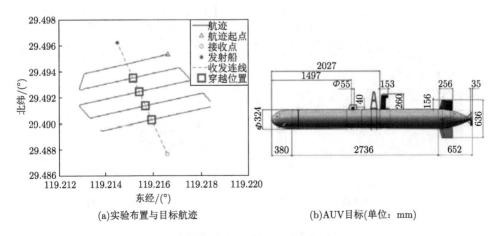

(a)实验布置与目标航迹 (b)AUV目标(单位：mm)

图 8.14　湖上实验

72m 缓慢变化至 65m。使用中心频率 50kHz 的高频换能器作为发射声源，其垂直指向性为 −30°～30°。为保证收发之间有高能量直达声线透射源致内波，将声源由发射船吊放至 40m 深度。在平台上采用单水听器采集声信号，水听器深度与声源相同，收发距离 1.1km。运动目标采用外径 324mm 的自主水下航行器 (AUV)(尺寸如图 8.14(b) 所示)，航行深度 40m，航速为 4 节。实验过程中 AUV 做定深匀速航行，按照预定航迹多次穿越收发连线 (图 8.14(a) 实线所示)，内置惯性导航系统记录了目标运动轨迹。探测时间覆盖了 4 次 AUV 穿越事件。

　　对多周期接收数据进行脉冲压缩和数据矩阵分割处理，采用基于子空间重构的特征提取方法。背景干扰集中分布于 1 号特征维度，与干扰不相关的源致内波微弱声起伏特征分布于 2 号及之后的特征维度，截止维度可取值 4。因此为充分抑制干扰并同时提取目标特征，取 2～4 号特征维度进行特征重构。为提取特征变化的趋势以减小检测误差，计算相邻 5s 内检测值的均值作为当前时刻的检测输出，特征检测矩阵与目标检测曲线分别如图 8.15 (a)、(b) 虚线所示。以未处理信号强度 (信号矩阵行 $L2$ 范数) 为检测量时，检测结果如图 8.15 (b) 的 "未处理结果"(实线) 所示，整个检测过程内接收声强变异约 1.5dB，强背景干扰掩盖了接收声强变异特征。特征矩阵在虚线框内呈现显著接收声强变异特征，将特征矩阵沿行取 $L2$ 范数进行能量累积，处理后检测曲线 (图 8.15 (b) 虚线) 幅度在 10～70s、340～400s、570～600s、740～780s 均有明显提升 (长虚线框内)，这表明该时段有运动目标穿越探测区域，这四个时段均与航迹记录结果相吻合。其他时段内，检测输出在基底数据的作用下稳定保持在背景值附近，相比可见目标引起的检测量增幅最高可达 4.6dB。

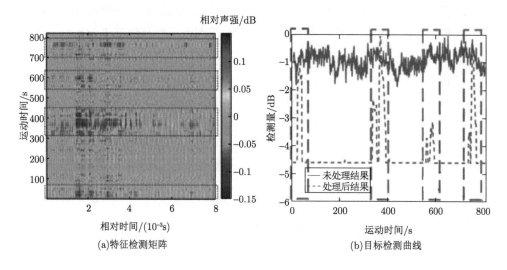

图 8.15　特征提取与检测结果

8.5 水下目标透射式声探测的工作深度优化方法

浅海声传播过程的复杂性导致背景声场与目标信号在空间上的不均匀分布，因此透射式双基地声呐的工作性能显著依赖于系统工作深度。实验结果表明，不同深度的接收信干比之差可达数十分贝。因此，优化选取声呐工作深度对提高信干比和增强系统工作性能至关重要。

8.5.1 水下目标二维概率分布

在双基地声呐透射式探测场景中，探测系统通过提取目标穿越收发连线激发的声场变异进行探测。探测区域内的目标距离与深度通常未知，假设目标航行距离概率分布为 P_k，航行深度概率分布为 P_l，二者依赖于环境水文特性且相互独立。将探测区域以 r_k 和 d_l 的距离和深度分辨率进行离散化处理，目标网格各位置记为 $T_{k,l}(k=1,2,\cdots,K;l=1,2,\cdots,L)$，该位置目标概率分布为 $P_{k,l}$。若目标距离已知，则 P_k 为特定距离上的 δ 函数；若目标距离未知，则在距离不变环境下 P_k 沿距离均匀分布，因此有

$$
\begin{cases}
P_{k,l} = P(T_{k,l}) = P_k \times P_l \\
P_k \sim U(1,K) \\
\sum_{k=1}^{K}\sum_{l=1}^{L} P_{k,l} = 1
\end{cases}
\tag{8.19}
$$

该式表明，联合概率分布 $P_{k,l}$ 随空间位置变化，边缘分布 P_k 在 $1 \sim K$ 上服从均匀分布 (各离散距离上的概率均为 $1/K$)，$P_{k,l}$ 上的各点概率之和为 1。

信道内声速剖面分层现象使水下不同深度的隐蔽性存在差异，实际海洋中为最大限度避免自噪声被被动声呐侦测，目标会依据水文环境选择合适的航行深度，因此目标航行深度概率分布与声速等因素有关。

目标航行深度通常会控制在某一区间 $[h_s, h_b]$ 以保证舱体安全，其中 h_s 为下潜深度最小值 (被反潜人员目视发现的最大深度)，h_b 为下潜深度最大值 (与海底保持安全距离的最大深度)，$h_b = h_s + d_l \times L$。在浅海声信道中，传播损失随距离和深度波动变化，综合考虑目标周围各点的传播损失以更准确评估探测概率。如图 8.16 所示，目标潜深记为 $h_l = (h_s \leqslant h_l \leqslant h_b)$，围绕目标建立距离 R_n、深度 H_n 的噪声辐射平面，以水平分辨率 r_x 和深度分辨率 d_y 将其分割为 $M \times N$ 的矩阵网格，其中 $M = R_n/r_x + 1, N = H_n/d_y + 1$。基于声传播理论计算目标传播损失矩阵并记其元素为 $\boldsymbol{S}_{g,h}^{l}(1 \leqslant g \leqslant M, 1 \leqslant h \leqslant N)$，其中上角标 l 为目标深度序号，g 和 h 分别为噪声辐射平面的距离和深度序号。

目标隐蔽性与其所在位置噪声的传播难度成正比，将传播损失矩阵小于优质因数的情况记为 0，大于优质因数的情况记为 1，统计矩阵内大于优质因数 (FOM) 的元素数量并记为 $C(\boldsymbol{S}^l > \text{FOM})$，$C$ 越大目标被发现概率越低，该位置目标航行

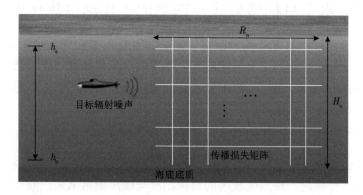

图 8.16　噪声辐射区域

概率越高。在所有目标深度网格重复以上过程，计算各深度上的隐蔽成功次数与总成功次数之比并作为该深度目标航行概率。目标在探测范围内的二维联合概率分布为

$$P_{k,l} = P_k \times P_l = \frac{1}{K} \times \frac{C(\boldsymbol{S}^l > \mathrm{FOM})}{\sum\limits_{l=1}^{L} C(\boldsymbol{S}^l > \mathrm{FOM})} \tag{8.20}$$

8.5.2　探测性能评估与工作深度优化

为优化透射式声呐工作深度，使用声呐方程串联探测系统、目标和环境以建立探测性能评估模型。将有无目标时的声呐方差作差可得接收信干比 SIR，当系统收发距离固定时，某位置目标的信干比仅与收发深度相关。

对所有可能的声源与接收机深度情况进行离散化模拟，基于环境信息和探测系统收发位置先验信息，设声源和接收机的深度分辨率为 d_{s} 和 d_{r} 并沿水深划分网格，网格数分别为 I 个 J 个。位于 (i,j) 的声源、接收机和位于 (k,l) 的目标 $T_{k,l}$ 可形成一个探测场景，基于声呐方程可得接收信干比记为 $\mathrm{SIR}_{i,j}^{k,l}$，其中下标为声源和接收机工作深度序号，上标为目标位置序号。为综合评估透射式声呐系统的探测性能，基于全部探测场景共 $I \times J \times K \times L$ 种信干比评估结果，以 $T_{k,l}$ 位置目标的分布概率 $P_{k,l}$ 作为对应信干比 $\mathrm{SIR}_{i,j}^{k,l}$ 的权值，统计探测区域内共 $K \times L$ 种信干比 $\mathrm{SIR}_{i,j}^{k,l}$ 的加权和值作为评价指标，将目标函数记为 $F_{i,j}$，有

$$F_{i,j} = \sum_{k=1}^{K} \sum_{l=1}^{L} P_{k,l} \times \mathrm{SIR}_{i,j}^{k,l} \tag{8.21}$$

对某个位置上目标最优的探测布局并不适用于其他目标位置，因此针对未知目标的工作深度的优化是基于统计最优。对每个声源–接收机配置均对应一个信干比统计量，在全深度范围内 $I \times J$ 个统计值构成了透射式声呐探测性能的完备

集合。将该集合沿 i 和 j 两个维度展开,形成一个随声源深度和接收机深度变化的二维模糊度表面。该表面表征了系统各种布放深度与其对应的统计信噪比,探测性能与数值大小成正比。定义声呐声源与接收机工作深度序号集合分别为 $\mathscr{H}$、$\mathscr{L}$,目标距离深度序号集合为 $\mathcal{K}$、$\mathcal{L}$,总存在 i, j 使目标函数达到最大值 F_m,此时有

$$
\begin{aligned}
F_m &= \max_{i,j}\left\{ F_{i,j} \right\} = \max_{i,j}\left\{ \sum_{k=1}^{K}\sum_{l=1}^{L}\left(P_{k,l}\times \mathrm{SIR}_{i,j}^{k,l} \right) \right\} \\
&= \max_{i,j}\left\{ \sum_{k=1}^{K}\sum_{l=1}^{L}\left(\frac{C\left(\boldsymbol{S}^l > \mathrm{FOM} \right)}{K\times \sum\limits_{l=1}^{L} C\left(\boldsymbol{S}^l > \mathrm{FOM} \right)}\times \mathrm{SIR}_{i,j}^{k,l} \right) \right\}
\end{aligned}
$$

$$
\begin{aligned}
\text{s.t.} \quad & i \in \mathscr{H} = \{1\leqslant i \leqslant I\}, j \in \mathscr{L} = \{1 \leqslant j \leqslant J\} \\
& k \in \mathcal{K} = \{1\leqslant k \leqslant K\}, l \in \mathcal{L} = \{1 \leqslant l \leqslant L\}
\end{aligned}
\tag{8.22}
$$

8.5.3 数值仿真

在浅海水深 $H = 200\mathrm{m}$ 的距离不变平底环境下进行仿真,海况为 2 级,声速为含跃层剖面,如图 8.17(a) 所示。0～50m 海面附近为混合层声速较高,50～100m 为负跃层声速快速降低,100～200m 为等温层声速低且稳定。海底底质为沙,密度为 $1.9\mathrm{g/cm}^3$,声速 1650m/s,纵波衰减 $0.8\mathrm{dB}/\lambda$,横波衰减 $2.5\mathrm{dB}/\lambda$。目标长 55m 宽 6m,排水量 1500t,以 5 节航速匀速直线行驶,典型辐射噪声频率为 100Hz。目标安全航行深度上下限分别为 $h_\mathrm{s} = 10\mathrm{m}$,$h_\mathrm{b} = 180\mathrm{m}$。探测系统由单个无指向性声源和接收机组成,探测频率 1kHz,收发距离 10km,收发深度待定。

将目标网格距离和深度分辨率分别设为 $r_k = 10\mathrm{m}$ 和 $d_l = 1\mathrm{m}$,为避免近场传播,在距离 100～9900m,深度 10～180m 范围内划分目标位置网格,水平和垂直网格数分别为 $K = 981$ 个、$L = 171$ 个。对该环境下的目标辐射噪声开展声传播分析,以计算探测区域内目标的二维概率分布。

将噪声辐射区域的距离和深度分辨率分别设为 5m 和 2m,在 $0\mathrm{m} \leqslant R_n \leqslant 5\mathrm{km}$ 和 $10\mathrm{m} \leqslant H_n \leqslant 180\mathrm{m}$ 构建声传播损失矩阵 $\boldsymbol{S}^l$,矩阵的水平与垂直维度为 1001×86。依据声源频率、声速和水深条件可知,声传播过程满足高频近似条件 $f = 100\mathrm{Hz} > 10\times c/H = 75\mathrm{Hz}$,因此采用射线声学模型对噪声辐射过程进行声传播分析,海面视为真空,海底视为弹性半空间。依据上述条件进行仿真,20m 深度声源的传播损失结果如图 8.17(b) 所示,可见传播损失由于相干传播特性随距离波动上升。

受到离散概率总值为 1 的限制,图 8.17(c) 概率均在 $100\%/86 = 1.16\%$

附近 (86 为目标沿深度网格点数)。基于该边缘分布联合离散概率分布,结果如图 8.17(d) 所示。该图像呈明显多层水平条纹分布,且概率数值在水平方向上保持不变。

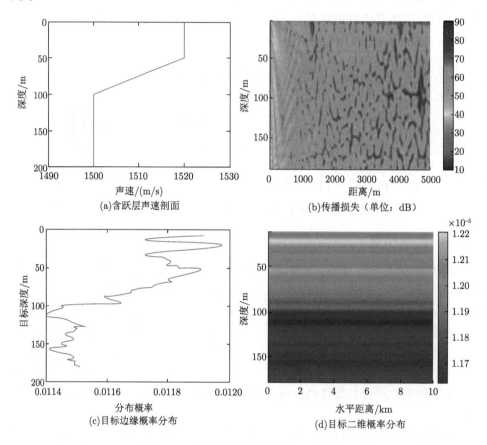

图 8.17　仿真条件和目标航行深度概率

设定发射和接收深度分辨率为 $d_s = d_r = 1\text{m}$,从海面 10m 至海底 180m 划分声源和接收机垂直网格 171 个。对于其中某收发深度配置,探测区域内共计 (981×171) 个潜在目标位置,针对以上 (171×171) 种收发深度计算探测信干比,沿发射和接收深度展开形成二维模糊度表面,结果如图 8.18(a) 所示。该结果表明,在含跃层声速分布下,信干比普遍偏低,模糊度表面平均值为 -13.9dB,最低值为 -35.9dB,目标函数的分布沿着对角线呈现一定程度的对称性。信干比在不同区域分布不均,高低信干比区域间有明显的分界存在。当声源和接收机位于不同声速层时,单向传播损失较高使背景干扰能量较低,从而信干比较高;相反的,当声源和接收机在同一声速层时,此时单程传播损失较低使背景干扰能量较高, 信干比较低。调整工作深度至箭头指示位置可实现加权信干比的全局最大值 18dB, 相比平均值提升了 31.9dB。

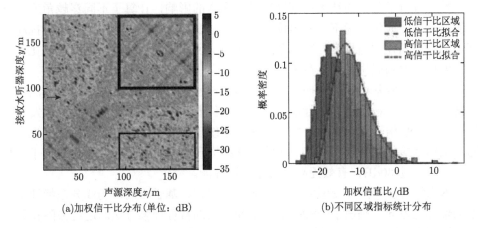

图 8.18 深度优化指标平面与统计分析

通过对含跃层声速剖面的模糊度表面进行细致的局部统计分析, 进一步比较了不同部署策略的探测效果。提取图 8.18(a) 模糊度表面 $100\text{m} \leqslant x \leqslant 180\text{m}$、$10\text{m} \leqslant y \leqslant 50\text{m}$ 的高信干比区域 (细实线框) 和 $100\text{m} \leqslant x \leqslant 180\text{m}$、$100\text{m} \leqslant y \leqslant 180\text{m}$ 的低信干比区域 (粗实线框), 对两局部区域的指标分布表面进行统计并用修正 k 分布拟合, 结果如图 8.18(b) 所示。以大于 -10dB 作为高信直比情况, 对统计结果进行分析。当声源和接收机在同一声速层时接收信直比较低, 大于 -10dB 结果占比 13.09%; 当声源与接收机在不同声速层时接收信直比较高, 平均值为 -11.24dB, 大于 -10dB 结果占比 34.46%。可见通过布放深度优化, 系统获得高信直比的概率约提升至 3 倍。

以上结果表明, 随机布放的系统易受到强背景干扰影响, 需要利用环境和目标类型等先验信息对系统工作深度进行优化。所提方法依据模型计算结果指导系统工作深度的优化, 有效降低了背景干扰。仿真结果表明, 在典型浅海环境下, 方法可使接收信干比最大提升超过 30dB, 有效增强系统探测性能。需要指出, 目标函数由信干比二维概率分布和目标二维概率分布组成, 这种基于模型的优化方法受环境剖面影响显著。

8.6 本 章 小 结

本章面向分层海洋内运动目标源致内波声场变异问题开展研究, 针对浅海环境简单目标体水平匀速运动场景, 将运动目标内波位移场模型与声传播模型相结合，建立了流声耦合的变异声场计算模型，结合亥姆霍兹方程给出了源致内波声场变异的物理解释，为源致内波声学探测提供物理特征。

本章分析了源致内波声场变异受多种因素的影响，计算了不同穿越角度、不同航速和不同演化时间下变异声场，并用声强变异统计分布衡量透射声场扰动程度，揭示了变异剧烈程度与穿越角度和航速成反比、随演化时间呈波动变化的特性，为目标探测提供了重要参考。

本章针对双基地透射式探测系统受工作深度影响显著的问题，基于探测区域网格化的思路，融合目标航行逻辑建立目标位置二维概率分布，以不同收发深度配置下的加权信干比为指标，提出了探测系统工作深度优化方法。仿真结果表明通过工作区域优化后获得高信直比的概率约提升至 3 倍，最优配置下的信干比相比平均值超过 30dB，有效提高了目标探测性能。

本章针对变异声场受强背景干扰掩盖的问题，基于不同声场成分在特征空间中的聚集性差异，提出了一种基于子空间重构的特征增强方法。通过去除背景干扰所在维度，提高了特征重构后的信干比。湖上实验结果证明了该方法的可行性。

参 考 文 献

何兆阳, 雷波, 杨益新, 2023. 源致内波引起的声场扰动及其检测方法[J]. 物理学报, 72:137-151.

王进, 尤云祥, 胡天群, 等, 2012. 密度分层流体中不同长径比拖曳潜体激发内波特性实验[J]. 科学通报, 57: 606-617.

王宏伟, 2017. 水下航行体生成内波实验和理论模型研究[D]. 上海: 上海交通大学.

尤云祥, 赵先奇, 陈科, 2009. 有限深密度分层流体中运动物体生成内波的一种等效质量源方法[J]. 物理学报, 58: 6750-6760.

BIAN X, SHAO Y, TIAN W, et al., 2017. Underwater topography detection in coastal areas using fully polarimetric sar data[J]. Remote Sens., 9: 560.

BOROVIKOV V A, BULATOV V V, VLADIMIROV Y V, 1995. Internal gravity waves excited by a body moving in a stratified fluid[J]. Fluid. Dyn. Res., 15: 325-336.

BRUCKER K A, SARKAR S, 2010. A comparative study of self-propelled and towed wakes in a stratified fluid[J]. J. Fluid Mech., 652: 373-404.

FALLAH M A, MONEMI M, 2021. Optimal magnetic wake detection in finite depth water[J]. Progress in Electromagnetics Research M, 106: 25-44.

GILREATH H E, BRANDT A, 1985. Experiments on the generation of internal waves in a stratified fluid[J]. AIAA Journal, 23: 693-700.

HARTMAN R J, LEWIS H W, 1972. Wake collapse in a stratified fluid: Linear treatment[J]. J. Fluid. Mech., 51: 613-618.

HOPFINGER E J, FLOR J B, CHOMAZ J M, 1991. Internal waves generated by a moving sphere and its wake in a stratified fluid[J]. Experiments in Fluids,11: 255-261.

HUANG B, LIU Z, XU Y, et al., 2023. Numerical simulation of wake magnetic field in pitch motion of an underwater vehicle[J].J. Phys. Conf. Ser.,2419: 012105.

HUDIMAC A A, 1961. Ship waves in a stratified ocean[J]. J. Fluid. Mech., 11: 229-243.

KOU W, CHEN X, YANG L, et al., 2016. Evaluation of wake detection probability of underwater vehicle by IR[C]. International Symposium on Optoelectronic Technology and Application, Beijing, 10157:101572H1-101572H6.

LIGHTHILL M J, 1960.Studies on magneto-hydrodynamic waves and other anisotropic wave motions[J]. Phil. Trans. R. Soc. Lond. A , 252: 397-430.

MAKAROV S A, CHASHECHKIN Y D, 1981. Apparent internal waves in a fluid with exponential density distribution[J]. J. Appl. Mech. Tech. Phys., 22(6): 772-779.

MENG J C S, ROTTMAN J W,1988. Linear internal waves generated by density and velocity perturbations in a linearly stratified fluid[J]. J. Fluid. Mech., 186: 419-444.

MILDERS M,1974. Internal waves radiated by a moving source. Vol. 1: Analytical simulation[R]. National Technical Information Service Document.

MILES J W, 1971. Internal waves generated by a horizontally moving source[J]. Geophysical Fluid Dynamics, 2: 63-87.

ROBEY H F, 1997. The generation of internal waves by a towed sphere and its wake in a thermocline[J]. Physics of Fluids, 9: 3353-3367.

SCHOOLEY A H, STEWART R W, 1963. Experiments with a self-propelled body submerged in a fluid with a vertical density gradient[J]. J. Fluid. Mech., 15: 83-96.

SHI Y, 2023. An underwater target wake detection in multi-source images based on improved YOLOv5[J]. IEEE Access, 11: 31990-31996.

VOISIN B, 1991. Internal wave generation in uniformly stratified fluids. part 1. Green's function and point sources[J]. J. Fluid. Mech., 231: 439-480.

VOISIN B, 1992. Internal wave generation by turbulent wakes[C]. CIMNE: Meeting-Workshop on Mixing in Geophysical Flows, Effects of Body Forces in Turbulent Flows, Barcelona: 291-301.

VOISIN B, 1994. Internal wave generation in uniformly stratified fluids. part 2. Moving point sources[J]. J. Fluid. Mech., 261: 333-374.

VOISIN B, 2007. Lee waves from a sphere in a stratified flow[J]. J. Fluid Mech., 574: 273-315.

WANG C A, XU D, GAO J P, et al., 2021. Numerical study of surface thermal signatures of Lee waves excited by moving underwater sphere at low Froude number[J]. Ocean Engineering, 235: 109314.

ZAVOL'SKII N A, ZAITSEV A A,1984. Development of internal waves generated by a concentrated pulse source in an infinite uniformly stratified fluid[J]. J. Appl. Mech. Tech. Phys., 25(6):862-867.

ZHU D, ZHANG X , RAO J, et al.,2010. Research on ship wake detection mechanism based on optical backscattering effect[C]. 5th International Symposium on Advanced Optical Manufacturing and Testing Technologies, Dalian, 7656: 765678.